Vers une esthétique environnementale

Publié avec le concours de l'université Paris X-Nanterre

 ISBN : 978-2-7592-0112-9 ISSN: 1772-4120

INDISCIPLINES

Vers une esthétique environnementale

Nathalie Blanc

Préface Marcel Jollivet

éditions
Quæ

INDISCIPLINES

La collection « Indisciplines », dirigée par Jean-Marie Legay sous l'autorité de l'Association Natures Sciences Sociétés-Dialogues, a la même orientation thématique que la revue du même nom déjà éditée par celle-ci.

Elle se donne pour vocation d'accueillir des textes traitant des rapports que l'homme entretient avec la nature, y compris la sienne propre, que ce soit à travers des relations directes, ou les représentations qu'il en a, ou les usages qu'il en a fait, ou encore les transformations qu'il provoque, consciemment ou non. Bien entendu, les conséquences que l'homme subit en retour et la façon dont il y répond, soit en tant qu'individu, soit socialement, soit même globalement en tant qu'espèce, intéressent vivement la collection.

Ce sont des questions, on le comprend aisément, qui en appellent à toutes les sciences de la terre, de la vie, de la société, des ingénieurs et à toutes les démarches de recherche, éthique comprise. Ces ouvrages s'attachent à traiter de façon plus profonde, plus générale, plus documentée aussi, de sujets qui ne peuvent être abordés que de manière brève et limitée dans un article de périodique.

La rédaction de ces livres peut être le fait d'un ou plusieurs auteurs, d'un collectif de collègues réunis pour la circonstance ou à l'occasion d'un colloque. Un comité éditorial évaluera la qualité scientifique du manuscrit.

Elle soutenait qu'il ne suffisait pas de les connaître, les noms des objets, mais qu'il fallait aussi les sentir, les toucher du bout de la langue, les caresser pour en éprouver de la chaleur, la consistance, l'odeur et la rugosité, la dureté, le son qu'ils rendaient lorsqu'on tapait dessus, toutes choses que ma mère appelait leur « réponse » ou leur « résistance »: chaque matière, affirmait-elle, chaque étoffe, meuble, ustensile ou aliment, chaque objet possédait différents degrés de réponse ou de résistance, qui n'étaient pas immuables mais pouvaient se modifier en fonction des saisons, du jour ou de la nuit, de celui qui les touchait ou les respirait, de la lumière, de l'ombre et même de mystérieuses inclinations que nous étions incapables de comprendre. Ce n'était pas un hasard si l'hébreu désignait un objet et le désir par le même mot. Nous n'étions pas les seuls à désirer ou non telle ou telle chose, le monde minéral et le végétal possédaient eux aussi une sorte de sens intérieur du désir ou du non-désir qui leur était propre, distinct du nôtre, et seul celui qui savait toucher, écouter, goûter et sentir de manière désintéressée pouvait parfois le concevoir.

Amos Oz, 2002, *Une histoire d'amour et de ténèbres*, Gallimard, Folio, p. 616.

Je remercie Jacques Lolive : notre recherche en commun « Environnement, engagement esthétique et espace public » dans le cadre d'un programme financé par le ministère de l'Écologie et du Développement durable, ses encouragements et nos discussions m'ont permis de défricher une esthétique urbaine... Je remercie Cyria Emelianoff à qui me lie une amitié environnementale à toute épreuve. Philippe Estèbe a concouru à donner vie à l'habitant, nouvelle figure de la citoyenneté. Marianne Cohen a développé ma réflexion sur la végétation et la biodiversité en ville. De nombreux collègues, et notamment Sandrine Glatron à Strasbourg, Denis Chartier à Orléans ont donné corps à la pollution atmosphérique et aux luttes environnementales. Je remercie enfin Marcel Jollivet dont les conseils en matière d'écriture m'ont été précieux pour formuler ma pensée.

Ce travail emprunte beaucoup à des champs de recherche divers et, de ce fait, aux multiples disciplines qui en traitent : géographie, sociologie, anthropologie, écologie... Et à la philosophie. Il y a donc hybridation : elle procède de l'ampleur du propos et d'une ardeur de l'auteure...

Préface

Marcel Jollivet

On commença par parler d'environnement. Dans le courant des années 1970, la question de l'environnement fait en effet soudainement irruption tout à la fois dans les paysages politique et médiatique, et dans les programmations scientifiques. Mais elle est rapidement phagocytée par celle du développement durable et elle n'est plus guère une référence en soi aujourd'hui. Ses grandes thématiques (le changement climatique, l'évolution de la biodiversité, les pollutions de toutes sortes et leurs effets sur la santé) ou bien ont pris leur autonomie en se constituant en champs de préoccupations, de politiques et de recherches autonomes ou bien sont intégrées à la question du développement durable. Il est vrai que celui-ci comporte dans sa définition une dimension écologique majeure, qui correspond à ce que l'on entendait par environnement durant les années 1970. On note même une certaine propension – à juste titre souvent dénoncée – à le réduire à celle-ci, au moins en France.

Voici un ouvrage qui montre que l'on est loin d'avoir épuisé tout ce qu'implique la notion d'environnement et qui lui redonne toute son épaisseur, toute sa portée; qui en révèle même peut-être toute une richesse heuristique insoupçonnée. Mais c'est au prix d'une révision en profondeur du sens qu'elle a pris dans les années de son apogée. Et ceci, sur de multiples plans. Au point que c'est en fait une autre vision de l'« environnement » que l'auteure nous propose: elle introduit une conception du développement durable très différente de celle qui a cours aujourd'hui, et par là même, une vision différente de la façon de traiter politiquement la question.

Première originalité, l'environnement dont ce livre nous parle est précisément celui qui est le grand absent des années 1970: l'environnement urbain. La grande question des années 1970 est la protection de la nature. Et la nature n'est pas en ville; la ville est au contraire l'anti-nature. Comme chacun le sait, la nature est à la campagne. Si « la ville » est présente dans les préoccupations environnementales de cette époque, c'est négativement, en tant que source de dégradation des écosystèmes et de pollutions; elle est associée aux activités industrielles (qui, il est vrai, s'y concentrent). Il faudra toute une révolution copernicienne pour découvrir cette évidence, à savoir que la nature existe aussi au sein des villes, avec ses formes particulières bien sûr, et pour qu'une « écologie urbaine », au sens d'une branche de l'écologie scientifique, se revendique. Mais il ne semble pas que cette percée ait été suivie d'un grand développement de celle-ci. Il ne paraît pas abusif de dire que ce sont les sciences sociales qui en l'occurrence tiennent le flambeau. Dans cette découverte de la « nature de la ville » (au sens de « la nature en ville »), l'auteure de ce livre a d'ailleurs joué un rôle pionnier. Cet investissement des sciences sociales s'explique par leur souci – qui est aussi, d'une certaine manière, une exigence à laquelle elles doivent répondre – de donner sa place à la ville dans une problématique du développement durable. Il est un peu court en effet de se contenter de voir dans celle-ci un fauteur de trouble, alors que la population mondiale est devenue majoritairement urbaine.

La réponse est généralement recherchée du côté de la technique. L'objectif tient dans une formule toute simple: la « ville durable », c'est la « ville propre ». Cette façon d'envisager les choses s'inscrit parfaitement dans la démarche environnementale des années 1970: faire en sorte que la concentration spatiale des activités et des populations humaines ne porte plus atteinte à un environnement conçu sur un plan strictement « matériel » (les écosystèmes, y compris vus en tant que paysages, l'atmosphère, l'eau) et analysé dans les termes des sciences de la nature qui ont comme vocation de l'étudier dans ces différentes facettes (l'écologie, la physique, la chimie et leurs diverses combinaisons en fonction des objets étudiés). On peut parler d'une approche « objective » de l'environnement.

L'avènement de l'idée de développement durable ne change pas significativement cette vision des choses. Les dimensions économiques et sociales du développement durable sont censées y trouver leur compte, dans la mesure où ce sont les conditions mêmes du développement économique à plus ou moins long terme – et, par conséquent, les conditions de vie des populations, et leur bien-être, en particulier leur santé – qui sont en jeu dans la protection de cet environnement physique. Dans cette optique, le rôle dévolu aux sciences sociales est d'étudier comment faire en sorte que les conclusions de ces recherches des sciences de la nature soient prises en compte dans les politiques et dans les comportements individuels et sociaux. D'abord rétives face à ce qu'elles ressentent comme un rôle ancillaire imposé, les différentes sciences sociales ont progressivement entrepris de s'approprier la question à leur façon.

Du point de vue des sciences sociales, la question à se poser va bien au-delà de cette conception technique d'un développement durable économe des ressources naturelles avec ce que cela signifie sur les plans économique et social. Ne doit-on pas en fait aller jusqu'à se demander ce qu'il faut entendre par développement durable lorsque l'on parle de la ville? Peut-on se contenter de le penser en termes écologiques (qualité de l'air, préservation des écosystèmes, gestion de l'eau etc.)? Ne tombe-t-on pas, ce faisant, dans la dérive réductionniste évoquée ci-dessus et qui se traduit en l'occurrence par l'oubli de la dimension sociale du développement durable? Pas vraiment, diront les spécialistes de la santé publique en soulignant les effets bénéfiques sur le plan sanitaire d'une « ville propre ». Mais justement, peut-on réduire la dimension dite sociale du développement durable à ce qui n'en est qu'un aspect, majeur certes, mais néanmoins partiel? Autrement dit, peut-on, dans une perspective de développement durable, oublier que la ville est d'abord un lieu de vie – un habitat, au sens fort du terme – pour ses habitants ? C'est là toute la question que pose ce livre. Et, en se la posant, il est conduit (et il nous conduit) à aborder la notion d'environnement et, à sa suite, celle de développement durable, sous un angle différent de celui sous lequel elles sont généralement considérées.

On découvre alors une autre limite de la conception de l'environnement des années 1970. L'environnement, ce ne sont pas seulement les « grands équilibres de la planète ». Il existe pour les gens un « environnement proche », habituel, dans lequel se déroule la vie quotidienne et qui est de ce fait l'environnement vécu : l'habitat justement. C'est celui-ci que Nathalie Blanc invite à explorer. Elle suit alors le même parcours que celui qu'ont fait les écologues précisément pour se dégager de l'approche environnementaliste des années 1970. Il n'était alors question que de protéger la nature exceptionnelle, les plantes et les animaux menacés, ce que l'on appelait les « hauts lieux de la biodiversité ». D'où la politique des « réserves naturelles ». Le caractère trop limité de cette façon de voir les a conduits à redécouvrir la « nature ordinaire » et son importance dans toute politique de protection de la biodiversité. Nathalie Blanc propose de redécouvrir pareillement l'« environnement ordinaire » des gens, en dehors même des situations, qui sont généralement les seules à attirer l'attention, où celui-ci est particulièrement détérioré (par la présence d'une source de pollution lourde, par exemple) : en un mot, l'« environnement ordinaire » banal.

En méconnaître l'existence, c'est aussi méconnaître que c'est lui qui compte le plus pour les gens, et que c'est largement à travers lui qu'ils se représentent et vivent le monde. Et, en effet, il est primordial pour eux parce qu'il est leur vie même. D'où leur mobilisation dès qu'il y est porté atteinte. La formule consacrée, totalement descendante (ou, en langage convenu, *top-down*) : « penser globalement, agir localement » illustre à merveille cette ignorance. À la base des politiques publiques environnementales, elle explique aussi à la fois le caractère autoritaire et arbitraire que celles-ci peuvent prendre aux yeux des personnes qui ont à en subir les conséquences et, à sa suite, les oppositions auxquelles elles peuvent se heurter. Elle explique tout aussi bien l'indifférence la plus commune à l'égard des dits problèmes d'environnement, tant qu'ils ont trait au lointain – dans l'espace comme dans le temps – et à l'invisible.

Ce qui est en cause ici, c'est le fait d'être concerné. Et ceci, pas simplement négativement, en rejetant tout ce qui touche, d'une façon ressentie comme une agression, à son milieu de vie. Mais aussi, et de préférence, positivement, en partageant le sens d'une action. Ce qui veut dire en ayant été associé à la définition de ses objectifs et à la conception de ses modalités. On quitte donc l'optique descendante pour adopter l'optique ascendante (ou, toujours en langage convenu, *bottom up*). C'est bien en fin de compte de l'art de concerner les gens, les simples gens, à tout le moins ceux qui habitent en ville, les citadins donc, que ce livre nous parle. L'auteure se situe résolument dans la perspective d'une « démocratie participative ».

Nous sommes donc loin des schémas et des avis des experts, de ceux qui peuvent se prévaloir de « savoir », et qui parlent à la fois au nom de la science et de l'intérêt général

– ou, plus encore, au nom de l'humanité. C'est du point de vue de femmes (et, fait à noter, de femmes surtout) et d'hommes eux-mêmes qu'il est ici question ; et de femmes et d'hommes habitant des lieux bien circonscrits. L'auteure veut nous mettre aux côtés – et du côté – des simples habitants. Elle propose au lecteur une véritable incursion dans le vécu de leur relation à leur environnement quotidien. Là encore, c'est un changement par rapport aux années 1970 : il s'agit même d'un véritable renversement de perspective, et ceci sur deux plans. Premier plan : on ne s'en tient plus à la parole « savante » ; la parole recherchée est celle des simples gens. Deuxième plan : on passe d'une approche « objective » à une approche « subjective » de l'environnement. Ce renversement est dû à une nette implication des sciences sociales, qui était pratiquement inexistante à l'époque. Mais il marque aussi une rupture par rapport à la première approche de la question de l'environnement par les sciences sociales.

Découle de cette originalité la dernière différence avec l'approche environnementaliste des années 1970 sur laquelle il me semble indispensable d'attirer l'attention : c'est la voie qui est proposée par Nathalie Blanc pour explorer cette relation communément vécue à l'environnement proche. Cette voie, tout à fait inattendue, enrichit littéralement la notion de développement durable d'une dimension nouvelle, la dimension esthétique. On peut certes inclure cette dernière dans la dimension sociale du développement durable. Mais il n'en demeure pas moins que c'est là une précision, une spécification même, qui constitue une innovation.

S'agissant de l'environnement proche, invoquer une dimension sociale du développement durable a déjà la vertu d'introduire une notion de « bien-être environnemental », mais celle-ci demeure fort floue et fort peu explorée ; elle sert surtout à qualifier les inégalités environnementales liées à l'habitat. Le caractère social de ces inégalités est patent : ce sont des populations déshéritées, c'est-à-dire des populations qui ont une place collectivement définie dans la société résultant d'un rapport social inégalitaire avec celle-ci, qui en sont les victimes. En introduisant la notion d'« investissement esthétique », c'est une relation individuelle par excellence, et plus même, un aspect intime de la vie personnelle, que Nathalie Blanc met en avant. Cette composante du vécu a un caractère social, car elle est communément partagée. Elle est socialement mobilisable et donne lieu d'ailleurs à des formes d'action collectives, notamment de caractère associatif. Mais il est clair que, pour l'auteure, ce n'est là que la partie visible de l'iceberg : on devrait en fait voir dans cet « investissement esthétique » l'expression d'une « exigence esthétique » fondamentale, à considérer comme une véritable dimension anthropologique. D'où la possibilité d'en exploiter la force et la richesse pour en faire la matière et le fondement d'un débat public sur l'environnement urbain. D'où, plus encore, l'impératif à la fois moral et politique de lui donner cette place pour qu'elle puisse se déployer dans toute son envergure et qu'ainsi soit redonnée à l'habitant de la ville toute son humanité, à travers un goût retrouvé de vivre en ville, œuvre humaine par excellence. On est certes loin d'une ingénierie de la ville propre conçue « rationnellement » dans les bureaux des architectes-urbanistes ; et pourtant, on est incontestablement là devant un critère aussi nouveau qu'incontournable de ce qu'il faut entendre par développement durable.

Utopie que tout cela ? Sans doute. Mais pas plus que celle qui est à l'arrière-plan des autres dimensions du développement durable. Mélange de rêve d'artiste et d'idéal de philosophe résultant de l'itinéraire personnel de l'auteure ? Sans doute. Mais le propos de Nathalie Blanc n'est pas purement spéculatif. Il s'appuie sur des recherches et des observations qui nous révèlent tout un continent de représentations et de pratiques méconnues et convergentes : celles de citadins parlant de leur rapport à leur ville ou à ce qu'ils perçoivent de la nature en ville ; celles – très diverses – de groupes de personnes, d'associations ou de collectivités locales qui prennent des initiatives ou mettent en place des collectifs pour assurer la participation des habitants dans la prise en charge de l'environnement urbain ; celles d'artistes qui bouleversent la conception traditionnelle de l'art et qui l'ouvrent sur l'environnement local.

En introduisant les artistes dans son approche de l'environnement urbain, Nathalie Blanc crée une boucle extrêmement instructive avec un moment oublié de l'histoire du terme « environnement ». Ce moment, c'est, ainsi que le rappelle l'auteur de la rubrique « environnement » de l'édition de 1968 de l'*Encyclopaedia Universalis*, celui – les années 1960 justement – où les héritiers, en premier lieu américains, du dadaïsme et du pop'art se lancent dans la création de ce qu'ils appellent précisément des « environnements », assemblages d'objets d'usage courant, voire de déchets, se présentant dans leur forme la plus achevée comme des espaces architecturaux, destinés à « rendre le réel à l'état brut », et en général à forte charge critique par rapport à la société américaine. La façon dont est conçue cette rubrique est très intéressante, car elle se situe à une date charnière de l'évolution sémantique du terme « environnement ». Ainsi, après avoir centré son propos sur cet avatar artistique du terme « environnement », l'auteur lui oppose le sens de ce terme que découvrent à peu près au même moment les architectes et les urbanistes en train de se libérer de la théorie fonctionnaliste qu'ils héritaient en particulier de Le Corbusier ; celui-ci désigne alors « le tissu de relations sociales, économiques, géographiques, politiques et culturelles qui donnent naissance à une ville dans et à travers l'histoire » (*Encyclopaedia Universalis*, vol. 6, 1968, p. 311-313). Ces diverses terminologies diffèrent de celle qui domine aujourd'hui et qui est au cœur de cet ouvrage, tout particulièrement dans la mesure où le rapport à la nature en est absent. Mais en même temps, elles en sont les précurseurs dans la mesure où les œuvres des artistes auteurs d'« environnements » (des sculpteurs, mais il conviendrait en fait de parler de « plasticiens ») contiennent une critique sociale, et où l'environnement urbain que découvrent les architectes et les urbanistes constitue déjà une découverte de la ville comme entité sociale et, dans cette perspective, un premier pas vers l'appréhension de la ville comme habitat. Il serait intéressant de situer l'approche actuelle de l'esthétique environnementale dans cette histoire. Il y a là comme des courants souterrains qui se cherchent continûment, à travers des méandres liés aux variations des contextes.

La démarche de Nathalie Blanc reste ancrée dans la conception de l'environnement des années 1970 dans la prédominance accordée à la nature. On la retrouve dans les analyses de l'investissement esthétique des citadins à propos de l'animal, du végétal et de l'atmosphère. L'auteure n'a guère de mal à montrer comment ce besoin d'esthétique des habitants, saisi dans son rapport avec les aspects naturels de l'environnement quotidien, est détourné – et donc, transformé en une idéologie – dans les grands projets d'urbanisme: le « verdissement » de la ville est à la fois l'acte de reconnaissance de son existence, un signe appuyé qui lui est adressé d'une attention qu'on lui porte et d'une volonté de le satisfaire; et, en fin de compte, une façon de l'écarter de la conception de ces aménagements et de préserver les prérogatives du technicien expert en la matière.

On retrouve là le développement durable. Pour Nathalie Blanc, le problème est dans cet hiatus entre le vécu de l'environnement urbain proche par les citadins et les conceptions « machiniques » des concepteurs de la ville. En ce qui la concerne, elle n'oppose pas le sentiment esthétique des habitants citadins aux conclusions des experts sur les grandes questions environnementales et à ce qu'ils préconisent pour les traiter. Elle propose au contraire de faire cesser cet hiatus qui, pour l'instant, les sépare et de les faire se rencontrer: à travers le débat public précisément. Ce sentiment esthétique profond lui paraît un gisement d'énergie et d'inspiration non seulement mobilisable pour la conception et la mise en œuvre d'une politique du développement durable urbain, mais donnant un sens à celui-ci.

Ce ne sont là que des pistes. L'ouvrage est en forme d'essai; chacun de ses chapitres lui-même en est un. Les pistes sont neuves. Les outils d'analyse sont inattendus s'agissant de l'environnement urbain et s'agissant même des questions abordées. Ils bousculent les conventions et les idées convenues concernant les champs disciplinaires. Ils ouvrent donc des horizons largement inconnus. Les analyses sont exploratoires. Il resterait à aborder de la même manière des aspects majeurs de l'environnement urbain, notamment sa dimension bâtie. C'est donc une invitation à penser qui est adressée au lecteur.

À l'arrière-plan de cet essai et de l'argument qui le construit et l'anime, c'est le combat de David contre Goliath qui se livre à nouveau: ici, le héros, à qui toutes ces pages sont dédiées, c'est l'habitant. À la réflexion, on se dit qu'il est surprenant, mais aussi significatif, que l'on n'ait pas pensé à lui plus tôt. La question qui reste en suspens est celle de savoir comment faire de lui un véritable acteur de l'environnement urbain, c'est-à-dire de lui donner une place, sa place, dans la multiplicité des niveaux et des dispositifs que l'aménagement urbain met en jeu.

Sommaire

Introduction

Cet essai construit une « esthétique » qui renouvelle les compétences politiques des habitants. Plus qu'un usager, un consommateur, l'habitant doté d'environnement est pourvu d'une esthétique et d'une éthique qui le conduit à agir, éventuellement à se mobiliser (car la beauté est l'art de porter un jugement...). La démocratisation de la démocratie – les procédures de « participation » – lui donne aussi progressivement le statut d'un nouvel acteur dans l'espace public. Instruire le dossier concernant les rapports de l'habitant à son environnement et leur place dans le champ politique et social, c'est instruire celui d'une démocratie écologique locale en conservant, en perspective, une approche écologique globale, planétaire.

Cette démarche va à l'encontre d'un urbanisme fonctionnaliste et du mythe d'un citoyen anonyme et déterritorialisé. Elle vise à se réapproprier les outils d'une politique où, dans une société à majorité urbaine, la démocratie représentative voit ses limites : une citoyenneté limitée au droit de vote, un électeur censé être rationnel et, dans le domaine des politiques d'environnement, un citoyen confronté à une expertise scientifique réductrice des objets de l'environnement. Elle s'oppose aux traditions qui transforment le paysage en un tableau (Roger, 1997), cantonnent l'esthétique au spectacle, à une théorie de l'agir communicationnel enrichie (Habermas, 2001), à une politique du « sens commun » ou du bel objet d'art (Ferry, 1998). La compétence esthétique qui consiste à rendre son monde communicable concerne tous et tout le monde ; dans ce sens, ce chantier requiert aussi bien la philosophie et les sciences cognitives, que les sciences sociales et politiques s'intéressant à la démocratisation en cours. C'est dire s'il semble important de construire un habitat enrichi de compétences esthétiques, et qui participe de la cité.

Pourquoi ?

L'essentiel de l'écologie concerne les espaces dits naturels ; la ville ne constitue pas une priorité des politiques environnementales[1]. La nature est en dehors de la ville. Bien que de nombreux environnementalistes aient dénoncé cet état de fait –

1. Les recherches concernant ville et environnement sont de plus en plus nombreuses. En France, l'importance économique et symbolique du patrimoine rural français expliquait la rareté des travaux sur l'environnement urbain. Ceux-ci ont le plus souvent une vision de la ville comme un système de flux et de réseaux, d'infrastructures suivant une logique que l'on peut qualifier d'équipementière. Le changement climatique accentue cette tendance technocentrée ; les solutions sont techniques et concernent peu les modes de vie ou les cultures.

à commencer par des Américains conscients de ce que la *wilderness* doit au mythe – la force de la coupure nature/culture est telle qu'il semble impossible de revenir sur cette conviction qui détermine fortement les politiques environnementales de préservation ou de conservation de la nature et s'oppose au développement d'une écologie urbaine, d'une science et donc d'un art de l'environnement, comme étant dénuée de sens puisque d'objet : où est donc la nature en ville ?

M'inscrivant à l'opposé de ce diagnostic, et convaincue que la pertinence de l'écologie (au sens politique) ne peut reposer (uniquement) sur des politiques de conservation d'une nature dépourvue d'humanité, il s'agit pour moi de revoir les modes d'environnementalisation en ville et de se demander en quoi leur prise en considération peut déboucher sur des politiques écologiques, justes d'un point de vue écologique – c'est-à-dire faisant en sorte que la ville parvienne à limiter son empreinte écologique, voire enrichisse la Terre – et justes d'un point de vue démocratique, d'un renouveau des politiques publiques. Justes, plus globalement, en termes de perspective, car, sans habitants, qu'est-ce qu'un milieu habité ?

Loin des considérations qui font de l'environnement un objet des politiques publiques, ou une collection d'objets naturels, voire de problèmes, il s'agit de mettre en évidence qu'il n'existe que comme un ensemble ouvert et interactif, en recomposition constante.

Résumons.

Cet essai concerne l'espace urbain ; non qu'il s'agisse d'exclure la campagne, mais alors que la ville devient, suivant un rythme croissant, un lieu d'habitat pour la majorité des populations, un traité de l'art de l'existence urbaine invite à prendre en considération les transformations futures : en 2007, pour la première fois de l'histoire humaine, plus de gens vivront dans les villes, moyennes et grandes, qu'à la campagne, en raison de l'exode rural : globalement les 6,122 milliards d'humains recensés en 2000 étaient établis pour 46,6 % dans les villes ; pour 2025, on prévoit que les 8,206 milliards vivront à 60 % dans les agglomérations qui se seront profondément modifiées. Cette croissance est synonyme d'une explosion de formes précaires d'habitat et d'une croissance de la pauvreté[2] ; en outre, l'explosion urbaine accompagne de graves problèmes environnementaux : les villes n'occupent que 2 % de la surface de la planète, mais consomment les trois quarts des ressources utilisées annuellement[3].

La rupture est importante. C'est le passage d'une civilisation rurale, qui reposait sur l'exploitation des terres, à une civilisation urbaine, marquée au contraire par une

2. En 2003 le programme des Nations unies pour les établissements humains (ONU-Habitat) réalisa un audit de la pauvreté urbaine (*The challenge of slums*) qui établit à plus d'un milliard le nombre de personnes vivant en bidonville en 2005. Cette population croît actuellement au rythme de 25 millions de nouveaux résidents par an.

3. Source : 3e Forum urbain mondial organisé par les Nations unies à Vancouver du 19-23 juin 2006. Avec près des trois quarts de sa population vivant dans des zones urbaines, le continent européen est l'un des plus urbanisés au monde. L'avenir des villes en Europe est toutefois source de grandes inquiétudes. Plus du quart du territoire de l'Union européenne est désormais affecté par l'expansion urbaine. D'ici 2020, environ 80 % des Européens vivront en zone urbaine.

prise de distance avec la nature (hygiénisme etc.). C'est le passage d'une vie en prise directe avec les éléments naturels à un état de citadin reposant sur un corps de savoir-faire et de techniques, l'urbanisme ou l'art urbain, qui s'institutionnalise sous la houlette des historiens et des géographes dès le début du XXe siècle. C'est donc la création d'un art de vivre qui implique la production de milieux artificiels ; l'art de se créer un environnement qui, outre les composantes techniques et objectives (des routes à l'adduction en eau), inclut des dimensions esthétiques, mais aussi politiques : créer un environnement est un art éminemment politique (au sens où aujourd'hui un tel geste invite à une critique du développement actuel), éminemment culturel (au sens où il invite à une recomposition des habitudes), éminemment nouveau (au sens où loin du citoyen abstrait, la question environnementale invite à une proximité de l'agir car il est concerné au premier degré).

Plus que la ville, cet essai concerne les milieux de vie : de quels milieux est composée la ville ? C'est un « *milieu technique* » (Friedmann, 1953[4]) que toutes sortes d'objets structurent : des réseaux de transport à la domotique. La vie urbaine est dense, riche et est à l'origine d'une esthétique. Fascinante par elle-même et pour elle-même, par ses lumières, ses discontinuités, son bruit et sa musique... Robert Walser (1960, p. 48-49 et 74) note, dès 1909, les conséquences du développement urbain sur la perception du milieu naturel :

> La nature manque ici, c'est vrai. Mais quoi, l'endroit où nous sommes est une grande ville, voilà tout. Chez nous il y avait partout de vastes perspectives et des échappées. Il me semble que j'entendais toujours les oiseaux gazouiller le long des rues. Les sources murmuraient toujours. La montagne couverte de forêts baissait son regard majestueux sur la ville. Le soir, on se promenait en gondole sur le lac tout proche. Les rochers et les bois, les collines et les champs étaient toujours à quelques pas. Il y avait toujours des voix et des odeurs. Et les rues de la ville ressemblaient à des allées de jardin tant elles paraissaient propres et douces au pas. [...] Souvent (dans cette grande ville), à l'heure du déjeuner, je reste à ne rien faire sur un banc. Les arbres de la promenade sont tout à fait ternes. Les feuilles pendent comme du plomb sans naturel. Parfois c'est comme si tout ici était de tôle et de fer léger.

En ville, le jour et la nuit se superposent et finissent par se confondre... Les bruits urbains jouent contre la nature, effacent le silence, les lumières masquent les étoiles.

D'où vient ce milieu ?

4. Friedman (1953) p. 401 : « Nous appelons milieu naturel, le milieu des civilisations ou communautés prémachinistes dans lequel l'homme réagit à des stimulations venues pour la plupart d'éléments naturels, la terre, l'eau, les plantes, les saisons, ou venues d'êtres vivants, animaux ou hommes. Dans ce milieu, les divers outils sont des prolongements directs du corps, adaptés au corps, façonnés par le corps selon des processus où les conditionnements biologiques, psychologiques et sociaux sont étroitement mêlés... [...]. D'autre part, nous appelons milieu technique, celui qui se développe dans les sociétés et les communautés industrialisées depuis le début de l'ère des révolutions pré-industrielles, c'est-à-dire depuis la fin du XVIIIe siècle pour l'Angleterre et le début du XIXe siècle pour le continent. Dans ce milieu technique, la part des stimulations décrites précédemment décroît et, par contre, en même temps, se resserre autour de l'homme, et cela de plus en plus, un réseau de techniques complexes tendant vers l'automatisme. »

Au XXe siècle, la définition d'un urbanisme qui se met progressivement en place provoque l'émergence d'une politique du cadre de vie : c'est le récit épique d'une modernité ; l'invention d'un laboratoire grandeur nature, l'espace urbain, à laquelle participent les corps d'ingénieurs, d'architectes et d'urbanistes ; elle accompagne la mise au point d'une représentation de l'habitant type. Ce nouvel environnement confronte les individus et les collectifs au caractère expérimental des espaces de la modernité. Milieux artificiels, rythme de vie mécanique et technologies numériques renouvellent la conception du temps et de l'espace. Contrairement à une idée reçue, ceci n'évacue ni la matérialité, ni le local : il demeure nécessaire de se doter d'un espace physique, d'un lieu de vie. Au-delà de cette nécessité, les initiatives locales et leur multiplicité montrent que le territoire a de l'avenir, et l'utopie d'une démocratie mondiale composée de milliards de citoyens isolés reliés par des réseaux numériques, est, tout au moins, dépourvue de consistance.

Comment définir le citadin ?

Le citadin est un être hybride, composite de références et de référents. Un citadin aujourd'hui fait partie d'un monde où l'invention de soi est la règle ; c'est l'inventeur d'une histoire difficile à maîtriser. L'existence du citadin met à l'épreuve la « ville humaine », la possibilité de réaliser une véritable humanité, et c'est en ville que s'éprouve le plus nettement la « condition humaine ». L'épreuve est esthétique : elle se charge des horizons inédits du construit urbain, des odeurs inouïes nées au contact du bitume et d'une flore interstitielle, subit le bruit mécanique des automobiles. Sollicités par les techniques, les sens forgent un nouvel être humain. Cet être hybride qui montre des qualités similaires tout autour du globe avec, cependant, des particularités locales liées aux modalités de l'adaptation d'un modèle né d'une culture globale, élabore une riche existence sensorielle. Son caractère hybride peut alors signifier l'invention d'une liberté, la mise en scène d'une joie qui s'appuie sur la composition ludique d'une vie ; une liberté qui obéit néanmoins à l'univers contraint de normes qui s'expriment par l'appartenance à une nation ou à une communauté (parfois étroite et fermée). C'est une revendication d'autonomie à un moment et une époque où il est impossible d'adhérer à des modèles tout faits.

Le terme de « communauté » ne veut pas simplement dire repli sur une identité fictionnelle. La « communauté » c'est aussi toutes les associations émotionnelles ou rationnelles (communautés d'intérêt), locales ou internationales, au nombre desquelles il faut prendre en considération les relations numériques et virtuelles. Ces constructions collectives bigarrées – elles mêlent appartenance à des structures traditionnelles (famille, église etc.) et à des communautés plus récentes (communautés de jeux internet, bloggeurs etc.) – sont régies par les rythmes de vie contemporains ; elles évoquent le collage, la syncope, tous modes de représentation associés à l'expansion de la modernité ; elles sont en quelque sorte le miroir des transformations approfondies des relations sociospatiales, de la famille à la mobilité. Elles mêlent des milieux de vie où s'interpénètrent des mondes de registres divers et d'échelles diamétralement opposées.

Quelle durabilité pour cet univers ?

Cet environnement est aujourd'hui sommé de s'inscrire dans la durée, de relever le défi de la « durabilité ». Comment comprendre l'enjeu ? La « ville durable » ou le « développement durable urbain » sont devenus des termes populaires[5] : il s'agit souvent de l'apologie ou, à l'inverse, de la critique d'une nouvelle idéologie. Dans cette cacophonie, la manière dont les individus, leurs processus d'identification et de construction, peuvent contribuer à définir une politique des lieux qui soit durable, a été peu entendue. Par processus environnemental « durable », on entend ce qui peut s'inscrire à long terme dans une culture et une matérialité données. Un tel processus répond, en effet, aux représentations et pratiques des populations locales, prend en compte leurs dimensions symboliques, mais aussi artistiques, c'est-à-dire créatrices et transformatrices des milieux de vie, ainsi que les dimensions biologiques et physiques de cette matérialité. L'expression de « durable » rapportée à l'environnement consiste à penser que, dans un système démocratique, l'implication des habitants garantit le respect de l'environnement : « l'appropriable » est une des dimensions du durable ; une pratique de la nature qui valorise le respect peut participer d'une reproduction des ressources naturelles. Les pratiques esthétiques ouvrent justement sur une conception élargie de l'environnement ; elles font du rapport sensible à la nature la matière d'une révision de l'exploitation économique sans bornes de celle-ci. En d'autres termes, la « perspective esthétique » ouvre sur un nouveau monde humain et peut fonder l'appréciation de l'habitabilité des milieux.

Quels outils ?

Comment définir la perspective esthétique ? Si l'on peut certes se contenter de lui donner quelque contenu à l'aide d'entrées catégorielles, tels le sensible, le sensoriel, l'imaginatif, le créatif, on peut aussi lui donner un objet, c'est-à-dire un but, une visée. En ce sens, l'esthétique est avant tout apprentissage. L'art sert de lieu d'investigation et d'apprentissage en termes de goût ; l'esthétique environnementale qu'on prône ici est le lieu d'apprentissage de la sociabilité interindividuelle et de la communicabilité des expériences environnementales faites en différents lieux. Cette esthétique n'est donc pas juste une sociologie du goût (Bouveresse, 1998) ou un discours dans le domaine spécialisé de l'art ; cette perspective critique des acceptions normatives et idéologiques du « développement urbain durable » est fondée sur la richesse de l'expérience esthétique qui nécessite un abandon perceptuel, un délaissement de la distance coutumière à l'objet artistique et une ouverture sensorielle aux rythmes de la nature. Convaincue qu'il ne peut exister d'écologie scientifique qui ne prenne en considération les enjeux humains propres à toute organisation écosystémique, il m'a semblé nécessaire d'aller dans le sens d'une anthropologie qui tisse les fils d'une habitabilité des milieux de vie. Ainsi le projet au centre de cet ouvrage s'avoue-t-il plus clairement. Il s'agit bien de provoquer la naissance de conditions

5. Les publications nombreuses ces dernières années en attestent : mentionnons juste Nicole Mathieu, Yves Guermond (2005) *La ville durable, du politique au scientifique*, Paris, coéd. NSS/Cemagref, Cirad, Ifremer et Inra ; le dossier Urbanisme durable dans *Écologie politique*, n° 29 ; le programme interdisciplinaire de Développement urbain durable piloté par Jean-Pierre Gaudin, appel d'offres 2003 : www.cnrs.fr/DEP/prg/Devlpmt-urbain-durable.html (consulté en 2007) ; l'appel d'offres européen : « Governance for sustainable development » dans le programme de recherche européen 2005 FP6 priorité 7.

telles qu'une culture et une socialité proprement environnementales puissent exister. Kant, notamment (1995, p. 344), insiste sur le fait que l'époque, qui s'éloigne de la nature, oblige en ce sens, puisqu'il faudra aux peuples apprendre à évaluer leur action en réunissant « la contrainte légale requise par la plus haute culture avec la force et la justesse de la libre nature ressentant sa propre valeur. » Or la libre nature qui ressent sa propre valeur n'est rien d'autre que l'humain apprenant par lui-même ce qu'il convient de faire (ou non).

Traditionnellement, les grilles des politistes et des sociologues pour analyser les mobilisations mettent l'accent sur les conditions structurelles de développement et de succès des mouvements sociaux au détriment de l'expérience vécue des agents mobilisés, de leurs émotions, de leurs motivations. L'attention portée aux machineries à l'œuvre, aux ressources disponibles fait parfois oublier ce qui constitue une des conditions de la mobilisation et de sa compréhension : le rôle de la sensibilité[6] et des croyances, du sentiment d'injustice, de la conviction du bien fondé de la protestation. Or nombre des mobilisations environnementales peuvent s'analyser en termes d'engagement esthétique. La saisie esthétique contribue à l'habitabilité du monde comme en témoignent les catégories mobilisées (paysage, cadre de vie, patrimoine ordinaire, beauté des jardins et des espaces floraux…) pour justifier de la prise à partie, ainsi que les acteurs participant à ces mobilisations (artistes, paysagistes, architectes). La modalité spécifiquement humaine d'environnementalisation comprend paysage, récit et ambiance (Blanc, Lolive, 2007).

C'est plus spécifiquement la manière dont les énoncés quotidiens engagés dans la production créatrice des lieux et milieux de vie, *via* la production d'objets, de jardins ou d'espaces verts, d'arrangements domestiques ou collectifs, manifestent un goût des lieux, une possibilité d'exister contingente. Le prisme esthétique synthétise les sensations et sentiments, les modes d'habiter, les représentations et pratiques des milieux, c'est-à-dire une compréhension riche de la singularité des lieux. Il s'agit de l'étude des manières de vivre localement (gestes, usages, langages), d'une esthétique qui dessine une intention, une visée, une vision des lieux et de leur devenir. L'esthétique devient alors l'espace partagé dans lequel s'élabore une communication sensible des lieux et milieux de vie. Cette esthétique correspond à une éthique, c'est-à-dire à l'affirmation de valeurs qui s'inscrivent dans les faits et gestes quotidiens : la transformation de l'environnement en milieu de vie ne procède-t-elle pas de la réussite d'une saisie esthétique que conforte une éthique ? Partant de là, une certaine forme de justice est possible qui soit une source de régulation et d'administration sociale des choses de ce monde, dans l'écart des différences ; c'est une des origines d'un pluralisme contemporain.

6. Pour Michel Péroni et Jacques Roux (2006), la sensibilité se définit par la capacité à désirer ou à fuir en fonction du caractère agréable ou douloureux de la sensation. La sensibilité peut être définie comme la manière dont les sensations sont traduites individuellement et en résonance avec la culture, (soit un ensemble de traits et d'habitudes collectives par lesquels les individus se reconnaissent comme appartenant au même groupe), et la socialité (soit la manière dont se créent les liens sociaux). La sensibilité définit le sujet, mais elle peut être rapportée à l'objet.

L'hypothèse est qu'il existe plusieurs sortes de biens dont les « biens environnementaux » (Walzer, 1999). L'une des règles gouvernant le partage de ces biens est l'accès à la décision en ce qui concerne leur préservation et leur reproduction (sur un plan strictement matériel, mais aussi symbolique dans la mesure où des œuvres d'art sont concernées) ; une autre de ces règles consiste en l'accès au bien lui-même, en termes de sa jouissance. Par exemple, il existe une double façon de jouir des biens environnementaux : on peut décliner l'eau en termes de ressources génériques (eau, poisson etc.) ou en termes de ressources territoriales (loisirs, esthétique, habiter, tourisme) ; cette différenciation a une déclinaison spatiale (inégalités amont/aval en ville, amont/aval de grands équipements ; rive gauche/droite en lien avec des inégalités historiques alors plus que géographiques) et une déclinaison sociale (inégalités selon des usages, selon des catégories socioprofessionnelles etc.). En outre, à l'opposé d'une conception universaliste de l'accès aux biens, des droits et des devoirs, cette conception de l'environnement et des biens environnementaux les rend solidaires des cultures territoriales ainsi que des modes singuliers d'usage de ces biens ancrés dans des pratiques elles-mêmes fortement contextualisées.

L'engagement esthétique est donc bien politique, puisqu'il identifie le sens d'une communauté par son inscription dans une réalité matérielle ; ce que Rancière (2000, p. 70) décrit comme l'« identité d'un processus d'effectuation matérielle et d'une présentation à soi du sens de la communauté ».

La perspective esthétique, plus qu'une pensée de l'art ou d'une production artistique qui impliquerait, outre les artistes, les spectateurs ou l'habitant – l'importance de ce mouvement qui fait de l'art et de la culture un outil de régénération urbaine est cependant indéniable[7] – correspond à un moment de révision de la prédominance de la pensée sur la matière, de l'esprit sur le corps, de la connaissance abstraite sur la connaissance concrète[8]... L'exploration de cette perspective correspond au renouvellement du « partage du sensible[9] » (Rancière, 2000). Une conception de l'écologie qui cherche à inscrire la matérialité et la naturalité dans le projet politique

7. *Cf.* l'Observatoire des politiques culturelles 26, été 2004 qui consacre son dossier à : ce que les artistes font à la ville. L'art public n'est pas seulement dehors. Il est un art dont le public est la genèse dans un dispositif de type habermasien où l'espace public naît de l'échange et de la constitution de l'opinion.

8. Emily Brady (2003) philosophe considère l'esthétique comme une catégorie de la connaissance.

9. On observe que l'apparition de l'esthétique, comme mot d'ordre invitant à redéfinir les rapports entre parole et action, entre pensée et matérialité, va de pair avec la redéfinition d'un rapport à la nature que marque bien le romantisme allemand. Comme l'explique Jacques Rancière (2001, p. 35), pour Novalis, par exemple, il s'agit bien de voir dans le « grand livre de la nature » une série de signes parlants : « tout est traces, vestiges ou fossiles. Toute forme sensible, depuis la pierre ou le coquillage, est parlante. » Sa matérialité ordonnée dit du monde bien plus que l'homme n'est capable de le savoir... Cette réinscription du sens, non plus dans la parole ordonnée, ou même dans la raison sortie de l'encombrement des chairs, un logos pur de toute passion, mais dans le grand livre de la nature, participe d'une même histoire que l'idée marxiste de la transformation de la matière sensible (*via* le travail) en présentation à soi de la communauté. L'écologie est l'idée selon laquelle il faut réinscrire dans la matière sensible les résultats des actions humaines et tout projet politique : à partir des années 1970, avec l'écologie politique, naît aussi l'idée d'une inscription du sensible et de la relation au monde naturel en politique ; ce n'est plus une nature en soi, dégagée de toute historicité humaine, mais une nature comme un produit des actions humaines. *Cf.* L'écologie ce matérialisme historique, *Actuel Marx*, 12, 2e semestre 1992, PUF.

ne peut se passer de l'esthétique, registre de compréhension et d'inscription du monde sensible à l'interface nature/société. La nature n'est pas une construction sociale – un pur idéalisme au sens philosophique – ni une chose en soi, que peut étudier la science, mais un ensemble d'habitudes et de conceptions collectives : au-delà des discours, il s'agit des sensorialités, des sensibilités et des mobilités qui leur donnent forme. L'activité humaine crée et multiplie formes paysagères, récits et ambiances ; l'esthétique est une composante de l'intérêt général.

Quelles en sont les conséquences ?

C'est que pourvoir à des conditions de vie acceptables pour un grand nombre, dans le temps et dans l'espace, prend un sens plus complexe et sensible qu'un catalogue d'actions qui décline une idéologie fragmentée : transports durables, économie d'énergie, nature dans la ville, lutte contre l'étalement urbain etc. Dans ce sens, il est impossible qu'un « développement durable » puisse se résumer à une appréhension scientifique, technique ou instrumentale des problèmes d'environnement. Peut-on imaginer un avenir – le « développement durable » conduit forcément à prendre en considération le poids des actions, à imaginer le futur – réduit à des aspects sociaux, économiques ou environnementaux, négligeant la part culturelle et les composantes esthétiques ? Le développement durable confronte des significations économiques, sociales, environnementales et des univers esthétiques et symboliques ; le mouvement social militant pour une « justice environnementale » l'exprime frontalement. Si se projeter dans le futur requiert de l'imagination, une expression conceptuelle comme le « développement durable » doit alimenter aussi bien les univers non professionnels, dans lesquels l'esthétique joue un rôle important, que les univers politiques et scientifiques. Une citoyenneté renouvelée exige de faire intervenir les processus créateurs « d'environnement ». Comment prendre en considération la pluralité des esthétiques ? Le paysage, le récit, la musique, les formes que décrivent les paysagistes, les architectes, les poètes et romanciers peuvent-ils être de nouveaux cadres de référence de l'action publique et de mobilisation de la représentation en politique[10] ? En effet, ne peut-on décrire les membres d'une société du point de vue de leur usage de la croyance, de la fiction qui leur permet de vivre ensemble, et des cadres institutionnels qui permettent de s'y référer ? La perspective esthétique n'ébauche-t-elle pas un nouvel espace public, construit sur un récit qui donne une place aux sensibilités : quelle force a une idée si l'on n'éprouve pas de sensations ?

La relation de l'individu au collectif s'éprouve par tâtonnements successifs. On est désormais loin d'un ordre souverain, organique et stable. La politique est devenue une expérience à caractère réflexif. Les débats sur l'environnement en démocratie rendent pertinents l'enrichissement de l'expertise scientifique ; la démocratie participe à la construction des compétences politiques d'une « société civile » et ne consiste pas juste à ajouter aux pouvoirs des experts et d'une administration

10. C'est un programme qui s'ébauche : l'un de ses projets est la redéfinition de l'esthétique comme étant une théorie des rapports au sensible, l'autre la manière dont cet usage social du sensible est appelé à contribuer au politique non parce qu'il y serait convié, sur le mode instrumental, mais parce qu'il en serait une composante de fait.

souveraine. À l'heure actuelle, les connaissances des citoyens « ordinaires », les « savoirs locaux » ou *situated knowledges* aux États-Unis, en complément ou opposés à l'expertise scientifique, sont souvent assimilés à des usages ; au mieux la participation consiste à insérer ces derniers dans les plans ou schémas locaux. Se contentera-t-on d'une telle avancée ?

L'habitant est une figure politique cruciale pour un développement durable. Sa pratique régulière des milieux lui fournit une connaissance sans pareille. Comment s'expriment les demandes en matière de durabilité, quels sont les récits qui lui sont associés ? Le développement durable doit s'associer aux trajectoires singulières ; à défaut, il risque de rester très abstrait. Le récit engage chacun à inscrire le développement durable dans le prolongement de son action et à en faire un souci personnel. En somme, si l'on veut que le développement durable soit un processus d'apprentissage collectif, il doit se transformer en un processus partagé de construction de l'environnement.

Paysages, récits, ambiances sont des cadres d'expérience de la nature qui traduisent, mettent en scène, dramatisent une idée du « vivre ensemble » qui se propage sur le mode sensible, incarné. Ce sont d'éventuels outils d'une politique des formes qui construit une participation citoyenne fondée sur des référents sensibles par-delà l'usage des lieux. Ce sont aussi des entrées « esthétiques » dans une perspective critique du développement actuel d'égale importance, sur le plan politique, d'un féminisme, par exemple. Existe-t-il un environnement urbain ? C'est en étudiant le paysage, le récit et l'ambiance que font naître le végétal, l'animal et la pollution de l'air que l'on va voir apparaître une idée et une pratique de la ville comme environnement. Ces termes invitent à rendre compte d'une représentation de la nature. Le récit qui en est fait oblige à revivre les impressions vécues ; en d'autres termes, relater des sensations fait revivre ce qui a été éprouvé dans la confrontation d'une sensibilité et d'un environnement, dans l'effort réalisé pour se dégager un milieu de vie, un horizon qui donne du sens. Ce n'est pas la nature en soi, mais les temporalités et les saisons passées, les beautés des paysages, les pollutions de l'air, les innombrables défauts de l'environnement qui impriment la sensibilité. Toutes ces dimensions de l'environnement correspondent à un investissement esthétique polysensoriel. En rendre compte, instruire le dossier d'une esthétique environnementale, c'est éclairer d'un jour nouveau les inégalités et les drames écologiques, pointer d'un doigt accusateur les zones sinistrées, les mers qui montent, la banquise qui s'évanouit pour toujours, les feuilles des arbres décolorées et les pins noirs mourants des pluies acides. C'est montrer à quel point les pratiques de la nature sont aussi un langage et une représentation.

Peut-on faire l'impasse sur l'appropriation la plus radicale du « développement durable » et de ses enjeux ? Sa démocratisation est d'autant plus nécessaire que ce mot d'ordre est difficile :

> Cette catégorie à la fois de pensée et d'action, sa polysémie, la pluralité des dimensions qu'elle entend concilier (l'écologique, le social et l'éthique), son caractère complexe, contradictoire et temporel en font une question où se mêlent le scientifique et le politique (Mathieu, Guermond, 2005, p. 13).

Comme il implique complexité et vigilance, le développement durable ne peut être instruit par les seules élites, fussent-elles scientifiques, et doit prendre appui sur les capacités des individus à produire de nouvelles normes et modalités d'action dans l'espace public.

Dans quel champ inscrire ce propos ?

L'essai ébauche des pistes : comment penser les liens entre un individu doté d'environnement et la collectivité, privée ou publique, en charge de l'organiser ? Pris dans cet effort d'insertion, l'individu développe une relation active et productrice à son milieu de vie[11]. Les problèmes d'environnement relient usages et exploitation des lieux à l'éveil politique qui s'instaure comme une mesure de l'action. Les problèmes d'environnement sont le sujet d'un drame dont l'être humain est le principal acteur. Dans ce sens, les problèmes d'environnement renvoient à la relation entre l'environnement de l'individu et une totalité biophysique habitée, l'écoumène, un « vaisseau terre ». La nature figure de nouveau comme limite au politique.

Cependant, en l'absence de certaines disciplines des sciences sociales, en particulier de la sociologie, l'environnement ne constitue pas une notion de référence, organisatrice des phénomènes sociaux à la différence de celles de société ou communauté (Walzer, 1999, p. 61). La difficulté qu'éprouvent de très nombreux sociologues et théoriciens à prendre en compte la question environnementale en découle[12]. Cette difficulté, qui naît de la séparation des disciplines dans le champ des sciences sociales, fait de la sociologie la discipline la moins concernée par la nature, que ce soit par la biologie ou par l'environnement. Cette orthodoxie sociologique a été contestée par la sociologie environnementale[13] aux États-Unis qui propose de réorienter la discipline dans une perspective permettant de resituer les activités sociales dans le contexte de la biosphère. Cependant ce courant demeure marginal. Ainsi le paradigme de la sociologie mène à un anthropocentrisme peu propice à l'intégration de questions environnementales dans l'analyse du social. L'environnement constitue, au-delà de la polysémie qui le caractérise, un fait social dont la construction doit être analysée. Mais on ne peut, lorsqu'on cherche à en comprendre toutes les manifestations qui le constituent comme problème pour les humains, se limiter à l'examen des enjeux sociaux ou politiques et, ainsi, exclure la dimension naturelle

11. Anthony Giddens (2005) n'oppose pas étude de l'individu et étude du groupe ou micro et macro analyse. Dans sa théorie de la structuration, il montre la pertinence théorique d'articuler l'analyse des institutions (pratiques qui ont la plus grande extension dans les totalités sociétales) et celle de l'individu en tant qu'acteur pourvu d'une capacité réflexive qui lui permet une certaine maîtrise dans l'action. Selon l'auteur, les principes structurels sont les propriétés les plus ancrées des systèmes sociaux qui lui assurent une continuité tandis que les propriétés structurelles sont les traits que les acteurs renouvellent constamment au travers de leurs pratiques, de l'émission de nouvelles normes et règles. Ici, le milieu (milieu de vie) est une institution.

12. Lors du symposium « Une théorie sociologique générale est-elle possible (et souhaitable) à l'ère de la mondialisation ? » organisé à Paris les 12 et 13 juin 2003, la question environnementale ne figurait pas. Ce symposium organisé par le Groupe d'études et d'observation de la démocratie réunissait des théoriciens du social.

13. La sociologie rurale et la sociologie des mouvements sociaux née dans les années 1970 sont à l'origine de la sociologie de l'environnement qui met l'accent sur l'environnement matériel. Récemment des sociologues comme Phil Mac Naghten et John Urry (2003) ont privilégié la question des croyances et des mobilisations environnementales. L'écologie de la modernisation, elle, met en évidence l'intégration de la question environnementale dans les processus industriels et capitalistiques.

constitutive du problème. L'environnement met en avant une question théorique non résolue en sociologie, et plus largement pour les sciences sociales, c'est-à-dire la pertinence et les limites du « constructivisme », une perspective qui réduit la nature à une construction sociale ou à une réalité en soi objet d'étude des scientifiques.

De son côté, la géographie ne s'est intéressée que tardivement à ces questions. Historiquement constituée sur l'analyse des rapports société/nature, la discipline paraissait pourtant bien placée pour intégrer dans son corpus scientifique les nouvelles questions d'environnement ; seulement, la querelle du déterminisme et la scission entre une géographie physique et une géographie humaine allaient favoriser, d'un côté, une approche calquée sur les sciences de la vie et de la matière, de l'autre dans la géographie humaine, la prédominance de l'analyse spatiale. Cette prise de position des géographes humains va éloigner la discipline des objets naturels comme des questions sociales ayant trait à la nature. À l'autre extrême, la géographie physique va se référer à une approche exclusivement naturaliste, laissant peu de place à l'étude des dynamiques sociales autrement que dans une vision circonscrite à l'évaluation de l'action anthropique sur les milieux naturels. Dans quelle perspective alors situer les pages qui suivent ? De quels outils théoriques et empiriques dispose-t-on pour conduire le travail ?

Parler d'environnement, c'est se référer aux individus et aux collectifs, groupes ou associations plus formelles ; un tel prisme d'analyse conduit à l'observation des modes d'habiter qui se trouvent à l'interface société/nature. Dernièrement, la question des risques a concentré l'attention dans le domaine de l'environnement ; dès lors, ce dernier est avant tout considéré comme un problème. En adoptant une approche qui concerne la créativité individuelle et collective, il importe de se concentrer sur les potentialités de l'environnement ; en s'opposant à la mainmise des experts et techniciens sur la question de l'environnement au nom du risque[14], on doit oser s'intéresser aux ressources dont disposent les individus et les collectifs pour créer leur environnement et, de manière générale, un monde commun dans lequel il soit possible de vivre[15]. C'est alors que l'on peut comprendre que les individus sont comptables de leur implication territoriale ; la question de la responsabilité structure les relations sociales. C'est le recours éthique. C'est une responsabilité riche que l'individualisation du politique et le recours croissant à la participation diffusent. Faire le constat d'une « mobilisation infinie[16] » ne suffit pas : il convient

14. Ulrich Beck (2003) : la Terre apparaît comme un bien commun collectif d'autant plus présent qu'elle est unique et menacée ; la contrepartie du risque « manufacturé » (et donc intérieur) est qu'entre le social (et l'économique) et le politique apparaît un enjeu territorial qui n'est autre qu'une nouvelle forme du bien commun.

15. Il s'agit donc de réfléchir à une géographie qui, non seulement, s'intéresse aux processus d'environnementalisation (aux relations entre homme et environnement) mais aux arrangements ou associations société/nature qui satisfassent à un développement durable (et équitable).

16. Peter Sloterdijk (2000) p. 22 : le monde est dangereusement malade de ses mobilisations. « La modernité en tant que complexe technico-politique a bouleversé la vieille écologie de la puissance et de l'impuissance humaines. Portée par un mélange d'optimisme et d'agressivité qui fait l'histoire, elle a fait entrevoir la possibilité d'un monde où tout se passerait comme on le veut, parce qu'on peut faire ce qu'on veut faire et qu'on a la volonté d'apprendre ce qu'on ne peut pas encore faire. »

d'observer l'importance croissante des dispositifs de gestion environnementale contextualisée (éco-quartiers, forêts communautaires etc.).

Loin des débats qui cherchent à écarter du champ politique la passion, les sens et la sensibilité[17], imaginant même que, laissée à elle seule, la rationalité délibérative (ou non) est illusoire, utopique même et dangereuse, il s'agit d'enrichir la réflexion sur les modalités de l'action politique. Quelles en sont les plus belles illustrations ? Comment instruire le « développement durable » dont le rôle de rénovation des institutions politiques apparaît masqué par le consensus « mou » de son adoption par de nombreux acteurs ?

Quel cheminement ?

L'inspiration de cette démarche est variée : une éducation artistique doublée d'une formation scientifique est à l'origine de l'ouvrage. Les travaux scientifiques s'appuient sur 300 entretiens réalisés sur une dizaine d'années dans différents pays (notamment les États-Unis, le Brésil, la Russie et la France), et sur l'exploration attentive de l'engagement des habitants dans leurs milieux de vie. Il s'agit d'institutions en charge de la pollution atmosphérique, des jardins de ville, etc. aussi bien que de citadins ordinaires et de chercheurs aux disciplines variées, de la géographie à la physique en passant par l'art, la biologie, la littérature etc.[18]. Ces travaux ont nourri la réflexion et sont la source des exemples proposés ; les relations entre art et écologie font l'objet aujourd'hui d'une attention soutenue à l'échelon international (les 11 au 11 décembre 2006, un colloque *Art and ecology* à la London School of Economics et un rapport de l'Unesco la même année en témoignent[19]), la vogue des jardins communautaires, familiaux, ouvriers, etc. ne semble pas sur le point de connaître un point d'arrêt. Les chapitres de cet ouvrage sont traités comme des essais : la démonstration n'est pas linéaire, les connaissances vont par étape, petites touches et accumulation. Il s'agit d'un tableau dont l'ensemble inspire réflexion.

L'ouvrage est volontariste et sa composition repose sur une idée forte de l'expression culturelle de la liberté ; en effet, l'affirmation du jugement de goût comme un jugement ayant du poids dans le domaine du politique est synonyme de la prise de conscience d'un choix moral, éthique, écologique, social en ce qui concerne la fabrication des milieux de vie, ceux-ci étant essentiels au développement durable. Le plan est donc le suivant : dans une première partie, on verra où en est la réflexion dans le domaine de l'esthétique, sachant que celle-ci est souvent réduite à

17. Michael Walzer explique (1999) : « dans ma troisième conférence, j'étudierai le rôle de la passion dans la vie politique qui est la nôtre, non sans m'inquiéter de ce que le libéralisme « raisonnable » (lequel conserve tout mon soutien) ne nous aide pas à saisir l'importance de ce rôle, ni à canaliser et contraindre ses diverses manifestations. »

18. Ils ont été réalisés dans le cadre de programmes de recherche financés par le ministère de l'Écologie et du Développement durable, par le ministère de l'Équipement et du Logement et des Transports (MELT-PUCA).

19. Art en écologie – Un laboratoire d'idées sur l'art et le développement durable, rapport sommaire, Vancouver, le 27 avril 2006, Roundhouse Community Center, organisé par le conseil des Arts du Canada, la Commission canadienne pour l'Unesco la Vancouver Foundation et la Royal Society for the encouragement of the arts, manufactures and commerce (Londres, R.-U.) : http://www.thersa.org/arts/ (consulté en juin 2008).

une conception de l'art et qu'il convient de l'ouvrir en direction d'un jugement de goût portant sur l'environnement. Le premier chapitre ouvrira sur une discussion concernant le jugement esthétique et la question de l'espace public (Chap. I). Les conceptions actuelles de l'environnement urbain invitent à une version révisée du jugement et de l'expérience esthétique. Selon des canaux d'expression très diversifiés dans le domaine du droit comme dans celui des politiques publiques apparaissent des affirmations esthétiques concernant l'aménagement des milieux de vie ; en France, cela se traduit par la conception d'une « esthétique partagée » du paysage alors que dans le champ scientifique la conception anthropocentrée de l'environnement a été balayée par les approches en termes de flux et de régulation (énergie, automobile etc.). Cette approche de l'environnement a centré les efforts sur un développement durable « technologique » : l'amélioration des matériaux et des techniques de la construction, des réseaux urbains etc. a primé sur les questions de sens et de finalité.

Pourtant les germes sont là : ils sont présents dans les tribulations de la relation de la ville et de l'environnement (Chap. II L'environnement urbain). Ils sont dans les demandes actuelles habitantes de reconnection à la nature. En effet, ces tribulations dont l'épaisseur historique est exposée brièvement donnent le sentiment d'une histoire inachevée qui peut se recomposer sous la pression d'une demande d'accès plus juste à l'environnement. Comment donne-t-on ce droit de regard et quels sont les outils qui permettent de penser une telle perspective ? L'imagination est plus que jamais l'outil même d'une recomposition des rapports sociaux et écologiques qui permettent d'articuler le proche, le souci pour un environnement de proximité, et la nécessité d'ajustement à une préoccupation plus globale de l'environnement que mettent en valeur les médias. Cette imagination, ce souci esthétique, cet engagement écologique peut donner à se voir dans des outils proposés au débat public, tel le paysage, cadre de référence à la nature qui intègre la culture, ou encore *via* les récits et même par la valorisation et la composition d'ambiances.

Ainsi dans une deuxième partie, on exposera à quel point ces outils de l'articulation du sentiment privé et de l'espace public peuvent obliger à la composition de l'espace public comme cadre de référence concret et espace de dialogue (Chap. I). C'est ainsi qu'il s'agit d'exposer en quoi de tels outils peuvent s'inscrire dans le contexte d'un développement durable urbain ou, plutôt, d'un développement qui ait pour souci la reproduction sociale et écologique de la ville. C'est en ces termes, en effet, que les études de cas qui apparaissent à la suite, dans les chapitres II, III, IV, tentent d'illustrer ce qui n'est finalement qu'une entrée en matière tant sur le plan historique (ou épistémologique) que conceptuel. Il s'agit de voir en profondeur, c'est-à-dire en creusant dans l'épaisse matière des relations humaines à l'environnement, c'est-à-dire ici un environnement animal, végétal ou aérien, de quelle manière un individu, un collectif peut contribuer à l'environnement de manière vive, active et peut s'insérer dans des dispositifs collectifs d'amélioration de celui-ci, dans le respect des singularités et des capacités créatives de chacun. L'environnement, somme sociale de ces environnements-là, est à ce prix.

Cette épaisseur des liens à l'environnement, ou même cette densité, dissimule une autre compacité, celle de la profondeur historique et étymologique des liens entre nature et ville. Sans traiter en profondeur un tel sujet (ce qui mériterait un traité), il suffit de montrer que les relations à l'environnement, sur le plan pratique, s'inscrivent dans un registre de significations bien plus ample que celui que certains convoquent pour justifier de leur action, un métarécit entre ville et nature. L'environnement, de ce point de vue, se construit comme un bien (une sphère de justice, dirait M. Walzer) auquel des droits d'accès sont donnés, qui possède ses règles de construction et ses acteurs. L'environnement urbain est un autre de ces biens. Comme tout bien, l'environnement invite à regarder les personnes qui en sont les acteurs et les bénéficiaires : ce sera le sujet de la troisième partie (De l'artiste à l'habitant : modèles d'action). Il s'agit d'abord d'examiner l'espace dans lequel ils interviennent et qu'ils contribuent à produire : il s'agit d'artistes considérés comme éclaireurs de pratiques innovantes (Chap. I). Il s'agit des habitants qui sont inscrits dans des dispositifs de participation, présents après des siècles d'absence en tant que sujets citoyens. Ces habitants n'ont pas seulement une localité d'appartenance, ils ont aussi des émotions, des droits de regards, des engagements collectifs actifs (Chap. II) ; c'est à ce titre, d'ailleurs, qu'ils mettent en œuvre une disposition que, sous couvert d'un bien et d'un mal dont la distribution relève du collectif, on a eu tendance à oublier, à savoir le registre éthique de la vie heureuse. En ce sens, tout individu inscrit dans l'environnement et y contribuant peu ou prou, montre en même temps que des capacités esthétiques, une volonté éthique ; les artistes consultés en font la démonstration quand ils ajustent leur souci des formes à un souci de fond. Enfin, et c'est sur ce propos que l'ouvrage se termine, quelles sont les dispositions qui permettent aujourd'hui aux habitants de donner corps à leurs expressions environnementales : embryonnaires, peu fondés en substance, les droits à l'environnement (*versus* les devoirs à l'égard de) sont souvent ignorés et les efforts théoriques et juridiques pour leur donner corps peu nombreux : on parle alors de justice environnementale, de dette écologique et de la convention d'Aarhus.

Introduction

Il importe aux sciences humaines historiquement constituées pour faire le jeu de la liberté contre la fatalité de la nature, de réagir et réfléchir aux richesses qu'engendre l'action humaine. L'esthétique est un point d'ancrage qui permet de réfléchir aux composantes des actions sur (et dans) l'environnement. Rappelons d'abord pour ceux qui ont par trop tendance à réduire l'esthétique à des questions de forme, qu'il n'est pas de forme sans visée de sens, que la forme même est sens (ce qu'elle explicite) : elle opère de manière sensible et concrète une réunion de rythmes, couleurs, lignes (Dewey, 1980) qui lui donne toute sa force et sa dynamique. L'esthétique est éthique : elle se concrétise dans l'espace public (et aux yeux de tous devient visible). Elle est manifestation de liberté, d'un choix, d'une volonté de goût. Bref, elle est complexe, et en tant que sensorialité, sensibilité, imagination et représentation collective, elle ne peut être déliée d'une nécessité de faire sens dans l'espace public. C'est l'espace de la justification : expliquons. La nécessité de créer un objet dont les particularités esthétiques renvoient à un univers de sens oblige à le justifier, ne serait-ce que pour soi ; cette justification pour soi ne suffit pas ; encore faut-il avoir du sens pour les autres : l'univers de la justification dépend d'une légitimité que l'on ne peut se conférer seul et qui procède sur le mode dialectique. Les subjectivités s'articulent à une normativité toujours présente dans l'espace public et qui régit même l'intériorité. Dès lors, l'éthique compose le registre intérieur/extérieur, privé/public, de moi à toi, de moi à eux, de justification d'un monde esthétique.

Avant d'examiner la manière dont l'esthétique peut justifier d'un renouveau dans le champ de l'environnement[1], rappelons en quelques mots comment cette réflexion procède d'un cheminement à l'intérieur de l'histoire de l'art. Jacques Rancière (2001, p. 28) distingue historiquement, dans la tradition occidentale, trois moments. Pour Platon, dit-il, l'art n'existe pas. Il y a seulement des arts, des manières de faire : des images sont fondées sur l'imitation d'un modèle, d'autres reproduisent de simples apparences. « Ces imitations différenciées par leur origine, le sont ensuite par leur destination : par la manière dont les images du poème donnent aux enfants et aux spectateurs citoyens une certaine éducation et s'inscrivent dans le

1. Tremblay et Poullouaec-Gonidec (2002) expliquent que l'esthétique environnementale ou une « artialisation environnementale » font l'objet d'études canadiennes et américaines de plus en plus nombreuses.

partage des occupations de la cité… » C'est en sens qu'il parle de « régime éthique des images ». Puis, toujours pour Jacques Rancière, à l'époque des Beaux-Arts s'instaure un « régime poétique ou représentatif des arts ». Ce régime « identifie le fait de l'art dans le couple *poiesis/mimesis…* » Cela définit des manières de bien faire et même d'apprécier les imitations. Il appelle ce régime « représentatif », car c'est « la notion de représentation ou de *mimesis* qui organise ces manières de faire, de voir et de juger. » L'art contemporain est un nouveau modèle qui ne distingue plus des manières de faire; c'est un mode d'être sensible qui s'oppose à toute hiérarchie des genres et des sujets. Ce nouveau modèle affirme l'absolue singularité de l'art et détruit en même temps tout critère pragmatique de cette singularité. Il fonde l'autonomie de l'art et l'identité de ses formes avec celles par lesquelles la vie se forme elle-même. Avec l'art contemporain surgit à proprement parler une activité esthétique et non, seulement, une esthétique. En effet, l'art contemporain oblige par ses dispositifs optiques, sonores, olfactifs ou conceptuels à réviser son jugement ou, d'une certaine manière, à ajuster sa sensibilité en direction d'une appréhension renouvelée de l'œuvre qui lui est présentée. L'auteur conclut en disant que « l'état esthétique est pur suspens, moment où la forme est éprouvée pour elle-même. Et il est le moment de formation d'une humanité spécifique. » L'art n'est plus seulement dans le musée et l'esthétique n'est plus la seule pensée de l'art, mais également celle de l'usage social du goût et des créations sociales dans l'espace public. Elle sort du registre de l'exception. Ces considérations sont destinées à empêcher une fausse lecture des propos théoriques qui suivent. L'idée est d'ouvrir l'espace public, espace concret et de dialogue, à d'autres types de saisies du réel – notamment esthétiques – que la science. L'expérience esthétique qui rend sensible la forme et le jugement esthétique qui la restitue dans l'espace public en sont des outils. Leur pertinence en ce qui concerne l'enrichissement de la démocratie en est l'argument principal (Chap. I). Seulement l'espace public est matériel et il convient de débattre de la manière dont l'esthétique appartient au champ de l'environnement (Chap. II).

Chapitre 1

Le jugement esthétique

« Par quel biais opérer la critique des rapports sociaux réifiés ? Comment déterminer des orientations pour l'action sans fondement ni norme de référence ? » (Ruby, 2007, p. 97). C'est en ce sens que l'esthétique intervient comme philosophie de la plasticité et mode de résistance aux totalisations. Quels sont les outils d'une telle problématique ? Il y a bien sûr l'expérience esthétique, mais aussi le jugement qui vivifie l'espace public. Du point de vue des ouvertures qu'une telle perspective convie, rappelons que l'habitant, souvent éludé, est de retour dans l'espace public. Par le biais des dispositifs de concertation, de participation, de nouveaux savoirs sont intégrés. Ces mouvements de démocratisation de la démocratie donnent les moyens d'enrichir la participation de l'habitant à la communauté *via* sa contribution à la production urbaine ; c'est-à-dire ici *via* sa participation à l'effectuation symbolique et esthétique – par la mise en évidence visuelle, acoustique, odorante – du sens d'une communauté. D'une certaine manière, même si c'est souvent très théorique, la participation représente la garantie de l'insertion de savoirs non-experts dans l'espace public. Elle confère à celui-ci une nouvelle dynamique y apportant une expérience que tisse le quotidien pris comme un mélange de routines, d'apprentissages esthétiques et de négociation sociale. C'est notamment par le biais des formes dont l'habitant rend compte par ses récits, son jugement synthétique concernant son cadre de vie ou les ambiances de proximité, qu'il peut ainsi contribuer à l'espace public. Soyons clairs, cette participation est inégale, différente selon les sexes, et selon qu'on est « assigné » à domicile, sans emploi ou non ; l'habitant est divers. Comment une perspective esthétique peut-elle contribuer au caractère habitable des lieux et à la démocratisation de la démocratie ? Dans ce sens, l'on n'oppose pas la localité à la globalité : on parle d'ailleurs de « glocalisation » (Robertson, White, 2003). La durabilité en appelle à imaginer un développement local qui se réfère aux conditions d'un développement global ou, tout au moins, d'une régulation possible à l'échelle de la Terre. C'est alors que la question de l'environnement en appelle à renouveler celle de l'habiter et de l'habitat, et celle des droits de ceux qui vivent là : les habitants donc. Ces droits des habitants, ces droits à habiter et donc à recourir à la justice quand les conditions deviennent impossibles – ces droits où se confondent droits de l'homme et droits de l'environnement – sont donc ce qui reste en suspens. Le droit, mais aussi les politiques publiques sont déjà au travail. Qu'en est-il des sciences ?

En somme, l'esthétique ressuscite l'environnement naturel et construit comme un questionnement politique. L'environnement comme tel (et l'écologie politique de ce fait) s'est édulcoré au profit d'une vision techniciste ou technicienne des rapports à la nature. L'esthétique qui traite des usages sociaux de la sensibilité et donc de la matière du monde qui entre en ligne de compte dans son appréciation quotidienne, peut-elle aider à réévaluer l'environnement comme une question vive et ordinaire de la vie politique ? Ce qui veut dire, et c'est un deuxième pan de la question : de quelle manière l'environnement qui est devenu une problématique incontournable des sociétés contemporaines ne doit-il pas concerner avant tout l'esthétique puisqu'il oblige à regarder la matérialité du monde et à s'interroger sur ce qui vaut la peine d'être conservé au profit de tous ? Comment peut-on encore réfléchir et produire du débat public qui renouvelle le partage politique et ne pas prendre en considération ce qui en constitue l'épine dorsale à savoir l'espace concret de ce débat qui force à agir ? C'est dans ce lien à l'environnement qu'il semble en effet que l'esthétique puisse de nouveau être convoquée. Quand Jacques Rancière parle de « partage du sensible », il fait référence à la capacité égale qu'ont les gens de décider de la valeur et du regard qu'ils portent sur les choses, des choses qui, dans le contexte environnemental, se sont muées, en forces agissantes. En effet, la problématique environnementale les a dotées d'une incontestable efficacité sociale ; ces choses, humaines et non-humaines, mortes et vivantes, sont productrices de politiques publiques, de mobilisations… Elles contribuent à mettre en scène des formes, paysages, récits, ambiances, mêlant environnement et engagement esthétique. Ce sont ces formes-là même dont traite l'engagement esthétique, l'expérience et le jugement allant jusqu'au débat public et à l'expérience de la forme dans l'espace public.

DE L'EXPÉRIENCE ET DU JUGEMENT ESTHÉTIQUE

La distinction entre l'expérience esthétique et l'expérience ordinaire est essentiellement qualitative : l'expérience esthétique nous permet de vivre plus intensément à travers l'exercice gratifiant de toutes nos facultés humaines (sensuelles, émotionnelles et cognitives) dans un ensemble intégré. Elle se démarque par la plus grande vivacité avec laquelle elle intègre tous les éléments de l'expérience ordinaire dans un ensemble attirant et évolutif qui dégage « une qualité agréablement émotionnelle » et dépasse à tel point le seuil de la perception qu'on peut l'apprécier en tant que tel. Une partie essentielle de cette appréciation est la sensation immédiate, phénoménologique de l'expérience esthétique, dont l'impression d'unité, d'émotion et de valeur est « directement enrichissante » et non pas différée afin de servir à un autre moment ou but (Shusterman, 1999). L'expérience esthétique, dans ce sens, ne naît pas d'une distinction sujet/objet, mais, au contraire, d'une coopération complète entre ces deux plans. Le point essentiel pour Dewey est que l'incorporation réciproque de l'expérience esthétique est d'ordre vital : la personne éprouve de manière vitale sa connexion aux choses et son environnement de nouveau vivant acquiert du sens ; cette incorporation tend à renouveler le sentiment de vie du sujet ; l'expérience esthétique maintient « en vie le pouvoir de faire l'expérience du monde commun dans sa plénitude » (Dewey, 1934). De fait, cette expérience est esthétique dans la mesure où l'objet qui en ressort, exprime cette communauté propre au sujet et à son environnement. L'art réunit, par fonction, les conditions nécessaires à l'expérience esthétique, mais son isolement sur la scène sociale est contre-productif sur le plan politique. Il s'agit, pour Dewey, de « retrouver la continuité entre l'expérience esthétique et les processus ordinaires de la vie ». Mais la notion d'expérience esthétique ne suffit pas, cependant, à créer les conditions d'une communicabilité qui permette le partage d'un jugement de goût. C'est avec l'expression de jugement esthétique que l'on parvient à articuler l'intime de l'environnement avec le monde extérieur.

Conférences sur le jugement politique

À quelles conditions, selon Hannah Arendt (1991) qui se réfère à la conception kantienne du jugement esthétique, le jugement esthétique concerne-t-il le politique ? C'est la mise en commun des paroles et des actes dans l'espace d'apparence. Le jugement esthétique s'apparente au jugement politique car il constitue l'espace public où apparaissent les beaux objets, la communauté des goûts et des valeurs. Dès lors, la beauté est une aspiration commune dont personne ne connaît les règles. Le concept de beau n'existe pas, car :

> si l'on juge et apprécie uniquement les objets par les concepts, on perd toute représentation de la beauté. Il ne peut donc y avoir de règle aux termes de laquelle quelqu'un pourrait être obligé de reconnaître quelque chose comme beau (Kant cité par Makowiak, 2004, p. 376).

Le jugement de goût est donc un jugement expérimental – et réfléchissant – puisqu'il s'aventure dans le particulier et se déploie selon une visée générale.

Il reste à préciser quel est l'apport du jugement esthétique à l'espace public. Le jugement esthétique s'appuyant sur l'imagination offre une capacité de résistance à l'inertie des politiques publiques souvent guidées par des règles devenues de simples recettes. D'autant plus que l'imagination tisse ensemble le proche et le lointain, les relations de proximité solidaires et responsables et le besoin de transcendance ou de consacrer son effort à des horizons plus lointains : par exemple, le soin du vivant. Pour Kant, l'imagination est « la faculté qui rend présent ce qui est absent » (Parménide cité par Arendt, 1991) et « transforme un objet en une chose à laquelle je n'ai pas besoin d'être directement confronté, mais que j'ai en un sens intériorisé » (Arendt *idem*). L'imagination transforme l'objet perçu en objet de représentation auquel je peux réfléchir dans un espace public potentiel ouvert à tous les points de vue. Elle « instaure le recul, le désengagement ou désintéressement[1] requis pour apprécier quelque chose à sa juste valeur » (*ibidem*). Ainsi, la liberté est liée au pouvoir de l'imagination qui prépare le jugement.

1. Maquet (1993, p. 188) : le désintéressement est essentiel à la contemplation esthétique. Pour les philosophes et théologiens du XVIIe siècle, être désintéressé signifie être dépourvu d'intérêt personnel. On voit là la polysémie de l'intérêt : entre attention portée à et demande d'une récompense en échange.

Il faut aussi préciser quelles sont les critiques à l'encontre de l'appréciation kantienne du jugement esthétique et la raison pour laquelle l'expérience esthétique est introduite: le désintéressement que Kant met en avant pour justifier du lien d'un jugement singulier avec l'espace public est discutable dans la mesure où l'expérience esthétique est un engagement absolu et un abandon de soi au profit de tous les sens (Berleant, 2004). L'intérêt naît du rapport à l'objet, de l'activité cognitive propre à sa connaissance (Schaeffer, 2000). À l'encontre de cette critique, cet abandon s'accompagne d'un délaissement de l'appréhension intellectuelle, cognitive, de toute approche critique au profit d'une confiance en la situation ou en l'instant qui peut être assimilée à du désintéressement. En outre, par désintéressement, il convient de rappeler que Kant, s'inspirant en cela des moralistes de son époque, décrit un sentiment qui ne passe pas par l'appropriation pour sa satisfaction. À la même époque se développe l'idée que l'éducation citoyenne passe par l'éducation du jugement esthétique et donc l'accès d'un large public à l'art. La Révolution française construit des expositions itinérantes. À l'inverse, dans le sens de cette critique, il semble que deux moments se partagent l'appréciation esthétique: un moment d'engagement, de fusion, de délaissement des tensions inhérentes à l'approche d'un objet (d'une situation ou d'une scène), un moment de jugement, de ressaisie du goût, d'appréciation de sa propre sensation, de porter à connaissance qui équivaut à un jugement en public. On qualifie le premier temps d'expérience esthétique[2] et le deuxième temps de jugement esthétique voulant montrer à quel point le jugement procède d'une ressaisie sociale de l'expérience. Bien sûr, les deux temps ne sont pas séparés: l'appréciation esthétique procéderait-elle par zoom, allant d'une perte de repères à une reconstitution des limites?

Art contemporain

En fait, si le jugement esthétique vivifie l'espace public, c'est qu'il est devenu une modalité incontournable de son animation comme en témoigne la place désormais faite à l'art contemporain et aux approches relationnelles de celui-ci dans l'espace public: car il est vrai que les approches contemporaines de l'art insistent davantage sur les processus de création que sur celui de monumentalisation de l'œuvre d'art. Aujourd'hui, l'art ressemble fort à la tentative de reformulation de l'espace public par Arendt, comme l'illustrent les travaux de nombreux artistes contemporains qui « incorporent le processus, la durabilité, la pluralité des spectateurs et l'imprédictibilité. En outre, parce qu'ils ne ressemblent pas à ce qui est considéré habituellement comme de l'art, un jugement réfléchissant est requis pour qu'ils retiennent l'attention et pour déterminer s'il s'agit d'art » (Spaid, 2003). La lecture de Kant par Arendt permet de considérer le « jugement esthétique » comme un acte contribuant au renouveau politique. Myriam Revault d'Allonnes (1991, p. 237) explique que :

2. Arnold Berleant (2004) va plus loin, explique qu'il est même impossible de séparer le sujet connaissant de l'objet connu ; il n'y a en ce cas ni pure objectivité, ni pure subjectivité, mais une continuité entre la sensation, la conscience et le monde vécu.

> [pour Arendt] s'il y a une raison politique, elle repose d'abord sur la capacité à juger et à former ses opinions. Mais il y a plus. Si paradoxal que cela puisse paraître, la généralité – parce qu'elle est sans garantie – engage et confirme la pluralité bien plus que ne le fait l'universalité de la vérité rationnelle ou de la prescription éthique.

Cette action en prise avec la vie, synonyme de liberté, garantit aussi la contribution de l'imagination à l'espace public. Dans cet espace public revivifié, le jugement esthétique s'accorde avec l'expérience, car il fait l'objet d'une négociation qui engage la capacité à monter en généralité à partir d'un point de vue particulier. Cet espace public est vif, perpétuellement recréé, aux mains aussi bien des artistes que des spectateurs.

Espace public

L'esthétique environnementale (dans la mesure où elle intègre la perspective esthétique) peut-elle être le vecteur du renouveau de l'espace public ? L'espace public est l'expression concrète de la politique qui, pour Hannah Arendt, représente la capacité d'agir ensemble des hommes lorsqu'ils sont dans une relation d'égalité qu'elle oppose à la définition classique du pouvoir comme domination. Pour elle, seul le premier pouvoir, celui des citoyens, est légitime car il implique la libre opinion, le libre débat, la libre association ; l'espace public est ainsi le lieu d'exercice par les citoyens de cette capacité de jugement. Quant au pouvoir administratif, il tend à s'autonomiser et notamment vis-à-vis de la souveraineté populaire, pour exercer ses prérogatives dont la logique interne est l'efficacité et dont la rationalité est instrumentale. Le diagnostic d'Hannah Arendt pourrait expliquer la poussée légitime d'arènes (forums hybrides etc.) qui entendent faire pression et agir sur les processus de décision politique. Cependant, ces arènes sont limitées à l'intervention d'usagers de l'espace public riches d'une parole quasi experte, du fait d'une pratique finalisée d'un espace ou d'une ressource : par exemple, le chasseur pour le gibier, l'agriculteur pour l'eau. Les habitants en tant que tels sont négligés. En somme, les termes de politique et d'espace public renvoient à des configurations concrètes et abstraites : pour le premier, les institutions et les élus, et ce que manifeste la présence de ces institutions, un sens de la volonté de vivre ensemble ; pour le second, aussi bien des rues, des places qu'un art de réaliser un espace de dialogue et de création d'un avenir social partagé, une zone d'expérimentation du lien social, un lieu de recherche de l'expression d'un futur commun. L'espace public est la mise en politique du monde commun, mais cette mise en politique n'est pas qu'une mise en débat, c'est une mise en acte, voire une concrétisation, car l'espace public est également un espace de vie. De lieu du débat qu'il était, l'espace public devient l'enjeu du débat.

L'environnement transformé en objet d'intérêt public ne l'enrichit-il pas de ses valeurs, d'un souci à l'égard d'une matérialité socio-naturelle, à condition de prendre en considération la perspective historique ?

LES FORMES ENVIRONNANTES

De quelles manières un espace public environnemental parvient-il à exister dans l'espace commun et à devenir la force agissante d'une esthétique publique ? Pour John Dewey (1980), la forme est une réponse : elle suporte l'expérience de la chose, s'en fait le vecteur, est perçue comme globale, avant toute décomposition analytique, et engage un corps total qui ne se situe plus dans une séparation sujet-objet, mais s'immerge dans l'environnement. En outre, elle circule dans l'espace public. Le dessin d'un beau paysage convient à un grand nombre comme un beau récit. Formes paysagères, formes narratives ou sonores, tonalité de la narration circulent dans l'espace expressif d'une collectivité voulant enregistrer ses propres évolutions et dans l'espace intime (et enchevêtré parfois) du singulier. Un exemple : la rondeur de la Terre nous contraint à partager, c'est aujourd'hui une conviction. La forme ou les formes sont des cadres de référence de l'élaboration d'une sensibilité publique. Ce peut être en positif ou en négatif : les insectes participent du cycle de la nature et de la vie. Cette appréciation ne requiert pas tant de connaissances scientifiques qu'une perception « cosmique » de l'univers ou une appartenance religieuse liant les différents membres d'une communauté. Cependant, bon nombre de personnes ne les trouvent pas beaux. Apprécier la forme de manière désintéressée, en rendre compte publiquement par un récit, une image, permet à la nature de proximité et à l'environnement de circuler dans l'espace public. Reconnaître le jugement esthétique et sa valeur dans l'espace public demande à sortir celui-ci de l'espace du musée (et de l'espace du « beau »: la laideur n'a-t-elle pas le droit de cité?). C'est fait, dirait-on, tant les œuvres d'art – et l'art contemporain en est le grand témoin – opère entre musée et espaces extérieurs. Il faut alors aller plus loin et reconnaître que ce n'est pas l'art qui sort du musée, mais le jugement esthétique qui s'émancipe des cadres de sa reconnaissance. Cela revient à une conception du sentiment esthétique qui se détache de l'objet d'art. C'est ainsi que Dewey l'entend, puisqu'il prône l'intégration de la vie et de l'art et s'oppose à la « conception muséale de l'art » qui sépare l'esthétique de la vie vécue, pour la cantonner dans un domaine à part, loin des préoccupations des hommes et des femmes ordinaires. Cette « conception ésotérique des beaux-arts » s'appuie sur la sacralisation des objets d'art confinés dans les musées et les collections privées. C'est pourquoi Dewey privilégie l'expérience esthétique aux dépens des objets physiques qui sont fétichisés comme « art » par la conception traditionnelle. Pour Dewey, l'expérience et la valeur de l'art résident non pas dans les objets en tant que tels, mais dans l'expérience dynamique et évolutive à travers laquelle ils sont façonnés et perçus. Il oppose le « produit de l'art », l'objet physique qui, une fois créé, existe « indépendamment de l'expérience humaine », et « l'œuvre d'art en tant que telle (c'est-à-dire) ce que fait l'objet de et dans l'expérience » (Dewey, 1980).

L'EXPERTISE DU JUGEMENT DE GOÛT

Cette esthétique peut-elle fonder un jugement de goût, forme d'expertise dans l'espace public? Rappelons d'abord les termes du débat sur l'attachement aux lieux avant de discuter la question de l'expertise citoyenne. Selon l'esprit moderne, l'attachement joue contre le détachement républicain, le souhait de pureté ou, tout au moins, de purification et d'abstraction des singularités. Bruno Latour (2003) dit :

> Levons d'abord une difficulté de principe, ou plutôt dissipons cette gêne que ressentent toujours à critiquer la notion automatique d'émancipation ceux qui sont nés le cœur à gauche. Dès qu'on s'approche de cette question, ils croient pouvoir répartir les attitudes entre celles des réactionnaires qui seraient pour l'esclavage, l'aliénation, l'attachement, le rattachement et celle des progressistes qui se feraient les champions de la liberté, de l'autonomie, de la mobilité, de l'émancipation [...] Or, il me semble que toute pensée des « faitiches » éloigne de cette gigantomachie de la liberté contre l'aliénation ou de la loi contre la licence. La question ne se pose plus de savoir si l'on doit être libre ou attaché, mais si l'on est bien ou mal attaché.

Mais la question du bien ou mal attaché nous renseigne-t-elle sur la valeur et le caractère problématique de l'attachement ? Avec un tel prisme, travaille-t-on la manière de produire un monde et la pertinence de ce que cela signifie ? Si l'on pense qu'aucun attachement ne va de soi, que l'attachement au lieu n'est pas juste le pur produit d'une culture qui l'impose, on ne peut se fier à une définition aussi lapidaire. Mais comment instruire le dossier de l'attachement ? L'entrée par l'appréciation esthétique le permet, partiellement ; elle valorise un mode désintéressé, source de plaisir et d'attachement aux lieux et une capacité communément partagée d'un rapport à l'environnement. La principale observation tient au fait que la notion d'attachement accompagne celle de détachement, que choisir l'une aux dépens de l'autre n'a pas plus de sens que de prendre le oui sans le non et aussi parce qu'il existe des traditions culturelles dans les mondes orientaux qui n'assimilent pas le détachement à la pureté d'une condition « citoyenne » bien que ce détachement soit là aussi compris comme une faculté de prise de distance avec les difficultés propres à une vie ordinaire et concrète. Cependant, dans ce cas, le détachement ne s'opère pas sur le mode autoritaire de l'injonction collective, mais plutôt sur le mode personnalisé d'un processus de maturation composé de méthodes et de techniques (par exemple, la méditation) qui rendent accessibles à l'individu les modes de son propre gouvernement. En vérité, l'on peut penser que ce détachement-là est synonyme d'une mise en lumière des processus qui construisent les personnes y compris dans la souffrance. Se détacher devient une façon de comprendre ce qu'il en est de sa sensibilité et des valeurs que l'on accorde aux formes matérielles et immatérielles produites dans le monde. C'est ainsi que le jugement esthétique inscrit le détachement comme un mode de valorisation de l'attachement. C'est alors que le jugement de l'expert, seul légitime dans l'espace public, se trouve mis à mal et que d'autres types de jugements interviennent ; ils sont nés de la pratique des lieux, de la reconnaissance de qui fait un lieu, non pas une donnée objective, mais un espace de vie. C'est le lieu de la reconnaissance de ce qui fonde les individus dans leur singularité et les collectifs dans leurs attachements multiples[3]. C'est ainsi que le jugement

3. Axel Honneth (2007) pense qu'il n'y a pas symétrie entre la reconnaissance de la nature et celle des autres êtres humains.

esthétique ne joue pas du détachement contre l'attachement, de l'abstrait contre le concret.

En somme, le jugement de goût kantien se situe bien dans l'idée de l'esthétique comme d'un sentiment commun, d'une communicabilité universelle et directe (sans concept, donc immédiate). La reprise de la question de l'expérience esthétique (qu'elle ait été traitée par John Dewey ou par Arnold Berleant) va dans le sens de mieux comprendre les capacités perceptives et cognitives. Dans les deux cas, du moins est-ce là qu'on va, il s'agit bien de la constitution d'une pluralité de points de vue possibles. Pour Kant, par exemple, il s'agit bien du passage de la singularité à l'universalité. Pour Dewey, il s'agit de penser un espace pluriel dans la confection duquel tous peuvent se sentir concernés, puisque telle est la définition du public. Pour Arendt, il s'agit de l'espace formel d'émergence d'une volonté publique, dans lequel tous sont impliqués de façon vive, créative. Dans le fond, il s'agit pour ces différents penseurs de contribuer à un espace politique perpétuellement renouvelé qui incluent les intéressés (le public, les citoyens, le peuple) et à l'élaboration duquel ces derniers peuvent se sentir concernés. Le jugement esthétique intervient alors comme une faculté permettant cette élaboration collective vive, sachant que la manière dont on peut se sentir concerné par l'élaboration d'un espace politique n'est pas la même pour tous et que certains peuvent juger de ce dernier au moyen de leur jugement esthétique, c'est-à-dire en mettant en regard leur sensibilité et les formes produites dans l'espace public. Celles-ci ont alors du sens puisqu'elles introduisent la comparaison de l'action et d'une contribution au « bien commun » éventuellement urbain ; elles ont du sens puisqu'elles permettent d'évaluer le passage d'une politique publique à un cadre de vie. Elles ont du sens, enfin, puisqu'elles permettent d'apprécier ce qu'il en est d'une raison collective formée de passions et de débats, d'analyses rationnelles et scientifiques, d'institutions collectives. En résumé, l'on appelle esthétique un registre de discours qui traite des usages sociaux du goût (c'est-à-dire de la faculté de juger de la communicabilité des sentiments liés à une représentation donnée et sans médiation d'un concept) et des partages de pouvoir opérés par lui.

Chapitre II

L'environnement urbain

Considérons d'abord que la ville reconfigure les rapports à la campagne[1] – comme elle l'a toujours fait puisque déjà, dans la seconde moitié du XIXe siècle, au moment où l'exode rural bouleverse la population française et, par là, les fondements mêmes de la société, la dichotomie villes-campagnes structure l'expression des inquiétudes : les villes sont alors vues comme le « tombeau » d'une « race » dont les campagnes seraient le « berceau » (cette terminologie, soulignons-le, est bien celle de l'époque). Aujourd'hui, la même partition se joue, mais sur un mode écologique. Dans la ville où, depuis une décennie, l'urbanisme se montre attentif à l'idée de qualité de vie[2], un intérêt nouveau (ou renouvelé) pour la nature se projette sur la campagne qui, de décriée qu'elle était dans une société polarisée sur la ville, se voit ainsi parée de vertus nouvelles comme « réserve de nature ». Bois, forêts, rivières, étangs, zones humides, prairies naturelles, jachères..., aussi « anthropisés » soient-ils, ces « milieux naturels » apparaissent comme des réserves de nature (qu'il s'agisse de ressources comme l'air, l'eau et les sols, ou de biodiversité considérée sur le plan écologique). Dans la campagne, des inquiétudes se font jour quant à la qualité réelle de l'air, de l'eau, des sols et des nappes. Les manières des urbains d'accaparer des zones rurales aux dépens des agriculteurs et des habitants (ou sans les consulter), et de les transformer en « réserves de nature » sont dénoncées ; les ruraux deviennent les gardiens d'un paysage fantasmé et d'une représentation d'un patrimoine français. Derrière ces épiphénomènes, ne se joue-t-il pas la question de la vie ? Sauvegarder l'environnement, c'est défendre la vie ; et la nature – et donc la campagne – est réserve de vie. Mais il n'y a pas que la campagne qui soit considérée comme source de vie. Dans une société soudain consciente de ses fondements biologiques et saisie par la bioéthique, où est la vie ? Dans les villes où s'éprouve la plus grande modernité, soucieuse de la qualité du cadre de vie et des corps qui s'y meuvent, ou dans des campagnes qui doivent rester les gardiennes des reliques de la vie alors que l'air que l'on y respire n'y est pas forcément meilleur ?

1. Dans un séminaire de l'Observatoire des rapports rural/urbain (Ladyss) en 2002, Marcel Jollivet et l'auteure avaient traité des relations entre environnement rural et environnement urbain.

2. Mais n'est-ce pas que du décor pour masquer la misère croissante et la dégradation des milieux de vie ? « Dans la ville, il y a vie » et « La ville, c'est ma nature » proclament les slogans publicitaires !

C'est en ce sens qu'il s'agit d'expérimenter les voies d'une appropriation du sol qui soit celle d'un ici et maintenant, de la terre au sens concret et immédiat, mais aussi celle de la Terre comme horizon limite, espace d'extension et d'inscription humaine. C'est ainsi d'ailleurs que la nature est entrée en ville témoignant du goût des citadins pour la qualité de vie. Certes ville et environnement ont une histoire compliquée. Au début, il s'agit essentiellement d'approches globales de l'environnement. L'habitant est éludé. Dans un deuxième temps, les approches se font sectorielles négligeant les dimensions relationnelles de l'environnement. Puis la ville durable prend place sur l'échiquier politique. En dépit du fait qu'il est aujourd'hui très « technocentré », le projet de « ville durable » valorise les usages des habitants, théoriquement tout au moins, et devrait donc permettre l'insertion des esthétiques singulières. Cependant, il est difficile de revenir sur les approches surplombantes, fonctionnalistes et essentiellement visuelles de l'espace urbain. La demande de nature y inviterait-elle ?

D'UNE ESTHÉTIQUE GLOBALE À UNE APPROCHE GESTIONNAIRE

Mais retraçons donc brièvement l'histoire du couple ville et nature. L'écologie urbaine n'est pas nouvelle (Blanc, 1999). L'école de Chicago composée de sociologues et de journalistes étudiant les faits urbains emprunte, la première, notions et méthode à l'écologie végétale naissante. Pourtant, cette première écologie urbaine ne propose pas une analyse des rapports citadins/environnement naturel ou construit, mais décrit une vision globale des mécanismes de fonctionnement de certains processus urbains (ségrégation, exclusion, etc.) Il faut attendre les années 1960 et 1970 en Europe pour que s'élabore une approche des écosystèmes urbains. Paul Duvigneaud parle d'écosystème « Urbs » dans son ouvrage paru en 1974, *La synthèse écologique*; Eugène Odum en 1976 compare, en les chiffrant, l'écologie d'une métropole américaine avec celle d'un grand lac. De façon générale, l'approche des chercheurs à l'origine de ces études rend difficilement compte des dimensions culturelles (esthétiques ou relationnelles) des villes : elles sont autant d'études du poids écologique des villes dans un écosystème plus global. En 1971, le projet 11 du programme MAB (*Man and Biosphere*) entreprend diverses études d'écologie urbaine en termes de flux énergétiques. Même si le programme infléchit progressivement son approche, celle-ci n'en demeure pas moins extrêmement réductrice des termes culturels et sociaux de la ville. De façon générale, l'articulation des deux approches, énergétique et sociale au sens large, constitue le point faible des analyses écologiques intégrées. D'autres critiques peuvent être formulées. En particulier, le fait que la quantification excessive propre à ces études systémiques conduit à négliger tous les aspects non quantifiables. En outre, les limites de tout type d'analyse conduisent à se méfier de l'intégration d'un ensemble de variables d'origines diverses. D'autant plus, comme le dit Stephen Boyden (1980) (auteur de nombreux textes, et responsable de l'équipe australienne, qui fut la seule à concrétiser ses recherches par la publication de l'étude écologique intégrée d'une cité, celle de Hongkong) qu'un bon fonctionnement du système ne démontre pas qu'il n'y ait pas de crise sociale. En effet, d'après le même auteur, l'écueil de ces analyses intégrées, qui constituent une grande partie des recherches du programme, est, la « systémophilie ». Cependant, Francis Beaucire (1985) montre que le bilan énergétique qui occupe une place privilégiée dans l'écologie de la ville est l'instrument le plus efficace pour traduire des phénomènes de nature différente. Ce calcul rend possible l'analyse écologique en termes économiques et le calcul du rendement urbain. La principale critique est que le caractère opératoire de ces recherches, tel qu'il a été énoncé dans le programme, soit l'optimisation des décisions qui concourent à l'aménagement urbain, comporte le danger de voir se constituer des normes d'origine technicienne. Elles ne prennent en considération ni l'habitant, ni la relation sociale. Une autre critique peut être formulée : ces schémas très globaux construits en termes de flux énergétiques séduisent par l'efficacité de leur représentation ; il s'agit d'une mise en perspective synthétique de la ville en des termes nouveaux. Schémas, modèles et représentations abstraites des espaces sont à l'honneur ; ces visions urbaines seront prospères dans l'imaginaire.

À partir des années 1980, progressivement, des politiques publiques locales mettent en œuvre des approches partielles et limitées de l'environnement urbain. Ce sont des politiques d'espaces verts, de qualité de l'eau ou du cadre urbain. L'approche se fait essentiellement en termes de gestion des espaces (bleus, verts) : le terme désigne des lieux dédiés à des activités spécifiques. Il n'est pas question d'esthétique ou du lien de l'habitant à son espace de vie sinon en termes d'objet à gérer, par exemple, la nature dans la ville. Ces politiques montreront la voie aux démarches locales concernant le développement urbain durable. Du côté scientifique, en 1985, une enquête[3] sur les recherches en écologie urbaine met en évidence le fractionnement des travaux, la faiblesse des relations entre disciplines et laboratoires. On note dans deux appels d'offres[4] du ministère de l'Équipement l'éparpillement du champ de recherche de l'écologie urbaine. Les dimensions biophysiques ne sont pas toujours prises en compte. Il semblerait que la difficulté essentielle provienne de la faible place des travaux interdisciplinaires mêlant sciences de la vie, sciences de la matière et sciences humaines. De nouveaux thèmes sont initiés : ils concernent les rapports de la santé (puis du bien-être) à l'environnement.

VILLE DURABLE : LES CULTURES DE L'ENVIRONNEMENT ÉLUDÉES ?

Dans les années 1990, sur le plan politique puis scientifique, le thème de la ville durable prend le dessus. *Le Livre vert européen sur l'environnement urbain* (1990) représente l'ébauche d'une stratégie communautaire. Les problèmes d'environnement sont considérés annonciateurs d'une crise plus profonde qui oblige à repenser

3. Réalisée par le groupe « Milieux urbains » du Programme interdisciplinaire de recherche environnement.

4. En 1992, le secrétariat permanent du Plan urbain du ministère de l'Équipement lance un appel à propositions de recherches sur le thème de l'écologie urbaine : « La ville au risque de l'écologie. Questions à l'environnement urbain » Un deuxième appel à propositions a été initié en 1994 s'inscrivant dans la continuité directe de celui de 1992 : « La ville, la densité, la nature ».

les modèles actuels d'organisation urbaine et d'urbanisme. Ce livre s'annonce donc dans son contenu comme un diagnostic problématique des enjeux de la réorganisation urbaine. C'est un moyen d'inventorier les difficultés auxquelles sont confrontées les conurbations européennes: zones industrielles désaffectées, périphérie, qualité de l'environnement urbain, espaces publics et zones vertes, pollution urbaine. Ce livre traite également des causes fondamentales de la dégradation urbaine: fonctionnalisme, rapports de production et de consommation, mobilité. Des propositions en matière d'urbanisme sont élaborées. Elles relèvent de politiques concernant la structure physique de la ville (urbanisme, transports...), le patrimoine historique, la protection et la promotion des espaces naturels intra-urbains et des politiques qui tendent à réduire les incidences des activités urbaines sur l'environnement (industrie, énergie, déchets et eau). Les formes urbaines sont donc déterminantes et la question sociale est présente. Cette mise en œuvre d'une politique européenne d'environnement urbain[5] accompagne le lancement d'une campagne « villes durables » organisée par l'ICLEI (Conseil international pour les initiatives écologiques locales) et la Commission européenne qui, avec la signature de la charte d'Aalborg (1994)[6], rencontre un certain succès probablement lié à la nécessité d'un renforcement des pouvoirs locaux et de la légitimité locale dans le contexte d'un désinvestissement progressif de l'État.

Cependant la « ville durable » est le projet d'une « poignée de scientifiques et de responsables institutionnels » (Emelianoff, Theys, 2001). Les deux dernières campagnes des villes durables (Aalborg+10, 2004 et Séville, 2007) en témoignent: la première campagne consacre les tableaux de bord et les indicateurs dans les

5. Les premières actions communautaires débutent en 1972, dans le cadre de quatre programmes d'action successifs. Ils reposent sur une approche verticale et sectorielle des problèmes écologiques. En 1986, l'acte unique européen fonde à la fois la politique communautaire sociale et celle de l'environnement en insérant deux sections complètes dans le traité de la Communauté européenne. Le chemin pour le « développement durable » est ainsi préparé. En 1997, le traité d'Amsterdam poursuit cette évolution, en indiquant parmi les objectifs de l'Union européenne « de parvenir à un développement équilibré et durable ». En 1998, le Conseil européen de Cardiff appelle les différentes formations du Conseil à intégrer la préservation de l'environnement dans les politiques sectorielles, notamment: l'agriculture, l'énergie, les transports, l'industrie, le marché intérieur et le développement. Aujourd'hui, les neuf formations du Conseil sont dotées d'une stratégie d'intégration de l'environnement. En juin 2001 à Göteborg, les chefs d'État et de gouvernement ont approuvé la stratégie européenne de développement durable, qui ajoute une dimension environnementale au processus de Lisbonne pour l'emploi, la réforme économique et la cohésion sociale. Le sixième programme d'action pour l'environnement, adopté le 22 juillet 2002, définit les priorités pour la Communauté européenne jusqu'en 2012. Il reprend les quatre domaines de la stratégie européenne de développement durable tout en précisant et en les rendant plus opérationnels. Le Conseil européen de Barcelone (15 et 16 mars 2002) a souligné que la stratégie de développement durable se doit d'assurer la cohérence entre les différentes politiques et les objectifs à long terme de l'Union. Lors de la session des 25 et 26 mars 2004, le Conseil européen a rappelé l'importance de dissocier croissance et incidences négatives sur l'environnement, ainsi que d'améliorer l'efficacité énergétique et d'accroître le recours aux sources d'énergie renouvelables. Le Conseil européen de Bruxelles (16 et 17 juin 2005) a adopté une déclaration sur les principes directeurs du développement durable dans laquelle il rappelle les objectifs clés du développement durable, à savoir la protection de l'environnement, l'équité sociale et la cohésion, la prospérité économique et la nécessité pour l'UE d'assumer ses responsabilités internationales.

6. En juin 2004, environ 5 000 gouvernements locaux à travers l'Europe s'étaient engagés dans un processus de développement durable. http://www.ecologie.gouv.fr/IMG/agenda21/textes/aalborg.htm (consulté en juin 2008).

logiques d'actions liées à l'expansion de ce mot d'ordre (même en ce qui concerne la participation habitante) et la seconde porte évidemment sur le changement climatique et les écotechniques associées (de la construction des logements aux énergies renouvelables). Sans nier l'importance de tels enjeux, il semble intéressant de voir à quel point leur prise en considération peine à intégrer l'enjeu culturel (qui solliciterait bien plus profondément une réforme des modes de vie) aussi bien que les dimensions écosystémique et bio-physico-chimique de l'espace urbain. Le projet politique de la « ville durable » élude la dimension culturelle de l'environnement; les activités culturelles sont des vecteurs de « gentrification » ou de création de la valeur ajoutée des centralités métropolitaines. Le plus souvent, les cultures urbaines, tant les liens singuliers des habitants à leur espace de vie que les esthétiques qui produisent l'environnement urbain, sont éludées au profit d'une version spectaculaire de l'aménagement urbain et de l'identité territoriale[7]. Or un véritable projet de « ville durable » doit prendre en considération les composantes bio-physico-chimiques et culturelles de la ville; l'écologie urbaine doit être une écologie des ressources matérielles et immatérielles de la ville: du vivant à sa beauté, de l'organisme à ce qui le constitue en pensée.

En vérité le projet de « ville durable » répond par l'idée de « gouvernance » à l'affaiblissement de l'action publique, notamment au désengagement de l'État. La participation des habitants s'inscrit ainsi dans le contexte d'une déconcentration ou décentralisation des pouvoirs publics. L'importance croissante de la société civile répond partiellement à l'idée d'une légitimité retrouvée de la démocratie nationale et des pouvoirs locaux. Le développement durable urbain n'est-il pas le projet politique d'aménagement correspondant à la transition postkeynésienne[8] ? Les villes métropolitaines qui sont les nouveaux cadres de référence de l'aménagement territorial se servent notamment du développement durable comme d'un argument de compétitivité et de promotion territoriale. Il est vrai que les villes agissent dans un contexte où la qualité de vie repose sur celle de l'environnement à laquelle contribuent les espaces verts, mais aussi d'autres vecteurs d'identité patrimoniale comme les bâtiments urbains de qualité ou des espaces de vie singuliers (fleuves, lacs, reliefs...) Les éléments du patrimoine naturel et construit et les paysages mobilisent l'attention comme des référents de la sociabilité. Cela est fait sans réel recours aux habitants dont l'engagement esthétique est peu mobilisé. L'environnement territorialisé est le nouveau ressort de l'action politique et économique. Ce sont des politiques d'image et de « marketing » territorial.

7. Au point que lors du Congrès international des villes durables en 2007 à Séville, en ce qui concerne le changement climatique, on évoque beaucoup les adaptations du bâti, des systèmes techniques et des réseaux urbains, mais on parle peu des changements d'habitudes nécessaires à ces adaptations.

8. Le keynésianisme est la doctrine dominante des « Trente glorieuses » qui a guidé la mise en place de politiques publiques volontaristes et ambitieuses, en matière d'aménagement urbain, et donné un rôle prépondérant à l'État et aux pouvoirs publics qui choisirent une urbanisation massive (et extensive) et le financement d'équipements publics considérables; « cohésion nationale » et « solidarité » étaient les maîtres mots publics des politiques de construction et d'équipement qui avaient pour objectifs le prestige national autant que la performance territoriale et d'utilité économique.

C'est vrai que les avancées, qu'elles émanent d'institutions politiques ou techniques, se traduisent souvent en termes de gestion (ou de « marketing ») de l'environnement, à défaut, peut-être, d'imaginer un renouveau politique et militant véritablement satisfaisant. La traduction du concept de développement durable au niveau local est plus urbanistique que politique. Cependant, tout n'est pas noir. Le projet politique de la « ville durable » produit un renouveau urbanistique qui joue sur la mise en place d'un horizon d'attente : l'aménagement et le bien-être en ville mobilisent différents registres d'intervention et échelles et niveaux d'administration. Par exemple, la transformation des politiques de transport à l'échelon local accompagne une prise en considération de la lutte contre l'effet de serre à l'échelle globale. Les échelles mineures de l'aménagement sont aussi importantes que les grands projets : dans le contexte du développement durable urbain, le quartier (*via* l'aménagement d'éco-quartiers) a une portée générale. Il s'agit de la relecture d'un urbanisme universalisant ; celui-ci s'appuie sur des rapports types entre la production des formes et des usages. L'esthétique universelle se transforme progressivement en une esthétique raisonnée, c'est-à-dire une conception raisonnée de l'aménagement urbain faisant appel aux conceptions et usages locaux. Aujourd'hui, dans le même mouvement, le local prend en considération l'échelle globale et se différencie des programmes menés à ces échelles-là. Ce jeu sur les échelles qui suit une certaine redistribution des pouvoirs et compétences (ce n'est pas juste à l'échelle de l'État nation que l'on est susceptible d'agir sur des enjeux internationaux) s'accompagne de la montée en puissance des réseaux nationaux et internationaux des acteurs de l'aménagement urbain et des élus métropolitains. En quels termes ?

Acteurs en réseau, vecteur de créativité locale ?

En France, l'évolution depuis 1997 des Agendas 21 locaux (en 2006 plus de 200 ont été signés), principaux outils des politiques de ville durable (MEDD, 2004), montre une généralisation des démarches de développement durable qui s'appuie essentiellement sur des réseaux préexistants et une politique régionale influente : par exemple, en Rhône-Alpes. Le développement durable, qui vise un développement négocié et une coproduction des milieux de vie, mélangeant les acteurs et les niveaux et échelles de compétences, rend nécessaire la construction de l'action en réseau « formalisée » ; la clarté du processus est essentielle étant donné les enjeux complexes de l'environnement.

En outre, les politiques de « ville durable » incitent élus locaux et habitants à se réapproprier les enjeux d'une démocratie urbaine. En France, dans le cadre de son Agenda 21, la ville d'Échirolles a organisé l'écoute et la participation systématique des habitants aux processus décisionnels en créant le Forum 21, instance de concertation spécifique à l'agenda local : 700 habitants tirés au sort ont été invités à y participer. Lors de la première séance – chaque séance réunit environ 120 participants, habitants, élus et représentants locaux – une charte définissant les règles de fonctionnement a été adoptée définissant les thèmes de travail : circulation et déplacement, qualité de l'air, aménagement urbain, risques majeurs, bruit, déchets, information, communication et citoyenneté, lien social et solidarité. Ces ateliers réunissent une trentaine d'habitants volontaires. Des experts extérieurs ainsi que des techniciens et élus sont invités à apporter leur éclairage. Autre cas: en 1998, après un travail sur sa charte de l'environnement, la ville de Rillieux-la-Pape a mis en place un dispositif d'observation des usages de la ville et de ses espaces. Depuis, une équipe d'observateurs conduit des missions à la demande des services municipaux comme des partenaires de la ville. Ils partagent et capitalisent la connaissance acquise avec les observateurs locaux et les habitants. Ils ont pour mission de décrire les usages de la ville, l'environnement immédiat ou proche, la manière dont les habitants se l'approprient, vivent ces espaces, utilisent ces rues, ces places, ces cheminements, usent de ces équipements, en appréhendent le fonctionnement et les contraintes. Le partage de cette connaissance de la ville est considéré comme un préalable à l'ouverture d'espaces de négociations et participe à la transformation de l'action publique.

Plusieurs critiques sont faites concernant ces démarches. Une première attaque le caractère schématique des Agenda 21. Ce sont souvent des listes de préconisations sans prise en considération réelle des réalités locales, sociales, économiques et environnementales. Cela limite évidemment la prise en considération des esthétiques particulières dans (et de) l'environnement. Une deuxième porte sur le caractère symbolique de la participation. Jacques Donzelot et Renaud Epstein (2006)[9] montrent que souvent la coopération avec les habitants ne dépasse pas le stade du symbolique. Les habitants se censurent eux-mêmes; ils peuvent s'avérer conscients de la difficulté de la participation, et mal assurés devant la puissance publique. Les temporalités propres à la participation devraient être mieux prises en compte: il y a le temps de la conception qui implique des modalités particulières de participation, le temps de la mise en œuvre, le temps de l'usage… Le plus souvent, le citadin se mue en donneur d'opinions. On observe aussi que les catégories de citoyens (par exemple, l'agriculteur) créées dans l'idée de rationaliser l'action publique (la catégorisation devient un mode d'administration de l'action publique), et de retrouver par là l'intérêt général, cachent la dimension partisane de ces intérêts et ceux plus singuliers des habitants.

Compte tenu de la complexité du développement durable et des singularités locales, les démarches de participation montrent la nécessité d'organiser méthodologiquement les différentes étapes et les interactions entre les thèmes de travail; c'est un processus à reconsidérer au fur et à mesure de la fabrication de l'agenda local en collaboration avec les réseaux d'acteurs qui y sont mêlés; les Agenda 21 doivent

9. Les auteurs notent, dans le cadre d'un rapport pour le comité d'évaluation de l'Agence nationale de renouvellement urbain (2006), après étude de quatre projets de rénovation urbaine, que les actions invitant à la participation peuvent être qualifiées: de manipulation; de coopération symbolique, avec une information à sens unique, une consultation sans garantie de prise en compte des suggestions récoltées et/ou la réassurance au terme de laquelle les points de vue sont recueillis, mais les autorités sont les seuls juges de la légitimité de ces points de vue; enfin, le pouvoir effectif des citoyens donc la participation réelle avec trois degrés: le partenariat *via* des comités associant autorités et citoyens, la délégation de pouvoir lorsque les citoyens sont majoritaires, et le contrôle citoyen où conception, planification et direction de programme relèvent directement des citoyens.

rester des programmes ouverts. Il est évident, dès lors, qu'un Agenda local ne peut être le fait d'un service isolé, mais doit résulter d'un processus collectif de production environnementale.

Tendances nationales

Notons par ailleurs que les villes durables ont des tendances nationales tout à fait spécifiques (Emelianoff, 2004). Au Royaume-Uni, les Agendas 21 locaux visent à renforcer le sens de la communauté locale. Des approches plus techniques ou naturalistes sont de rigueur au Danemark, en Suède ou en Allemagne, tout pays qui mise sur les écotechniques, la labellisation écologique des produits, des entreprises et des services municipaux. Outils économiques, fiscaux et techniques font partie de l'arsenal d'incitation écologique. De même qu'au Royaume-Uni on insiste sur la communauté, en Europe du Nord, et plus particulièrement en Scandinavie et au Danemark, la « ville durable » favorise les modes de vie durables. L'optique est de créer des citoyens écologiquement responsables, à partir de l'éveil des consciences individuelles. L'inflexion nationale des politiques de ville durable est donc importante; dans des pays en transition comme la Russie, la « ville durable » n'a pas ce caractère opératoire (Blanc, Emelianoff, 20005).

En Russie, les scientifiques jouent un rôle de passeur et s'intéressent à la notion de « développement durable » dans la mesure où ils sont conduits à fonctionner dans des réseaux internationaux, à la recherche d'une légitimité et de ressources financières dont ils sont dépossédés en Russie. Ils jouent donc le rôle de passeurs, sur un mode assez pragmatique, entre leurs propres préoccupations (relatives, par exemple, à la biodiversité ou aux armes chimiques), les attentes des institutions et des ONGs internationales avec lesquelles ils travaillent, les demandes sociales et, éventuellement, celle des pouvoirs publics. Mais s'ils acceptent de se référer au développement durable, dans un cadre de réflexion et un positionnement tous deux internationaux, le mot n'est pas usité auprès des acteurs car l'expression traduite en russe, tout comme celle d'Agenda 21, n'a pas de sens pertinent et donc d'efficacité.

Il faut souligner que la vocation du développement durable à allier l'environnemental, le social et l'économique ne peut avoir la même résonance dans un pays comme la Russie où les questions environnementales sont souvent rapportées à leur dimension sociale et où l'économie reste quasiment intouchable. En outre, ni les acteurs économiques, ni les pouvoirs locaux qui en sont fortement dépendants, ne sont prêts à accepter l'ingérence écologique, considérée comme contre-productive, et portée par des acteurs faibles. L'Union des villes russes émet un diagnostic très pessimiste sur l'ouverture des élus au développement durable, concept trop exogène et qui est essentiellement mobilisé pour servir de façade dans les documents généraux destinés à l'international.

VILLE DURABLE : LES FRUITS D'UN RENVERSEMENT ESTHÉTIQUE

Revenons aux tendances qui laissent espérer que le projet de ville durable puisse aller dans le sens d'une esthétique environnementale. Tout d'abord, les évolutions de l'écologie urbaine à la « ville durable » montrent les signes d'un renversement critique et esthétique des approches « modernes » de l'espace urbain héritées du courant moderniste de l'architecture[10]. Celles-ci très concentrées sur le « bon fonctionnement » de la ville, qui souvent se traduit par « fonctionnement machinique », insistent sur le rôle de l'automobile et définissent un être urbain type. Par exemple, Tony Garnier, Walter Gropius et Le Corbusier (cité par Choay, 1979) travaillent dans une même perspective : réaliser une « maison d'habitation », une « habitation modèle » ou « unité d'habitation » correspondant aux besoins d'un être humain avec un corps type. Ainsi, expliquent-ils, grâce à cet effort de création, peut-on « libérer les valeurs spirituelles de leurs limites individuelles et affirmer leur portée objective ». L'individu s'efface au profit d'un type humain universel. Alors les constructions modernes sont « déterminées infailliblement » : « exactitude et rigueur de la forme ; simplicité dans la diversité ; structuration des unités constructives conformément aux fonctions respectives des édifices, des rues, des moyens de transport ; limitation à des formes types de base, qui sont classées et répétées ». Cette idée d'une création standard concerne tous les éléments urbains et doit ordonner l'immeuble aussi bien que l'espace intérieur de l'habitation. Le Corbusier (cité par Choay, 1979) est des plus explicites :

> Rechercher l'échelle humaine, la fonction humaine, c'est définir les besoins humains. Ils sont peu nombreux ; ils sont très identiques entre tous les hommes, les hommes étant tous faits sur le même moule depuis les époques les plus lointaines que nous connaissons. Le *Larousse* chargé de nous donner une définition de l'homme nous donne trois images pour démonter celui-ci sous nos yeux : toute la machine est là, carcasse, système nerveux, système sanguin.

Un tel dogme créatif explique que les promoteurs de la Charte d'Athènes, principaux protagonistes publics du fonctionnalisme urbain, se soient opposés au pittoresque, à la diversité morphologique. Ils nient d'ailleurs une bonne partie des qualités de la ville d'antan. Cependant, dès le début des années 1970, la qualité et le cadre de vie sont les prétextes à de nouvelles mobilisations et au développement d'une nouvelle culture de et dans l'espace urbain. Par exemple, les principes de la charte d'Aalborg, signée en 1994, s'opposent point à point avec certains de ceux de la charte d'Athènes, explique C. Emelianoff (2000). La prise en considération du contexte (ou de l'environnement) de la construction fait, par exemple, partie des principes de la « ville durable ». Malgré tout, les approches les plus récentes de la ville, par exemple l'urbanisme durable, mettent en évidence une représentation morphologique de la ville, une vision surplombante des espaces urbains[11] qui accorde peu de place aux relations des habitants à l'environnement. Cette lecture intègre faiblement, au-delà des usages, et d'une approche consumériste de l'espace urbain, les rapports de production esthétique de (et dans) la ville.

10. Les promoteurs de l'architecture moderne se retrouvent dans les CIAM (Congrès internationaux de l'architecture moderne) et souscrivent à la Charte d'Athènes qui, diffusée dès 1933, énoncera les principaux points divulguant les principes établissant l'architecture et l'urbanisme moderne.

11. Les rapports centre/périphérie, la lecture économique de l'espace, axée sur une économie du foncier, sont des clés de compréhension de la manière dont sont développés certains quartiers durables en Europe.

Hygiénisme et valeurs de l'urbain

En matière d'hygiénisme, doctrine qui joue un rôle dans la représentation de la ville comme espace biophysique et milieu de vie et va dominer l'urbanisme naissant, un jeu de basculement s'opère également. Aujourd'hui, la ville, cet univers artificiel par excellence, est le lieu de domestication de la nature. On contrôle la saleté « objective », l'apparence de la ville et les mœurs des citadins : poussières, blattes et incivilités urbaines etc. Finalement, le développement urbain moderne met la condition humaine sous contrôle. Cependant une ville qui est considérée comme « propre » n'est pas forcément, pour ses habitants, une ville saine. Les excès de l'hygiène actuels vont de pair avec la prolifération des sols pollués, une importante pollution atmosphérique, parfois des décharges à ciel ouvert ; ce sont des « zones aveugles » de l'impact environnemental urbain. De nombreux problèmes d'environnement urbain ne sont pas visibles, et donc sont difficiles à détecter : comment se représente-t-on la pollution de l'air ? Et pourquoi s'offenser de la présence toujours plus grande de produits chimiques dans l'environnement de proximité, dans les matériaux de construction des appartements et des maisons, alors qu'on est né dans cet environnement ? Dès lors, il est difficile, à défaut de recul historique, d'apprécier véritablement ce que les politiques de « ville durable » mettent en œuvre. Comment évaluer, par exemple, la revalorisation des zones stagnantes et humides dans les villes ?

Esthétique : du visuel au relationnel

En matière de nature en ville, les changements sont conséquents, mais mettent-ils en question les modes d'une production urbaine ? Prenons l'exemple des grands ensembles. Il est frappant de voir qu'air, eau, végétation participent de leur esthétique : la pelouse verte est un spectacle et le soleil s'assimile à la lumière. De manière générale, l'esthétique des grands ensembles ne retient que certains aspects des conditions naturelles. Définissant un habitat-type, elle fait de même avec l'être humain.

Même si les principes de construction des grands ensembles portent la trace de ces logiques esthétiques, ils ont été transformés par la logique technico-économique et la mise en place d'une politique du logement d'après-guerre. Il n'est donc pas pertinent de se référer à ces seuls principes pour analyser les déficits apparents de ces ensembles urbains. Pour donner un exemple de ces difficultés, prenons la question des espaces verts : certes Le Corbusier voulait noyer les habitations dans les espaces verts, mais ce courant moderniste, l'urbanisme tout centré qu'il soit sur les espaces verts, n'a pas élaboré de doctrine concernant leur aménagement et leur esthétique (Choay, 1985, p. 260). Il n'a pas valorisé le végétal, comme élément vivant de nature. L'analyse des ensembles réalisés après-guerre montre que la rationalisation du plan-masse a eu pour corollaire l'indifférenciation et la banalisation des espaces libres, espaces résiduels, en creux, succession de parkings et d'espaces verts. Dans ces ensembles 80 à 90 % de la surface totale est constituée d'espaces non-bâtis. Ces espaces n'ont pas été étudiés comme des espaces collectifs, ils ne sont que le résidu du bâti, ne sont pas hiérarchisés à partir du logement ou d'usages plus ou moins privatifs. Ils sont donc en définitive souvent laissés à l'« abandon », inutilisés.

Un deuxième exemple est intéressant, celui des rapports entre ville et campagne. Si l'urbanisme moderniste prônait le rapprochement entre ville et campagne, de fait l'implantation des grands ensembles s'est souvent réalisée dans la campagne, moins, semble-t-il, pour des questions idéologiques que pour des raisons d'opportunités foncières et économiques. Ceci explique que ces grands ensembles ont été construits sans aucune continuité avec le tissu urbain existant, au milieu de champs, parfois hors de toute stratégie de développement de l'agglomération. Ce sont même des sites où, pour des questions météorologiques, aucune habitation ne s'était jamais implantée, ce qui traduit bien l'ignorance des urbanistes qui ont contribué à ces réalisations urbaines, de ce que sont à la fois la nature et la campagne. En somme ce qu'il est important de souligner est à quel point la ville contemporaine participe à une esthétique du patrimoine. C'est en ce sens que les politiques écologiques – *lato sensu* – ont privilégié le spectacle plutôt que l'usage, le décor que l'affect.

C'est toujours dans ce contexte que les politiques municipales traitent aujourd'hui d'espaces verts. Il est rarement question de l'investissement esthétique des habitants, au sens d'un engagement local pratique dans une politique des formes (même si les choses évoluent en ce sens). Le réinvestissement de la scène urbaine par les mouvements collectifs s'oppose aux politiques urbaines prônant des architectures spectaculaires. Cela rejoint Henri Lefebvre qui oppose sens et signification au spectaculaire, la dynamique et le processus au statique, le temps de la vie à la mort et à la pétrification « monumentale ». Ces réflexions vont à l'encontre des évolutions techniques, de l'ingénierie urbaine, de l'artificialisation des milieux urbains, qui s'apparente à une dessaisie du réel et à une perte sans retour.

On peut considérer que l'entretien d'un jardin ou d'un animal de compagnie est, sur le plan personnel, un mode d'investissement du réel. Participant de l'inertie des politiques publiques et dans le même temps de leur renouveau, les récentes politiques municipales qui réhabilitent le végétal dans sa diversité et son aspect naturel illustrent partiellement une évolution tiraillée entre la démocratie participative et la tradition technologique et administrative; bien que l'espace vert soit partiellement délégitimé et que la protection de la biodiversité, du naturel et du sauvage en ville soient devenus des éléments importants d'une reconquête urbaine, l'ingénierie propre à l'urbanisme moderne perdure. De même, l'importance croissante du fleuve et de l'eau en ville accompagne la montée des préoccupations environnementales et l'introduction de la nature en ville, mais souvent elle ne prend place qu'au titre de décor et d'un symbolique vecteur d'identité. On peut se demander à quel point ces changements n'accompagnent pas seulement l'évolution des technologies de fabrication de l'espace urbain. En effet, la dynamique associée au développement urbain durable a modifié les règles de l'urbanisme: aux techniques écologiques (de la récupération des eaux de pluie à la mise en œuvre des énergies alternatives), le projet de « ville durable » associe la démocratie participative, mais il s'agit parfois plus d'une liste d'énoncés. Pour comprendre l'enjeu relatif à ce mouvement d'investissement du « réel » par les habitants, il faut aller regarder de plus près quelles sont les actuelles tendances en matière de réappropriation des espaces urbains.

LA DEMANDE HABITANTE DE NATURE

Beaucoup des exigences en matière de qualité de vie, dans de nombreux pays, prennent la forme d'une demande de nature ou, plus exactement, de verdure urbaine. La demande d'association à la terre, aux éléments végétaux ou animaux, à un ici et maintenant est demande de reconnaissance d'une sensibilité écologique à laquelle participe l'esthétique. Cette observation fait de l'écologie, courant scientifique et politique contemporain, un vecteur de la demande de visibilité d'un monde sensible et relationnel négligé jusqu'ici. Le besoin de nature – ou d'une association à la terre et au sol qui transite par le local, mais inclut le global – correspond aux besoins d'ancrage des individus dans leur environnement. Des éléments de nature végétale, mais aussi animale, le jardinage, les jeux d'eau ou les politiques du fleuve en ville, contribuent à localiser ce besoin de contact. Cela peut être à l'origine d'une réappropriation spontanée (ou sauvage) ou en accord, voire organisée, par les pouvoirs publics.

En Russie

Dans les pays moins riches, en émergence ou en transition, comme la Russie, la demande d'espaces verts est au centre des principaux mouvements d'environnement urbain. Pour comprendre, il est nécessaire de rappeler l'importance physique et politique des espaces verts dans les villes russes, espaces qui modèlent leur morphologie, assez peu dense, leur urbanité, leur sociabilité. L'espace fréquemment désigné comme « espace ouvert », public, est un espace de compensation par rapport à l'exiguïté des logements. C'est aussi un espace de nature, de retrait de la vie collective. Les parcs et jardins publics sont très fréquentés. La préservation des trames vertes reste un thème central d'amélioration de l'environnement urbain. Dans le cas de bien des villes, les espaces verts ont d'excellents porte-parole universitaires, puisque les biologistes sont à l'initiative de la plupart des associations environnementales. Si l'on ajoute à cela l'existence d'une écologie urbaine très préoccupée de biodiversité, on comprend la rémanence du thème de la nature dans les mobilisations en faveur de l'amélioration de la qualité de vie. D'une manière plus pragmatique, on relèvera aussi que les associations se sentent plus impuissantes dans le domaine de la qualité de l'air par exemple, tandis que les espaces verts constituent un champ d'action légitime. Enfin, lutter pour la préservation de l'environnement de proximité apparaît, à défaut de relation entre les pouvoirs publics et l'existence quotidienne, comme la seule revendication possible à l'existence urbaine. Elle transite, parfois, par de l'autogestion et de l'auto-construction : l'habitude de se débrouiller seul et le « capital social », les relations et les amis apparaissent plus importants à la survie quotidienne que la mise en place d'une meilleure représentation démocratique (Blanc, Emelianoff, 2005).

En France et aux États-Unis

Que leur création corresponde à une recherche d'autonomie vivrière, à de l'agriculture urbaine, ou à un rapport à la nature et à la campagne valorisées, de nombreux jardins existent déjà dans l'espace public en France et aux États-Unis. De la sorte, l'habitant ne reste pas confiné chez lui[12] : le jardin est un espace de création collectif, de socialisation dans l'environnement immédiat. En France, le renouveau des jardins urbains date du tournant des années 1990, et se situe partiellement dans une longue tradition de « jardins ouvriers » et de « jardins familiaux ». Parmi les exemples étrangers, on peut citer une expérience où la dimension d'appropriation collective pousse au paroxysme la notion de bien communautaire. Il s'agit d'un regroupement associatif qui s'est donné pour objectif de préserver les espaces naturels dispersés dans l'aire urbaine de Chicago : Chicago Wilderness, un consortium de près de 200 organisations (associations territoriales ou spécialisées, services de l'État, Universités, etc.) qui considèrent les espaces préservés en milieu urbain comme une sorte de réserve naturelle discontinue. On retrouve les caractéristiques des associations de bassins versants décrits ci-dessous (*watersheds associations*), et notamment la présence significative de l'action directe sur le milieu, consistant principalement à restaurer les espaces :

> Les buts du consortium sont de restaurer les communautés fondées sur la nature en vue d'un développement durable, d'un enrichissement de la qualité de vie des résidents locaux, et de contribuer à la protection de la biodiversité globale (Sirianni, 2001, p. 105, traduction de l'auteur).

Le consortium a mis en place une plate-forme d'offres d'actions proposées aux bénévoles potentiels, par les différentes associations adhérentes.

Éco-région

À plus petite échelle géographique, l'éco-région privilégie la région géographique comme le fondement naturel d'un cadre politique. Aux États-Unis, les *watersheds associations* liées à une politique publique de participation font du bassin-versant le cadre de leur mouvement. En 1998, l'État du Massachusetts compte trente associations et conseils sur les principales rivières, quarante alliances et près d'un millier de groupes locaux dédiés à une activité particulière. Ces structures partagent un intérêt équivalent pour l'action directe comme forme d'appropriation collective et pour les méthodes collaboratives de résolution des conflits. Elles suivent les données concernant l'environnement du bassin-versant et se considèrent comme les intendants (*stewards*) d'un bien environnemental dont elles estiment avoir la responsabilité :

12. *Cf.* les travaux d'anthropologues comme Peggy F. Barlett (Eds), 2005, *Urban places. Reconnecting with the natural world*, MIT Press. L'ouvrage traite de la recomposition des liens des urbains avec le monde naturel. Les recherches médicales en montrent les bienfaits, en termes de stress et de qualité de vie. Que ce soit les coalitions des jardins communautaires, les avocats du « bio-organique » ou des espaces verts, on observe un effort de construction d'un espace entre repli sur le privé et action publique, entre santé individuelle et préservation des écosystèmes.

> Leur vision nécessite l'appropriation citoyenne et des formes d'intendance communautaire des bassins-versants ainsi qu'une approche collaborative avec tous les porteurs de projets dans la résolution des problèmes (Sirianni, 2001, p. 105).

Ces groupes ou structures participent d'un mouvement plus général d'environnementalisme citoyen et suppléent l'action d'institutions qui se sont révélées relativement défaillantes concernant le traitement de certaines problématiques environnementales. Plus généralement, les mobilisations environnementales manifestent le besoin d'un droit à l'esthétique partagée sur ces milieux ; elles en appellent aussi à l'idée de responsabilités et de services vis-à-vis de l'environnement. C'est en ce sens que le mouvement civique et les réseaux associatifs qui interviennent dans le domaine de la ville, de la santé, de l'environnement ou même du journalisme[13] aux États-Unis ne veulent pas se voir cantonnés à voter, consommer « vert » ou payer des taxes. Le souci de la nature et de sa beauté manifeste un soin, une attention à l'environnement ; c'est le besoin d'être juste à l'égard de ce qui nous environne, mais c'est aussi un besoin d'équité globale. Il importe finalement de montrer que la non-assistance à environnement en danger peut affecter les comportements individuels. Ainsi, établir des droits et des devoirs en matière d'environnement, (ce qui crée une responsabilité orientée vers le futur) porte l'accent sur les aspects collectifs de ce devoir au-delà de l'aspect individuel de l'éthique : cela met en avant l'idée d'une nécessaire prise en compte par le droit et les politiques publiques des comportements qui ont un impact environnemental et qui, de ce fait, rétrécissent les possibilités d'adaptations individuelles. De la sorte, le droit à l'environnement oblige-t-il à l'expression de nouveaux liens entre les droits sociaux, civiques et politiques et les droits à un milieu de vie de qualité[14]. Sur le plan de la production urbaine, un droit à l'environnement renvoie au *paysagisme*, à l'urbanisme durable, au biorégionalisme...

La nature en ville ou le succès de Narcisse ?

Quelle interprétation générale peut-on donner de ces mobilisations au Nord et au Sud, à l'Est et à l'Ouest ? La demande de verdure apparaît comme une exigence symbolique qui vise la recomposition du lien à la nature. Symbolique au sens où le

---

13. Carmen Sirianni (2001) examine l'innovation comme un processus d'apprentissage social ; elle commence avec la démocratie participative dans les années 1960 et est présente aujourd'hui dans la manière d'organiser les réseaux sociaux, d'envisager la communauté en partenariat avec les représentants de la démocratie délibérative. L'auteur insiste sur les formes coopératives, avec les agences du gouvernement fédéral, de construction de l'espace public.

14. Ce qui apparaît intuitivement comme évident ne l'est pas sur le plan des faits. Les droits de l'environnement sont perçus séparés des droits sociaux. Des mouvements anglo-saxons comme le mouvement d'origine *grass-root* pour la justice environnementale sont précurseurs en ce domaine et sont *bottom-up*. Plusieurs auteurs, dont Sirianni en particulier, lient les expériences d'action et d'engagement civique à l'existence de mouvements sociaux permettant la diffusion de valeurs, d'arguments de justification. Si ces mouvements sont organisés sous la forme de réseaux aux États-Unis, le modèle du réseau d'échanges d'expériences a tendance à se généraliser. Ce qui est en cause est la capacité de l'innovation (ou son incapacité) à circuler, prospérer, proposer des modèles d'action. À la condition d'une organisation de la société civile à l'échelon international, des mouvements sociaux locaux peuvent obtenir des changements majeurs dans le développement urbain. Le modèle du citoyen global s'impose ainsi dans les analyses transnationalistes.

végétal et la verdure assument une part cachée du désir d'harmonie paysagère et du rapport ville/nature. Cette exigence peut se comprendre de manière critique. Henri Lefebvre voyait dans l'intérêt accordé par les urbanistes et les architectes au besoin de nature un dérivatif par rapport à la nécessité d'exiger la reconnaissance d'un véritable droit à la ville. Fixant cette exigence sur le jardin, la campagne, tous lieux porteurs d'une image de nature, le besoin de nature éloigne les citadins de toute revendication globale d'une ville de qualité.

> Assez étrangement, le droit à la nature (à la campagne et à la « pure nature ») entre dans la pratique sociale depuis quelques années à la faveur des loisirs. Il a cheminé à travers des protestations devenues banales contre le bruit, la fatigue, l'univers « concentrationnaire » des villes (alors que la ville pourrit ou éclate) (Lefebvre, 1968-1972, p. 120).

Les besoins de nature ne proviennent donc pas d'un effacement de celle-ci dans l'espace urbain, mais d'une détérioration de ce dernier : il s'agit d'une détérioration d'un milieu de vie, par exemple sur le plan des risques sanitaires et d'une détérioration de l'habitat urbain avec les quartiers « ghetto ». La nature va équiper des espaces urbains, donner de la valeur aux logements et améliorer l'environnement. Elle va même être assimilée à une marchandise.

> Cheminement étrange, disons-nous : la nature entre dans la valeur d'échange et dans la marchandise ; elle s'achète et se vend. Les loisirs commercialisés, industrialisés, organisés institutionnellement, détruisent cette « naturalité » dont on s'occupe pour la trafiquer et pour en trafiquer. La « nature » ou prétendue telle, ce qui en survit devient le ghetto des loisirs, le lieu séparé de la jouissance, la retraite de la créativité. Les urbains transportent l'urbain avec eux, même s'ils n'apportent pas l'urbanité ! [...] Le droit à la nature et le droit à la campagne ne se détruisent-ils pas d'eux-mêmes ? Face à ce droit ou ce pseudo-droit, le droit à la ville s'annonce comme appel, comme exigence (Lefebvre, 1968-1972, p. 120).

Le droit à la nature en contrarie le développement, et au lieu de permettre de reformuler des exigences concernant les conditions de vie urbaine, renforce la vision de la ville comme inéluctablement détériorée ou « dénaturante ». D'autant que la sensation d'harmonie éprouvée par l'être humain dans la nature naît des représentations d'un jardin paradisiaque. Sensations impossibles à transposer dans l'espace urbain, dit Ernst Bloch (1982), qui montre que, de tout temps, l'Arcadie a été représentée au milieu des arbres et autres éléments de la nature. Il subsiste encore de cette ancienne utopie dans toute espérance urbaine – ou plus exactement dans toute sensation que le citadin tire d'un contact à la nature et d'une espérance de qualité de vie. La nature est l'espace maternel d'une protection particulière à l'égard des éléments civilisateurs que représente la vie en ville. Et l'auteur explique que « le narcissisme » transforme les objets de la nature en des prolongements : « ils apparaissent comme une partie du moi ». Il y a face à la nature une fusion entre le soi et l'extérieur, un sentiment d'indifférenciation où l'extérieur ne semble plus étranger. De ce sentiment naît une paix de la nature comme une paix dans la nature. Ces critiques concernent aujourd'hui encore la nature en ville. Elles intègrent l'idée selon laquelle les processus d'attachement sont régressifs. Quel rôle ont joué ces considérations dans la production d'une « ville mal aimée » ? À l'inverse la demande de reconnection à la nature peut être interprétée comme un besoin de reconnaissance des multiples pratiques qui assurent l'engendrement mutuel de la nature et de la culture.

En somme, l'urbanisme moderne a prôné une esthétique universelle, sans égard pour l'environnement. Le projet politique de la « ville durable » offre l'opportunité d'une « contextualisation » des projets d'aménagement, d'une prise en considération de l'environnement citoyen et social, environnemental et économique, sur le mode multiscalaire. Cependant, la perspective esthétique n'est pas une composante explicite des politiques locales de « ville durable » et la dimension relationnelle de la production de l'environnement urbain est souvent masquée. En outre, la prise en compte des dimensions locales est factice ou demeure extrêmement schématique. De manière générale, l'examen des politiques publiques dans les quartiers en crise (et dans la reconversion des friches industrielles) montre que le développement local prend difficilement (et douloureusement) en considération la diversité culturelle des rapports à l'environnement naturel et construit (Négrier, 2006). Pourtant, ces quartiers sont écologiquement stigmatisés ; ils se trouvent à proximité de voies ferrées, d'une autoroute ou d'une rocade et à distance du centre-ville. Cette exclusion sociale et géographique est à l'origine d'une représentation de la ville qui redouble la dynamique d'exclusion. Elle est aussi à l'origine de véritables révoltes sociales et s'accompagne d'expressions esthétiques singulières : du *rap* au *graf*. De fait, même ces politiques s'intéressent peu à l'art d'habiter et ne font pas de l'investissement esthétique de l'habitant dans son milieu de vie, le ressort d'une nouvelle politique de l'habiter[15].

Du point de vue institutionnel, des questions comme celles du « paysage durable », à la croisée de l'environnement et de l'esthétique, en sont aux balbutiements ; cependant, les recherches concernant les évolutions récentes en matière d'action paysagère renseignent sur la possibilité de sortir d'une conception élitiste, patrimoniale et figée du paysage au profit d'une conception plus généreuse : populaire, innovante et participative[16] ? Il reste à articuler ces réflexions avec la notion de développement durable ; en particulier, comment conjuguer durabilité et innovation, transformations paysagères et créativité locale ? Voyons, d'une part, les liens entre l'esthétique et le paysage analysés par Alain Roger (1989, 1997) :

> Tout pays, indifférent ou même repoussant, peut devenir un Paysage, objet de délectation esthétique, soit par l'intervention directe du paysagiste, soit par l'opération indirecte des artistes, qui, élaborant des modèles de vision, modèlent, ou, comme j'ai coutume de le dire, reprenant le mot de Montaigne, artialisent notre regard.

---

15. *Cf.* Hildegard Kurt, *Kunst und kultur in der agenda 21? Anmerkungen zu einemschwierigen Verhältnis*, unpublished lecture at a conference on the « Asthetik der Nachhaltigkeit » (Aesthetics of sustainability) at the Evangelische Akademie Tutzing, April 2001.

16. *Cf.* le colloque *De la connaissance des paysages à l'action paysagère*, Bordeaux, 2-4 décembre 2004.

Le biais élitiste qui menaçait cette conception a été signalé par certains auteurs. Yves Luginbühl (2000), notamment, oppose le paysage vernaculaire au paysage savant et critique la représentation que l'on se fait du concepteur paysagiste ainsi que de l'idée que le paysage est le fruit d'une pensée individuelle, de celle d'un unique concepteur[17]. D'autre part, Augustin Berque (1991) qui appelle à réformer notre façon d'aménager le monde insiste constamment dans ses réflexions sur le paysage sur la nécessaire prise en compte de l'*aisthêsis*, qui combine appréhension sensible et jugement esthétique :

> ce qui implique de transcender la rationalité instrumentale en une rationalité mésologique, laquelle ne se bornerait plus à ne prendre en compte qu'un environnement d'objets manipulables, mais un milieu empreint de sens ».

En ce sens, le « paysage durable » est ce qui peut s'inscrire durablement dans une culture et une matérialité donnée. Un tel paysage répond, en effet, aux représentations et pratiques des populations locales, prend en compte leurs dimensions symboliques, mais aussi artistiques, c'est-à-dire créatrices et transformatrices des milieux de vie, ainsi que les dimensions biologiques et physiques de ce paysage. Un « paysage durable » est donc ce qui intègre le plus grand nombre de dimensions nécessaires à son évolution dans le temps et dans l'espace. Cela nécessite donc la réalisation d'un dialogue équilibré entre les cultures à la surface de la Terre.

On le constate : les travaux et communications en matière « d'écologie urbaine », « d'environnement urbain » ou de « ville durable », sont et ont été nombreux. Ils émanent essentiellement d'institutions ayant une visée opératoire. Pour de nombreux décideurs, l'écologie urbaine doit être avant tout une discipline au service de la gestion des villes. C'est une entreprise politique[18]. Même si, avec la notion de développement durable, d'autres disciplines, certaines des sciences de la vie et de la matière, interviennent dans le champ urbain, on voit les difficultés d'élaborer un champ de recherche construit dans ce domaine. Ces difficultés ont une triple origine : la faiblesse des sciences de la vie et de la matière dans l'analyse de la ville ; l'importance de l'ingénierie urbaine dans la production et la gestion des villes, ce qui limite l'investissement de disciplines ayant une autre représentation du fonctionnement urbain ; enfin, la méfiance des chercheurs de sciences humaines dominant le champ urbain à l'égard des chercheurs des sciences de la vie et de la matière : l'approche de la ville de ces derniers leur semble simpliste, réductrice des termes sociaux et culturels, utilisant de nombreuses métaphores organicistes ; la défiance à l'égard de la pensée sensible, incarnée dont témoignent les professions littéraires ou

17. Le paysage fait partie des domaines ayant les premiers fait appel à la participation citoyenne, notamment dans les textes de loi édictés. Le paysage ordinaire fait son apparition dans les années 1990, moment où le paysage est un enjeu du développement.

18. On distingue, au moins, deux types de rapports à l'action dans le domaine de la ville : de nombreux chercheurs ont élaboré une approche critique des politiques urbaines (Lefebvre, Chombart de Lawe etc.), d'autres, les plus nombreux aujourd'hui, ont choisi d'accompagner ces politiques que ce soit dans le domaine de l'aménagement urbain, de la politique de la ville ou des politiques sociales urbaines. Les problématiques d'environnement urbain ont, le plus souvent, engendré des politiques de contrôle des nuisances (bruit, pollution, etc.) ou ayant trait aux jardins et espaces verts (Garnier, Mirenowicz, 1990) au détriment de la sphère scientifique.

artistiques peu au fait des problèmes concrets de la gouvernance urbaine. Un dernier point doit être noté qui donne la mesure de la difficulté du développement intellectuel de ce champ : pour le courant scientifico-politique dominant, le développement durable passe par la prise en compte d'indicateurs globaux, en « négligeant ces problèmes immédiats, locaux et visibles » (C. Brodhag, N. Gondran et K. Delchet, 2004, cité par Mathieu, Guermond, 2005).

C'est donc en ce sens que les efforts doivent maintenant porter : le constat fait, reste à passer à l'ouvrage. Ce que nous ferons dans une deuxième partie où, après avoir ébauché les prémices d'une politique des formes qui réintroduit la sensibilité et l'imagination dans l'espace public, nous tenterons de voir de quelle façon ils y participent déjà avec l'étude de la relation au végétal, à l'animal et à la pollution de l'air.

Deuxième partie

Expressivité environnementale

Introduction

Nombre de nouvelles mobilisations associatives concernent la redéfinition du cadre politique de l'expérience esthétique et plus particulièrement trois thèmes : la référence au sujet politique qui fait retour avec l'habitant ; les « petits » territoires de vie (paysages, lieux, milieux…) auxquels l'habitant est attaché ; le jugement esthétique qui permet de justifier le combat associatif. Il semble que les conflits paysagers et certaines mobilisations urbaines expriment une stratégie nouvelle d'esthétisation des espaces publics (Lolive, 2006) qui s'appuie sur les liens de proximité et le jugement esthétique pour tenter de transformer les règles du débat public. Comment s'effectue le passage entre l'esthétique et l'espace public ? Paysages, récits, ambiances permettent de donner une mesure à la nature, à la démesure naturelle. Aujourd'hui, les sociétés ne se limitent plus à construire leur histoire contre la nature, elles construisent la nature elle-même : c'est leur nouvelle histoire. Cette histoire, ou plutôt ces nouvelles histoires s'alimentent des « formes de vie », c'est-à-dire des manières d'exprimer sensiblement, artistiquement, son rapport à la nature. Ces natures construites et territorialisées sont forcément singulières, mais ressortent aussi de l'universel ; certes, il ne s'agit pas d'une ressource générique, comme l'eau par exemple, mais le fleuve ou la rivière figurent également comme ressources territoriales aux fondements de sociétés humaines. Les termes de paysage, de récit et d'ambiance sont présents dans les décisions politiques et/ou les nouvelles mobilisations et pourraient valider la transformation du débat public en expérience esthétique (Chap. I). Le paysage est un cadre esthétique de référence à la nature qui permet d'envisager sa transformation. Nommons « engagement paysager » un engagement qui en appelle à la recomposition des sujets (individus et collectifs) *via* l'agrément paysager. Le paysage rend compte de l'étendue qu'on est capable de se créer dans le monde que l'on habite : si l'espace est essentiellement géométrique, le paysage comprend des arbres et des animaux, des nuisances et des êtres humains. Le récit est un mode d'énonciation de son appartenance au territoire. C'est un engagement qui mobilise une nouvelle représentation du territoire et participe à l'évolution des modes de vie locaux (y compris les langages). L'ambiance, elle, est complexe en ce qui concerne la création des mondes. Immatérielle et matérielle, l'engagement esthétique à son origine est total, global ; l'ambiance n'est ni fixe, ni mouvement, elle est exploration d'une manière d'être. Elle correspond exactement aux états flottants qui caractérisent la perception de soi. Sur un plan général, paysage, récit ou ambiance interpellent différents acteurs, de l'artiste à l'aménagiste. Si l'artiste tente de se couler dans l'environnement, les démarches aménagistes d'évaluation ou de participation montrent une volonté de saisir la nature dans le spectateur et l'habitant. Quelle production collaborative des lieux peut-on envisager ? C'est à partir du végétal considéré comme élément de l'aménagement paysager (Chap. II), de l'animal prétexte de nouvelles narrations urbaines (Chap. III) et de la pollution atmosphérique entre visible et invisible (Chap. IV) qu'il s'agit de voir comment l'esthétique joue dans les pratiques ordinaires et professionnelles artistiques et aménagistes de production du milieu urbain. Si l'on postule que le végétal renvoie au paysage, l'animal au récit et la pollution à l'ambiance, c'est qu'il semble utile de ne pas considérer ces éléments de l'environnement séparément de leur dimension imaginaire : n'oublions pas le rôle de l'humain dans la production objective et subjective de l'animal, du végétal, etc.

Encadré 1

Il existe le sens actif d'habiter : habiter, individu, activité, système d'activité, pratiques habitantes, autrement dit, le sujet qui habite, mais aussi le sens passif : être habité, empreinte écologique, inertie géographique, empilement, inhabité, habitable, inhabitable. Outre cela, l'expression de mode d'habiter réfère au multiscalaire et au multicatégoriel. C'est aussi une expression de lieux qui pousse à les différencier : dedans et dehors, de la maison au quartier, du cabanon à la tour HLM, du point à la surface, d'inégale densité, du rural, du périurbain, du tiers espace, des types d'espace, plus ou moins naturel, public, privé, etc. obligeant à préciser les échelles et les rapports entre les échelles à la différence de beaucoup d'expressions ou concepts qui tirent vers le global ou au contraire le local. Modes d'habiter renvoie aussi au temps, dé-réifie la mobilité : temporaire, précaire, stable, saisonnier, de passage, ancré. On peut habiter de manière précaire, saisonnière, etc. Par exemple, la mobilité renvoie aux temporalités du corps, du déplacement. « Modes d'habiter » renvoie aux individus et à leurs pratiques y compris celles de l'*habitus*: il signifie les comportements différenciés, y compris au sein d'un même individu, à toutes les pratiques, à toutes les catégories sociales de travail. Il réfère aux pratiques écologiques des habitants, est lié à : entretien, gestion durable, économe, dégradation, sensible au risque, l'ici et l'ailleurs. Mode d'habiter va avec conscience écologique, culture de la nature, agir et conscience de l'effet, du rapport au végétal (biodiversité, sauvage, spontané), à l'animal, désiré, non désiré, le choix et la conscience de l'effet des choix. Expression qui relie l'idéel et le matériel : représentations, pratiques, rêve, modèle, effectivité. On crée avec le rêve et on rêve de créer ; on habite avec le rêve et on rêve d'habiter, ce qui permet de vivre et d'habiter dans des conditions dures. On habite l'ici et l'ailleurs (*Cf.* Mathieu *et al.*, 2003).

Le végétal n'est pas le seul attribut du paysage, mais permet de le penser. L'animal entre dans les récits de la ville au titre de sa vie, de sa dimension temporelle et de sa motilité qui en font le compagnon de l'homme. Comme le terme de « pollution », l'ambiance est globale, complexe et renvoie aux relations tissées entre un ressenti multisensoriel et des éléments « objectifs » qui permettent de lui donner sens dans la sphère collective. Il est vrai que la « pollution » se réfère à l'impur et que le terme d'ambiance est connoté plutôt positivement, mais, dans l'un et l'autre cas, il s'agit d'une représentation émotionnelle des lieux en relation avec sa production objective. La perspective esthétique permet de comprendre la place du végétal (comme paysage), de l'animal (comme récit), et de la pollution atmosphérique (comme ambiance), dans les représentations et pratiques quotidiennes, que ce soit individuellement, localement ou plus généralement : s'il existe une esthétique se réclamant de la singularité, il en existe également une qui participe de l'histoire ou de l'identité locale, et une autre de l'aventure nationale ou d'une civilisation. Cet examen se situe dans la perspective d'un développement local prenant en considération les trajectoires singulières, d'un développement négocié ou, plus largement, de politiques territoriales de développement qui contribuent à l'environnementalisme civique… L'intégration de l'animal, du végétal ou de la pollution atmosphérique dans les politiques publiques valorise l'investissement esthétique de l'espace urbain, au sens d'une appréhension élargie de l'habiter (*cf. encadré 1*), accroît les services écologiques des éléments de nature dans une optique de ville durable ou d'espace écologique urbain, d'*écopole.*

Chapitre I

Les pôles de l'expression environnementale

LE PAYSAGE

En France, dans les années 1980 et 1990, et encore aujourd'hui, les contestations associatives furent caractérisées par l'importance croissante des enjeux d'expertises, ce qui s'est traduit par la théorie des « forums hybrides » (Callon, Lascoumes, Barthe, 2001) et la diffusion rapide de cette notion dans le monde de la recherche et des administrations. Une nouvelle perspective de transformation des espaces publics s'ébauche actuellement, qui s'appuie sur des conflits, notamment paysagers, et s'alimente du refus multiforme de l'expertise.

Le refus de l'expertise, fût-elle démocratique, est motivé par le fait que la preuve scientifique évacue le sensible et l'imaginaire : les paysages ne sont pas constitués par la science. Les acteurs des mobilisations critiquent la stigmatisation *Nimby*, mais ils refusent de se conformer aux modèles classiques de l'intérêt général à la française. Ces groupes d'intérêts divers obéissent à des motifs organisationnels et stratégiques, mais les luttes ont également des motifs identitaires : le quartier, la ville, le territoire national sont concernés. La ville engendre de nombreuses mobilisations. Qu'elles soient en opposition aux processus de métropolisation (à la transformation des paysages urbains en zones commerciales) ou constituent une résistance à la délocalisation des habitants vers la périphérie, celles-ci produisent une urbanité nouvelle. L'engagement paysager est régi par des registres d'intérêts très divers : les sportifs cherchent des paysages extrêmes, les naturalistes des lieux d'où ils peuvent observer les animaux, les marcheurs de longs itinéraires ; il n'y a pas un paysage, mais des paysages, et le terme même de paysage n'est pas toujours utilisé. On définira par « paysage » les manières de se référer à une surface (cohérente) d'évaluation de l'interaction des processus naturels/culturels[1]. Si la réflexion en sciences sociales progresse dans le sens d'une pluralité de paysages, l'analyse scientifique du paysage progresse peu : depuis Johannesbourg (2002), le développement durable, et le « paysage durable », catégorie investie, sont traduits en termes socio-économiques.

1. Dans la mesure où un beau paysage renvoie à l'harmonie des dimensions sociales et naturelles et repose sur l'accord présumé (ou réel) de l'homme et de la nature, on peut le qualifier d'invention esthétique (Roger, 1997). Cependant, cette invention ne relève pas uniquement de la peinture ou des standards des élites intellectuelles et artistiques.

Le paysage est réduit à une somme de services et de biens qui élude les composantes esthétiques et relationnelles. Comment passer d'une conception figée, purement patrimoniale, du paysage à une conception de celui-ci, riche de la multiplicité des liens à l'environnement qu'il incorpore ?

Encadré 1. Le combat contre le TGV Méditerranée dans les Bouches-du-Rhône en 1991

Le mouvement de la fédération associative CARDE qui combat le projet de TGV est animé à l'époque par M. W., un peintre de paysages. Il parvient à se constituer parce que des groupes différents s'unissent dans un certain flou autour d'un projet commun, projet qui constitue alors « une bonne agence de traduction, un bon échangeur de but » (Latour, 1992). Ce projet, c'est la défense du paysage, dont les multiples traductions facilitent l'intéressement des alliés de la CARDE. On peut distinguer :

• le paysage-jardin, unique, fragile, créé par le travail et la sueur des paysans, dans une lutte incessante contre la violence du climat et la rudesse de la terre. C'est lui qui intéresse les principaux syndicats agricoles du département ;

• le paysage-source d'inspiration, glorifié, recréé par les poètes et utilisé par les peintres comme outil de travail. C'est celui qui concerne le plus directement le peintre responsable du mouvement, bien qu'il parvienne à exprimer les autres dimensions du projet ;

• le paysage-cadre de vie, habité par les rurbains pour sa qualité et son prix abordable, élément essentiel de leur qualité de vie. C'est à lui que les associations de riverains sont attachées ;

• le paysage provençal aux sites prestigieux, célébrés par les peintres. C'est surtout lui qui intéresse les journalistes.

Source : Lolive, 2006

L'hypothèse est qu'il existe des pistes de revalorisation de l'action créative qui impliquent souvent l'idée de « site », c'est-à-dire que le projet n'est pas seulement *in situ*, en extérieur et en accord avec son cadre, mais qu'il fait des qualités intrinsèques du lieu ses conditions d'existence. Aménagistes et paysagistes concourent à faire évoluer les dispositifs d'évaluation paysagère en ce sens. Pour les chercheurs-paysagistes, il s'agit de sortir d'une théorie élitiste, peu généreuse, et formellement esthétisante du paysage : la théorie du paysage qui se dessine actuellement refuse à la fois « la réduction écologisante et le formalisme esthétisant » (Nadaï, 2004). En effet, en opposition aux pratiques des aménageurs qui tendent à réduire le paysage à l'environnement physique, défini par des critères quantitatifs, des théories du paysage insistent sur le système de représentation, notamment artistique et technique, qui nous permet d'appréhender le paysage et contribue à sa production[2]. Ces théories insistent sur les liens entre les « paysages vécus » et les « paysages projets » ; elles font de l'intégration de ces rapports une composante essentielle du renouveau paysager. En ce sens, l'évaluation paysagère s'intéresse aux composantes relationnelles ; il ne s'agit pas simplement d'intégrer les subjectivités, mais plus globalement les « milieux de vie », les trajets que l'individu opère entre lui et le donné. Il s'agit surtout de changer le dispositif qui fait des personnes consultées de bons élèves de l'action publique.

L'action artistique est un deuxième modèle à explorer : les œuvres des artistes contemporains intègrent souvent le site, la localité (Kwon, 2004). En outre, l'artiste est un créateur « indépendant » qui doit soumettre son œuvre à l'appréciation du spectateur. En ce sens, les travaux de nombreux artistes contemporains incorporent l'imprédictibilité, les jugements éprouvés à chaud, les communautés. Les exemples choisis montrent que les stratégies artistiques de revalorisation de la localité s'appuient sur l'exploration de tactiques créatives en matière d'aménagement. Dans chaque cas, le paysage comme cadre esthétique de référence à la nature est transformé.

Ainsi, la recherche conçue comme une expérimentation à l'origine de bouleversements locaux, et qui explore continuités et discontinuités sociales et géographiques, comme le montre l'exemple tiré du travail de Michel Anselme (2000), peut engendrer de nouvelles situations paysagères.

Évaluation paysagère

Les stratégies individuelles ou associatives d'esthétisation de l'espace public trahissent un souci grandissant de se connecter à l'environnement (*cf. encadré 1*). L'artiste implique la nature, construit le paysage ou améliore l'écosystème. Quant à l'aménagiste ou au paysagiste, ils choisissent par des procédés divers (évaluation, participation) de trouver les acteurs de la nature et la nature des acteurs, c'est-à-dire l'influence de l'environnement sur les habitants. L'habitant, figure nouvelle de la citoyenneté politique, représente cet acteur qui garantirait l'efficience des politiques environnementales. Certaines procédures d'évaluation paysagères, notamment le *Landscape Character Assessment* en Grande-Bretagne (Countryside Agency, 2002, cité par Brady, 2003) affichent une volonté de prendre en compte les qualités esthétiques qui fondent le caractère singulier du paysage évalué. Cependant, la crainte du subjectivisme conduit les évaluateurs à favoriser les méthodes quantitatives et à négliger cette dimension relationnelle des composantes du caractère du paysage qui sont simplement objectivées et incorporées dans un langage purement descriptif et axiologiquement neutre (Brady, 2003). La richesse hybride du concept de paysage situé à l'interface subjectif/objectif est éludée ; le ressenti du paysage est le produit d'une expérience esthétique difficile à communiquer, le récit qui pointe

2. *Cf* le colloque « Paysages et valeurs. De la représentation à la simulation », organisé par les laboratoires CeReS GEOLAB, Limoges, 24 au 24 octobre 2005.

vers le passé est mémoire recomposée. Ainsi, le débat sur le caractère du paysage ne débouche pas forcément sur la prescription d'une conservation de l'intégrité esthétique présente du paysage, en référence à un état anhistorique. Idéalement, l'ouverture à la « dimension diachronique » pourrait inscrire le paysage dans un récit historique, celui des événements humains et naturels qui prennent place dans l'expérience des habitants et des amoureux du lieu. Cependant, les récits peuvent être très divers, et le style et l'histoire dépendent étroitement de l'usage qu'on a des lieux. Les habitants et les professionnels, les femmes et les hommes, les jeunes et les vieux diffèrent à cet égard : les professionnels ont un rapport visuel au paysage, ils choisissent les plus spectaculaires des photos proposées pour représenter leur environnement ; les femmes qui travaillent à ces endroits-là évoquent souvenirs et associations d'images ; leur vision du paysage est plus temporelle que spatiale, anecdotique que globale (Szerszynski, 2006). Le récit dépend également de ceux qui le sollicitent. Par exemple, la Countryside Agency en Grande-Bretagne choisit le récit du citoyen : un point de vue abstrait sur le paysage. Des associations préfèrent les récits ancrés, le point de vue restitué, le vernaculaire, l'idiographique et le connoté : en un mot l'habitant. On peut penser cependant que le récit débouche sur une négociation pour choisir « la trajectoire appropriée » qui puisse « le mieux continuer le récit » paysager (Holland, O'Neill, 1996, p. 4, repris dans Brady, 2003).

Art environnemental

« L'art écologique » est le label d'un art spécifiquement américain mêlant éthique écologique, science et art public, depuis la fin des années 1960. Longtemps éclipsés, assujettis au Land Art ou camouflés sous le générique d'art environnemental, des artistes de la première génération comme Patricia Johanson, les époux Harrison, Nancy Holt ou Mierle Ukeles ont pourtant développé une pratique artistique urbaine exceptionnelle, entre pragmatisme et esthétique, entre efficience et efficacité, entre architecture paysagère et sculpture verte définie tardivement au début des années 1990 par Barbara Matilsky. Mel Chin, Mark Dion, Viet Ngo, Buster Simpson se sont joints à ce groupe sans manifeste pour qui l'écologie est avant tout une éthique et une science, plus qu'une politique. La jeune génération qui s'intéresse aujourd'hui aux problèmes liés à l'environnement dans leurs propositions appartient-elle pour autant à cet art qui n'a jamais été défini avec clarté alors qu'il existe depuis bientôt quarante ans ? (Ramade, 2007) Du côté français, des pratiques artistiques ont investi le champ des représentations de la nature et des paysages non-humains plus que l'action dans la nature.

En quoi cet art, engagé dans une écologie politique ou scientifique, dans une transformation paysagère ou environnementale, ou plus simplement encore dans la transformation de l'espace public entendu comme espace social de dialogue, permet-il de renouveler la conception de l'esthétique en politique ? En outre, les interventions artistiques liées à la nature ou à l'écologie comportent-elles une spécificité et laquelle ? Faut-il (et comment) les définir ? Sue Spaid (2005), parmi les premières critiques d'art à s'être interrogées sur les pratiques s'inscrivant dans le champ de l'écologie, proposent cinq catégories « d'écoventions » qui répondent à la fois à un souci d'usage et un souci artistique : 1. L'activisme pour publiciser les questions écologiques. 2. Revaloriser et vivre avec les *brownfields*. 3. La biodiversité. 4. La justice environnementale. 5. La mise en valeur et restauration esthétique. À la question, pourquoi est-ce de l'art et non quelque projet esthétiquement plaisant ? Les auteurs répondent par la créativité en jeu selon deux critères : l'histoire de l'art et les pratiques écologiques courantes dans le domaine public. « L'écovention » transforme les lieux et change la perception de l'art. Cependant, les travaux artistiques qui transforment le paysage méritent-ils une définition particulière ? Beaucoup d'artistes qui interviennent dans l'espace public ne prennent pas en compte le paysage[3], ni même l'environnement au sens écologique... Alors que des artistes voient la nature juste comme une plus large scène d'intervention, intéressante pour ses dimensions culturelles, sociales ou historiques, ou encore pour ses propriétés formelles et matérielles, d'autres approchent le monde de la nature, mais plus globalement la question de l'environnement, comme un ensemble très complexe d'interactions, un réseau de relations, entre social et culturel, biologique et écologique, environnemental et politique. Par exemple, l'artiste allemand Herman Prigan produit des travaux « métamorphiques » : exemple de l'artiste en confrontation avec la nature, semblable en cela aux héros du Land Art, auteur et non-auteur puisqu'il partage avec la nature les droits d'élaboration de l'œuvre, l'artiste réalise le Wall de Majorque, entre 1985 et 1999 et, plus tard, l'*Earth Wave* dans le contexte de l'Expo 2000, en Allemagne[4]. La nature, comme ensemble de dynamiques biophysiques, mais aussi comme localité, contingence et surprise, joue un rôle central dans la composition ; ce processus de création est-il de l'art, quelle place prend l'artiste dans un processus où l'initiative appartient à la nature ? Comment ses travaux s'inscrivent-ils dans le paysage ? Autre exemple, et dans le prolongement de travaux associés à l'action locale, Jeroen Van Westen[5] développe un point de vue inédit en se référant à une tradition picturale et à *Point et ligne sur plan* l'ouvrage de Kandinsky (1991, Gallimard) pour définir l'intervention paysagère. Carnet de croquis à la main, il associe les habitants à la définition d'un nouveau paysage et s'efforce de représenter les liaisons et les formes issues de leurs mémoires. À l'opposé des dessins réalistes, ces formes visuelles abstraites ont fait naître un « paysage de rivière » inédit. Le dessin ainsi que l'approche collaborative avec les habitants montrent la nécessité d'une projection paysagère pour se représenter l'avenir des lieux (entretien du 26 novembre 2005).

Au contraire, Jochen Gerz intervient dans l'espace public qu'il considère comme un espace « social » : ses projets *The Future Monument* et *The Public Bench* sont une tentative d'interaction avec le spectateur, le riverain, pour produire une œuvre collective qui s'insère dans le paysage (Gerz, 2004). Récemment des artistes, parfois des collectifs (Allora-Calzadilla, Platform, Henrik Hakansson, Superflex,

---

3. Gilles Tiberghien (2001) p. 147 note que l'art dans le paysage n'est pas forcément un art du paysage. C'est attribuer le mérite de l'invention artistique à l'artiste ; il ne faudrait pas oublier le rôle du spectateur, du passant, du promeneur.

4. Pour les illustrations : http://www.terranova.ws/ (consulté en juin 2008).

5. Pour les illustrations : http://www.jeroenvanwesten.nl/ (consulté en juin 2008).

Tue Greenfort etc.), s'intéressent à l'espace urbain et aux systèmes industriels, peu pris en considération par l'écologie. D'autres artistes (par exemple, Dan Peterman) empruntent aux objets du quotidien, à leur circuit de production et de consommation dans une veine utopique écologique initiant de nouveaux espaces de vie. Nomades, expérimentaux, ces artistes s'intéressent à la transformation sociale nécessaire pour résoudre les problèmes écologiques. En dépit de leur importance, ces projets sont peu connus. Certes ces artistes ne s'intéressent pas tous au paysage, ni même n'intègrent la question de la nature, mais du fait même de s'inscrire dans un espace, d'intervenir sur les formes, ne jouent-ils pas un rôle ? Du point de vue de l'observateur, du passant ordinaire, ces interventions transforment le paysage ; elles le créent même.

Il existe donc deux registres d'évaluation des interventions artistiques dans l'espace public ; l'une correspond à des critères internes propres à l'artiste et l'autre à des critères externes relevant de l'observateur[6]. Il semble pertinent de tenter de comprendre les pratiques artistiques de ce genre en adoptant une approche de travail dichotomique ; quel est cet objet d'art ? Quel est le paysage proposé ? Si d'un côté, l'on se situe délibérément du côté de l'intention artistique, des procédures qu'elle met en œuvre et de ses réseaux, de l'autre on se trouve du côté de la réception, de l'espace public et de l'écologie (au sens humain). L'art participe à la création de formes paysagères qui s'inscrivent dans des contextes d'usage très divers. Comment comprendre ces usages et le rôle de l'art (ou de l'artiste ?) Cela renouvelle-t-il le rôle de l'art et de quelle façon ? L'art est valeur d'échange ; en sortant du cercle restreint d'amateurs, il s'ouvre à la création d'un univers d'appréciation esthétique de la qualité des lieux. Il engage non seulement, alors, l'expérience esthétique singulière et individuelle, mais aussi le jugement de goût politique et collectif ; c'est en ce sens que l'espace public esthétique peut renouveler l'ordre contemporain du politique.

Tactiques créatives

Donnons deux exemples. Le projet « *Grounds Works. Environmental collaboration in contemporary art* » (2005), action collective d'aménagement du « *Studio for creative inquiry* » de l'université Carnegie Mellon Carnegie, redéfinit les stratégies d'action créative, et dépasse l'optique utilitariste à l'égard de la nature : aux États-Unis, un groupe d'universitaires et d'artistes s'engage dans une démarche de restauration d'écosystèmes industriels, et met à l'épreuve une méthode de participation des arts à l'aménagement écologique des lieux. Ces artistes, investis différemment dans la production des lieux, semblent tous convaincus qu'il est aujourd'hui nécessaire de

6. Jean-Paul Doguet (2007) consacre son essai à cette question. L'art ne relève pas seulement de la production, mais aussi de la réception. C'est en cela qu'une théorie esthétique est centrale à l'évaluation de l'environnement. Si l'environnement est un art et l'art concourt à l'environnement, il faudra bien faire une histoire de la réception ordinaire de ce dernier.

se situer dans une perspective relationnelle. Il ne s'agit plus d'imprimer sa marque sur la nature, mais d'emprunter à la matière (du présent) mémoire collective et perceptions pour les lui restituer en une dynamique nouvelle. Le projet *3 Rivers 2nd nature* prend forme en une zone de grande taille où se situent des friches industrielles et des écosystèmes urbains. Les artistes travaillent à l'échelle du corps et du voisinage, les architectes et urbanistes à celle d'un site et les aménageurs interviennent à celle de concepts culturels comme la ville, la région, l'État, ou de concepts naturels comme le bassin-versant. Aussi bien le projet que les douze résidences d'artistes organisées valorisent l'interaction avec l'environnement social et écologique. La contextualisation de l'action associe habitants, responsables locaux et artistes. Ce projet développe et distribue les outils et les méthodes d'un aménagement et d'une politique créative concernant la restauration d'écosystèmes postindustriels. Les artistes en résidence (les résidences d'artistes débutèrent en 2004 avec une conférence : « *The Monongahela conference II on post-industrial community development : art, ecology and planning with people influence public place we care about* ») intègrent les enjeux environnementaux dans le contexte sociopolitique. Le projet *Fecal matters* d'Helen et Newton Harrison dans l'ex-ville industrielle de Braddock, (qui comptait autrefois une population de 25 000 habitants, et aujourd'hui de 2 500 : cette catastrophe démographique est un sujet de réflexion pour la communauté) est un exemple de ces démarches. En réponse à un problème non résolu de rejet des eaux usées dans la rivière, Helen et Newton Harrison élaborent un projet en concertation avec les habitants et activistes locaux ; ils visent une meilleure répartition des eaux de pluie qui prenne en compte les friches : les eaux pluviales seront récupérées et noieront ces jardins à l'abandon. À terme, cela peut rendre Braddock unique, avec des jardins en eaux ce qui, éventuellement, permettra aux terrains, et plus globalement à la ville, de regagner de la valeur foncière. De fait, la tâche initiale de tous ces artistes était simple : restaurer des environnements écologiques et sociaux très perturbés ; ils disposaient d'outils et de moyens particuliers (l'accès aux données sur cette zone, un outil de cartographie automatique, des compétences de « paysagisme ») ainsi que d'introductions auprès des principales organisations locales. En somme, ce travail correspond à l'idée d'une transformation des manières de faire de l'aménagement en impliquant des artistes. Les réalisations de ces derniers sont censées valoriser l'acte de création en l'inscrivant dans une nouvelle perspective : l'allier à d'autres formes d'activité, l'ouvrir à de plus larges échelles et à des intérêts généraux. Les artistes empruntent au vocabulaire de l'aménageur, de l'architecte ou du paysagiste, de l'artiste et de la fête… Bref, il ne s'agit pas d'un renversement radical et paradigmatique de l'art ou des procédures d'aménagement ; c'est plutôt un effort pour engendrer une solution inédite, se glisser dans l'interstice de ce qui avait été fabriqué. Dès lors, la question n'est plus : est-ce ou n'est-ce pas de l'art, mais l'artiste est-il capable d'intervenir en termes de créativité sociale et environnementale en réponse aux dysfonctionnements locaux et globaux ?

Image et réhabilitation

Une autre sorte de paysage existe. Le visuel en est également l'élément principal, mais se trouve associé à la mémoire. C'est un paysage de fiction qui est reconstitué par le récit. Le travail de Michel Anselme (2000) montre bien l'importance du visuel dans le projet urbain du « Petit Séminaire » (*cf. encadré 2*), cité classique du bas de gamme du parc social marseillais, une « cité cul-de-sac ». Un visuel qui est aussi une histoire, l'histoire de l'insertion du visuel et de la dimension symbolique de la photographie dans une opération de réhabilitation d'un quartier d'habitat social : la prise de vue est une manière de témoigner et de prendre à témoin. Pour les habitants, il s'agit de créer un récit : c'est le récit de la cité harmonieuse, une cité mythique dont il s'agit de montrer l'unité en tirant du récit et de l'image leur force opératoire, c'est-à-dire leur capacité à mettre en regard les lieux, les témoignages et les visages. S'il ne s'agit pas du paysage au sens habituel du terme, il s'agit bien d'un paysage de fiction : la cité reconstituée. La cité est donc un lieu d'intégrité, de reconstitution de ses propres appartenances, qui peut être positive comme négative.

Encadré 2. Les habitants du « Petit Séminaire »

Ce qu'ils voulaient montrer, c'était alors des fissures dans les murs, des menuiseries qui fermaient mal, des peintures qui s'écaillaient, des planchers qui travaillaient. Et puis les photos étaient douées de vie. Tirées à plusieurs exemplaires et vendues, on les retrouvait dans deux, trois, quatre appartements, voire plus, comme celle de ces deux gitanes assises sur un banc, aïeules de deux réseaux familiaux distincts mais alliés qui comprenaient plusieurs dizaines d'individus. [...] L'exposition « permanente » inaugurée en juillet 1980 aura elle aussi livré son pesant d'informations. Nous y avons assisté à des phénomènes cathartiques hallucinants, à des scènes de moquerie ou d'enthousiasmes sauvages... L'un crachait sur les photos, un autre essayait de s'en emparer, la plupart tentant de reconnaître qui un voisin, qui un parent, parfois soi-même. Quolibets, insultes, graffiti. [...] En juillet 1980, sort la première bande vidéo réalisée par Vidéo 13, celle sur la mosquée. C'est une bande unique, non pas tant par la qualité des images, ni par le sujet, que par le renversement de sens sur laquelle elle s'appuyait et que nous n'avons pas perçu tout de suite. La bande sur la mosquée met en scène un groupe de Maghrébins en train de refaire un appartement mis à leur disposition par l'OPHLM à la suite du chantier test de 1979. Sont montrés alternativement séances de prière, discussions et travaux, l'ensemble se clôturant par une série de vues de la cité prises à l'intérieur de la mosquée. Une bande simple mais fondamentale parce que c'est une commande du groupe des Maghrébins pour les autres habitants.

Pour M. Anselme, il est très vite apparu que la possibilité d'agir dans cet espace dépendait de la capacité performative à faire exister un espace neuf sans rapport avec un vieil espace « imbécilement partagé... »

Outre être un espace physique, un espace public de coexistence, la cité est un espace dans lequel il faut accepter de se reconnaître face aux autres, en des rôles politiques, stratégiques, sociaux, à nu également certains jours. M. Anselme le précise concernant une opération de réhabilitation (Anselme, 2000, p. 37) :

> Il faut le dire, sans le travail photographique, l'opération du « Petit Séminaire » aurait probablement été différente. L'irruption d'un autre regard, d'une autre sensibilité, d'une autre logique d'intervention a fait basculer notre expérience et les connaissances que nous avions.

Au départ, une commande de photographies de la cité et de ses habitants faite par l'équipe, sans autre indication. Les premières photos mettaient en scène les intérieurs, mais, de manière équivoque, le « sujet » étant aussi celui des habitants (cf. encadré Les habitants du « Petit Séminaire »).

En somme, les perspectives de création paysagères sont diverses. Elles font toutes intervenir l'idée d'éducation, fondamentale en démocratie. L'apprentissage partagé de l'espace public joue un rôle majeur. C'est alors que l'esthétique se déplace. Elle reste, en France notamment, un outil de l'affirmation de la puissance publique, mais se transforme progressivement en un processus d'apprentissage du territoire, à partir de dispositions communes au goût (et au dégoût), dans une perspective de création d'environnement. Outre le recours à l'image, le récit synthétise l'hétérogène et peut contribuer à rendre le paysage facile d'accès, possible à communiquer. On ne fait pas référence à un récit abstrait de son style, tempo, couleur. Il ne s'agit pas d'une histoire des idées. Les connaissances vernaculaires et les modes d'habiter ont leur style et leur expressivité qui dépassent les individus et les collectifs pour donner consistance aux lieux. C'est la deuxième proposition d'une politique des formes.

LE RÉCIT

Le paysage est récit, qu'il émane d'usagers, d'agriculteurs, pêcheurs, etc., ou d'habitants. L'ambiance est récit. La vie collective l'est aussi. Le récit synthétise des sensations et des sentiments, des modes d'habiter, les formes de vie. Il prend en considération les manières de vivre localement (gestes, usages, langages), une esthétique qui dessine une intention, une visée, une vision des lieux et de leur devenir. Outre que le récit élabore un partage dans l'espace de vie d'une communauté et est un formidable outil de composition des individus dans la sphère de la collectivité, il participe des jeux de langage, des manières de vivre au quotidien. Vecteur de l'esthétisation des espaces publics, il est essentiel pour comprendre les apports, possibilités et verrous de la prise en compte du sensible (paysages vécus…) dans l'action urbaine (aménagement, environnement, habitat). À la différence du paysage, il ne s'inscrit pas dans sa transformation même mais en rend compte ; il existe un courant d'écocritique littéraire aux États-Unis (et dans plus de vingt pays : *ecocriticism*). Les exemples ci-dessous illustrent le face-à-face narratif qu'implique l'environnement ou montrent, au contraire, que l'environnement, sur le plan du récit, résulte de l'amplification d'une somme de faits particuliers. Rendre compte de l'environnement dans un contexte de crise revient à faire surgir ces récits au pluriel ; la pièce de théâtre qui les relate les tisse ensemble et aide la naissance d'un récit collectif. Ainsi, le récit local est-il devenu source d'esthétique, non sans ambiguïtés comme le montrent les travaux de Mark ETC. Mais il existe une parole riche insérée dans une pratique d'auto-réhabilitation d'un quartier.

Face-à-face narratif

Pour l'individu, faire l'épreuve de sa singularité dans l'espace public veut dire exprimer sa contingence (*cf. encadré 3*). De ce point de vue, la singularité n'est pas l'intériorité, mais plus fondamentalement l'art de se départir d'autrui, c'est-à-dire de l'autre humain, mais aussi de l'autre non-humain, des animaux, végétaux etc. dans un processus de reconnaissance mutuelle à laquelle contribue le récit.

Encadré 3

À l'extrême de la singularité désirée, voulue, et d'une stratégie de fictionnalisation de l'espace public, de construction d'un espace paysager, Fernando Pessoa dans *Le livre de l'intranquillité* (1992, p. 244) livre ce court texte, cet entre-deux qui le délivre de la nécessité de s'ancrer dans la société de son époque puisqu'il se suffit à lui-même :

> Tourbillons, tournoiements, dans la fluide futilité de la vie ! Sur la grande place du centre de la ville, l'eau sobrement multicolore de la foule coule, sinue, fait des mares, se sépare en ruisseaux, se réunit en rivières. Mes yeux voient distraitement, et je construis en moi cette imagerie aqueuse qui s'ajuste mieux que nulle autre (du fait aussi que j'ai pensé que la pluie viendrait) à ce confus remue-ménage. En décrivant ces derniers mots, qui expriment parfaitement à mes yeux ce qu'ils veulent définir, je me suis dit qu'il serait utile de placer à la fin de ce livre, lorsque je le publierai, à la suite d'une liste des « *Errata* », une autre liste de « *Non-errata* », et de dire : l'expression « cette confuse remue-ménage », page tant, est exacte, avec l'adjectif au féminin accolé à un substantif masculin. Mais qu'est-ce que cela a à voir avec ce que je pensais ? Rien du tout, et c'est bien pourquoi je me laisse aller à le penser. Tout autour de la place, comme autant de boîtes d'allumettes roulantes – des boîtes géantes, de couleur jaune, où des enfants auraient planté de biais une allumette usée en guise de mât – les trams grognent et tintinnabulent ; en démarrant ils crissent avec un bruit métallique. Tout autour de la statue centrale, les pigeons s'agitent comme des miettes noires, dispersées par un coup de vent. Ils marchent à petits pas, dodus sur leurs courtes pattes. Et ils sont des ombres, des ombres…
> Vus de près, tous ces gens sont d'une monotonie variée. Notre Viera disait de Frei Luis de Sousa qu'il écrivait « le banal de façon singulière ». Ces gens-là sont singuliers dans le banal, à l'opposé du style de la « Vie de l'Archevêque ». Tout cela me chagrine, tout en m'étant indifférent. Je me trouve ici sans raison, comme tout dans la vie. Du côté est, la ville qu'on aperçoit à peine, se dresse

presque à pic, part statistiquement à l'assaut du château Sao Jorge. Le soleil pâle mouille d'une vague auréole cette masse brusque de maisons, qui nous le cache ici. Le ciel est d'un bleu humidement blanchâtre. Peut-être la pluie d'hiver reviendra-t-elle aujourd'hui, mais moins forte. Le vent semble venir de l'est, peut-être parce qu'il nous apporte ici, brusquement, les vagues senteurs de verdure fraîche et mûre du marché tout proche. Du côté oriental de la place, on voit plus de personnes étrangères à la ville que de l'autre côté. Comme des coups de feu amortis, les rideaux de fer des magasins descendent vers le haut ; je ne sais pourquoi, telle est la phrase que ce bruit me transmet. Peut-être parce qu'ils descendent, mais pour l'instant ils montent. Tout s'explique. Soudain, je suis seul au monde. Je vois tout cela du haut d'un toit spirituel. Je suis seul au monde. Voir, c'est être loin. Voir clairement, c'est s'arrêter. Analyser, c'est être étranger. Les gens passent sans me toucher. Je n'ai que de l'air autour de moi. Je me sens tellement isolé que je sens jusqu'à l'espace qui me sépare de mon costume. Me voilà enfant, traversant en chemise, une chandelle mal allumée à la main, une vaste maison déserte. Je suis environné d'ombres vivantes – rien que des ombres, filles des meubles figés et de la lumière qui m'accompagne. Ces ombres m'encerclent ici aussi, mais ici, ce sont des gens bien réels.

Voix collectives

Le récit procède aussi, bien évidemment, d'un tissage en commun, de récits qui, progressivement, se déplaçant dans l'espace et le temps, vont fabriquer un tissu collectif. Ainsi le récit des chasseurs est repris par les écologistes qui le prolongent ou élaborent une autre version. Le récit concernant le nid des cafards qui se situerait sous l'immeuble et d'où proviendrait le mal, tisse éléments métaphoriques (le « nid » des cafards), et éléments symboliques. Il s'agit d'une « bête » tapie dans l'ombre, prête à envahir, synonyme de l'étranger et de l'étrangeté. Keith Thomas (1985, p. 87) l'évoque dans son livre où il analyse l'exclusion qui frappe certains animaux et certaines parties de l'humanité entre le XVIe et XIXe siècle. Il cite une lettre écrite par un ami des animaux en 1879 dont la maison a été envahie par les cafards : « Je déteste faire la guerre aux cafards, ils ont autant le droit de vivre que les noirs Zoulous. Mais dans un cas comme dans l'autre, que faire ? » Outre cela, si l'on en croit nos enquêtés concernant cet animal :

> Quand j'en vois une, je dis zut, qu'est ce qu'il y a ? Si vous en voyez une, il y en a d'autres. Une, c'est le commencement. Pourtant, derrière ma gazinière et le frigidaire, il ne devrait pas y en avoir. J'ai ma machine à laver qui fuit, et à chaque fois qu'elle fuit, je déménage tout pour nettoyer, alors je ne sais pas d'où ça vient. Une fois j'en avais vu un qui tombait de la bouche d'aération. Il y en a peut-être d'autres qui tombent et qu'on ne voit pas. Une année, on était rentré de vacances, ça grouillait sur les murs. Cela a dû venir de quelque part. Les gens disent que c'est dû aux Arabes. D'où cela vient et comment c'est arrivé, alors là je n'en sais rien.

Le récit est un outil d'affabulation, mais aussi de communication : l'élaboration d'un récit partagé valorise la mise au point d'une représentation collective des lieux. La condition formelle de la réussite d'un récit, en tant que représentation de la vie collective dans les lieux, est une certaine cohérence stylistique, mais aussi sa capacité à intégrer le maximum d'événements locaux donnant au récit son réalisme, sa crédibilité. On note dans ce cas l'efficacité de l'imaginaire : les événements, comme la présence des étrangers dans la cité, ainsi que le fait que la cité ait, soi-disant, été construite sur un marais, indépendamment des liens de causalité, entrent en résonance les uns avec les autres, s'enrichissent mutuellement. Le récit collectif fait intervenir toutes ces dimensions de la réalité locale, l'orientation finale du récit dépendant étroitement de l'ensemble de ces conditions, mais aussi d'une prédétermination normative. Comment la présence du cafard dans les immeubles d'habitat social pourrait-elle contribuer à une version positive de la vie locale ? En conséquence, ce récit noir nous garde de tout angélisme, mais permet de voir que, quelle que soit sa tonalité, le récit permet à chacun, individu ou collectif, de communiquer son expérience singulière pour témoigner de la mémoire des lieux.

Conteur des villes

La multiplication des lieux de parole et des conteurs dans les villes, ainsi que l'importance prise par le théâtre dans les espaces en crise montre l'intérêt porté à ces stratégies narratives. Prenons *Riotes et ronds-points, promenades en Creusot*, représentation théâtrale donnée les 3 et 4 décembre 2005 au théâtre de l'ARC Creusot-Montceau les Mines : ce dialogue entre générations d'habitants du Creusot orchestré par Catherine Zambon et Sabine Larivière, respectivement auteur et metteur en scène, est le résultat d'un an de travail. Des élèves de CM1 de l'école Marie Curie et des résidents des foyers Long Tom et Couronne ont inspiré et coécrit ce spectacle entre souvenirs des uns et espérances des autres, du temps des « riotes » ou petites rues, et ronds-points. Le décor est minimaliste, les mouvements entre vieux et jeunes parfaitement orchestrés, les vieux écrivent : « Il y avait un sourd et muet qui travaillait aux abattoirs, on l'appelait le sourd-muet des abattoirs », et les jeunes disent : « Le Creusot, ça sera de plus en plus grand, on aura des robots de compagnie. » Ce travail est un exemple parmi tant d'autres des initiatives proposées au sein des espaces artistiques où la mémoire commune s'écrit. *À la sueur de mon front* présenté par le théâtre de la Jacquerie, en octobre 2004 et février 2005 et *Que reste-t-il de nos amours ?* présenté dernièrement par la compagnie Les Palétuviers ont été créés à partir de la parole des habitants : le résultat est forcément émouvant. Est-il artistique au sens de l'expression d'un auteur ? Il est touchant : il exprime la mémoire d'un lieu, dans la mesure où il en rend compte par une série d'anecdotes et où il procède d'un travail collectif dont les acteurs concernés sont totalement partie prenante. Car plus qu'un travail, il représente le début ou la fin d'une vie.

Quel est le statut de cette parole ? Mark Etc qui anime le groupe « Ici-même » (2004) s'interroge à son propos. Dans les années 1980, une nouvelle logique culturelle émerge en Europe, fondée sur le mythe de la création, de l'art et de la culture, comme un nouveau principe miraculeux qui permet de sortir de la crise industrielle que connaît l'Europe. Cette logique qui tend à faire de l'artiste, du conteur ou de l'art de rue un véhicule du lien social et de la réconciliation sociospatiale comporte de nombreuses ambiguïtés. Certaines, mises en évidence par différents commentateurs dont Luc Bolstanki et Eve Chiapello (1998) ou Pierre-Michel Menger (2003), font de l'artiste un modèle vain, dangereux, du nouvel entrepreneur du capitalisme ou un instrument au service d'une idéologie signalant la fin des grandes entreprises collectives comme le communisme ou même l'État social[7]. D'autres sont pointées par les artistes eux-mêmes qui dénoncent leur instrumentalisation. Mark Etc s'est déplacé du terrain des arts plastiques au terrain de la narration publique dans un effort pour refuser la monumentalisation des formes plastiques dans la ville ; pour lui être artiste et citoyen, c'est devenir un perturbateur de l'espace public.

> Par le récit, nous intervenons de manière à faire comprendre les questions, le vivant ; l'imposture (l'imposture est une posture à rebours, réactive) est introduite pour venir au secours des formes plastiques. Nous ancrons progressivement les thématiques dans la durée et dans le quartier. Le souci de narration traduit une précaution oratoire. Il faut faire entendre la question, avant l'artiste (propos de Mark Etc recueillis par Caroline Coll-Seror, 2004).

Pour l'artiste, il s'agit de reconquérir le terrain de l'expérience vivante. Ces œuvres publiques associées à la vie locale ne requièrent plus forcément des aménageurs et des élus qu'ils financent des espaces artistiques, mais qu'ils financent les artistes. Or les politiques et techniciens raisonnent plutôt en termes de lieux et d'aménagement de l'espace.

Paroles en crise

L'expérience que décrit Michel Anselme (2000, p. 60-67) lors de la réhabilitation du « Petit séminaire », quartier de Marseille, montre à quel point l'expérience de la parole, du récit et de la narration concerne plutôt les processus qui conduisent à la fabrication des lieux que les lieux eux-mêmes. Les chercheurs présents sur le site – dont Michel Anselme – vont établir des permanences de parole qui vont avoir un rôle essentiel dans la structuration des projets qu'ont les habitants pour leur logement. Lors de la permanence, un bruit s'exprime : la cacophonie du monde se présente, cette cacophonie qui est l'équivalent de ce qui n'est pas encore assez articulé pour pouvoir se dire. « Le bruit, c'est simplement, la volonté, la rage d'être entendu. » Des récits viennent se dire : ils

7. Selon Boltanski, Chiapello (1998), le capitalisme a engendré deux types de critiques. La critique sociale liée aux vieux schémas de la production hiérarchisée vise à une formalisation croissante de la relation de travail pour accroître la sécurité dans l'emploi, selon une logique de protection juridique (convention, diplômes) du travailleur. La critique « artiste » qui, elle après mai 1968, dénonce « l'aliénation de la vie quotidienne par l'alliance du capital et de la bureaucratie » (elle-même liée à la formalisation croissante de la vie au travail) et favorise la naissance d'un nouvel esprit du capitalisme qui garantit l'autonomie du travailleur en le responsabilisant par rapport à lui-même, par rapport aux autres et par rapport au produit de son travail – l'artiste en étant le modèle – mais le rendant d'autant plus fragile qu'aucune garantie ne vient encadrer son champ de production et sa relation à l'employeur. Le recours massif à l'intérim accroît encore cette fragilité des employés face à l'employeur. Dans les deux cas, Boltanski montre comment le capitalisme se nourrit de ses contradictions, produit de la critique, et se métamorphose.

partent du logement et du désir d'y vivre mieux, rencontrent d'autres récits, révèlent des fragments de vie privée et de vie locale.

> Le travail de l'expression publique avait aussi comme objectif et effet d'empêcher que se constituent des arrangements secrets, des avantages indus, des solutions clientélistes, car si les locataires disaient des choses, il nous restait à garantir que ce qui avait fait l'objet d'un accord se passerait bien comme prévu et pas autrement. Tout le monde était tenu par la parole dite : personne en dehors du jeu, personne à l'écart. Cette sorte de logique de service public – il nous fallait entendre également tout le monde et trouver avec chacun une solution acceptable – avait pour fondement cette orientation imposée par l'organisme d'égalité de statut de tous, dans la réhabilitation, sorte d'interdit qui garantissait que personne ne serait exclu de la cité pour un problème lié à la réhabilitation.

Les demandes étaient écrites et ces traces écrites faisaient l'objet d'un compte rendu à l'organisme bailleur. Il existe donc des effets rétroactifs à cette circulation de l'information dans l'espace public. Certes, le travail réalisé dans le cadre de la réhabilitation du « Petit Séminaire » est singulier et procède notamment de la posture scientifique de M. Anselme ; cependant tout travail dans le champ des sciences humaines et sociales va de pair avec un récit qui rend compte de l'expérience de recherche.

L'AMBIANCE

L'ambiance appelle à des modes de narration particuliers ; ces récits mettent en valeur les « formes de vie », manière d'être incarnées localement, renvoient à l'impossibilité de neutraliser axiologiquement la pensée des lieux et signifient le rejet de tout réductionnisme. Bref, le choix d'ambiances ressort de rituels qui fondent un lieu, lui donne sa valeur et son ton, son style. Les pratiques « ordinaires » mettent l'ambiance en musique. C'est dans ce sens également que l'ambiance ne met pas l'accent sur le média – comme le font les notions de paysage ou de récit – mais sur « l'expérience » personnelle au sens d'un déplacement qui marque le temps et l'espace et porte l'accent sur le vécu des lieux.

L'imagination vecteur d'ambiances

L'exemple est fourni par l'habitat collectif. L'esthétique, somme de sensibilités et de représentations qui fondent le partage des lieux, est un puissant moteur de la construction de l'ambiance locale. Prenons, par exemple, les nuisances. L'imagination introduit de nouveaux éléments dans l'espace public, en particulier quand il s'agit du cafard (ou blatte). On l'imagine sombre et, dès lors, c'est une bête que l'on associe étroitement à la technique : les tuyaux des immeubles, les interstices du bâti, les failles de toutes sortes, sont sa « maison » ; il y niche, s'y réfugie quand on le chasse, s'y tapit pour mieux envahir les espaces familiers. C'est donc un animal de l'ombre. Il gît dans les réserves du familier. Cette bestiole représente également la pauvreté et redouble le sentiment d'exclusion qui caractérise les habitants de ces quartiers périphériques dits difficiles. Une femme qui habitait avant la campagne restitue le sentiment de honte qui l'habite :

> Les gens n'étaient pas habitués à nous voir évoluer dans un cadre comme celui-ci. C'est là qu'on fait le tri de ses amis. C'est pareil pour l'immeuble, les gens disent : « Tu as vu où tu habites, tu as vu comment ça sent, tu as vu comment les gens sont, tu as vu leur couleur ». Moi, c'était clair, j'ai prévenu les gens qui arrivaient ici. Il y a des cafards : si cela vous gêne, vous partez, si cela ne vous gêne pas, vous restez.

Il semble donc bien que ses pratiques envers le cafard procèdent d'une lutte plus générale pour s'ajuster à un lieu qui représente « la zone », et à des pratiques qu'ont certains habitants dans ce lieu (intolérance mutuelle, irresponsabilité...). Le cafard stigmatise donc l'ambiance des lieux et met en évidence le « trouble de voisinage » comme une condition de l'existence des lieux. Le bruit l'est également. Il est révélateur en ce sens que le manque d'isolation phonique rend difficile de faire l'amour. On entend le voisin dont les habitudes énervent ; bref, le bâtiment lui-même renvoie aux sources collectives de ce qui empêche l'intimité. De ce point de vue, le pavillon renvoie à l'isolement et au choix d'une ambiance : « Dans les immeubles, beaucoup se plaignent du bruit ; les gens entendent les uns chez les autres... On est mieux en pavillon qu'en immeuble... Les gens des immeubles sont complètement neurasthéniques... S'ils élèvent la voix, il y a l'autre qui tape au plafond. » Les nuisances sont des troubles qui renvoient à une ambiance globale.

A contrario

L'importance de l'ambiance peut aussi se révéler *a contrario*. Les exemples suivants débouchent sur une critique de l'aménagement considéré comme une production utopique de formes pures, sans attaches ni contextes. La politique des formes ne peut se limiter à un formalisme, au sens d'un dessin, pur graphisme, un déterminisme formel. La notion d'ambiance traduit la richesse des rapports multiformes noués par les habitants avec leurs territoires de vie. L'anthropologue Fabienne Watteau donne un exemple : les habitants du village de Luz, au Portugal, ont été contraints en 2003 de quitter leur village en raison de la mise en eau du grand barrage d'Alqueva. Le village de Luz après avoir été totalement rasé a été reconstruit « à l'identique » trois kilomètres plus loin par l'entreprise maître d'ouvrage. Des témoignages rapportent le sentiment des habitants lorsqu'ils ont intégré le nouveau village :

> Ici, on se sent un peu étrangers. Je ne sais pas, nous nous sentons un peu bizarres. Nous ne nous sommes pas encore faits à l'idée que ce village est désormais le nôtre pour toujours. Dans l'autre Luz, nous avions l'habitude d'aller d'une maison à l'autre. Ici, nous restons enfermés, à regarder la télé.
> Vivre dans ce nouveau village, disent-ils, c'est aussi un sacrifice, c'est perdre ce qui faisait la richesse et la beauté de l'ancien : sa situation dans un pli du terrain, gorgé d'une eau bonne à boire et suffisante pour les animaux, c'est laisser les arbres fruitiers et les oliviers, c'est quitter l'endroit qu'avait choisi la sainte patronne, Notre-Dame de Luz, pour faire établir le village et le protéger des brigands[8] (Watteau, 2003).

8. Mythe d'origine et de fondation du village de Luz. Une vierge serait apparue à un vacher, lui intimant l'ordre de construire un village à cet endroit précis, qui résisterait alors au temps et aux envahisseurs.

Dans cet exemple, l'esthétique est instrumentalisée comme un moyen d'accompagner les transformations opérées par un grand aménagement et pour faciliter leur acceptation. Les récits d'habitants posent la question de l'ambiance qui apparaît comme la part manquante. Le nouveau village « reconstruit à l'identique » est dépourvu d'ambiance. Paradoxalement, la production d'un village « tout neuf » débouche sur une utopie de mort. L'aménageur du barrage n'a pris en compte qu'un rapport uniquement formel et spatial. Le village est reconstitué à partir du maintien des positions respectives des maisons et des rues. L'analyse spatiale ne peut à elle seule reconstruire une ville : il lui manque la mémoire, l'imaginaire, le sens des lieux.

Une expérience particulière

L'ambiance est une notion centrale pour une théorie esthétique de l'environnement vécu. Elle se trouve en résonance avec la complexité intuitive du réel et invite à l'expression plus même qu'à la représentation : « Chaque ville s'incarne dans une expérience particulière », expliquent Jean-Paul Thibaut et Rachel Thomas (2004). C'est une clé pour la compréhension de la multidimensionalité (sensorielle, sensitive, sensible, esthétique etc.) de l'espace urbain. Chaque ville est différente sur le plan des sensations, continuent Jean-Paul Thibaut et Rachel Thomas (2004) :

> L'ambiance n'est pas *a priori* posée ou définie une fois pour toutes, il s'agit dans tous les cas d'inventer un mode d'expression en adéquation avec l'expérience de la ville elle-même. C'est à cette condition seulement que l'ambiance émerge ; quand le style d'écriture prend le relais des manières de ressentir la ville [...] La forme émerge à condition d'une articulation de la partie au tout, des fragments à la ville entière.

Les villes diffèrent par leurs rythmes. L'ambiance articule sensorialité, affectivité, mobilité et sociabilité. L'ambiance, sa richesse sensorielle, perceptuelle donne le sentiment d'une perte de repères, d'une immersion dans l'environnement, qui ajoute à l'intensité vécue. Les coordonnées spatio-temporelles deviennent floues ; c'est un soliloque (Faulkner, 1972, p. 132) :

> Chaque fois que le tram s'arrêtait je pouvais entendre ma montre, mais pas souvent ils mangeaient déjà qui voudrait jouer de la manger le fait de manger à l'intérieur de vous même l'espace aussi l'espace et le temps confondus. Estomac qui dit midi cerveau qui dit heure de manger Très bien Je me demande quelle heure il est qu'importe. Des gens descendaient. Le tram ne s'arrêtait pas souvent maintenant vidé par l'obligation de manger.

La conscience vit du temps présent. Pourquoi un tel sentiment dans l'espace urbain ? Répondre, c'est spécifier l'urbanité. À l'aube du XXe siècle, Georg Simmel (1998 et 1990), philosophe allemand, aborde la ville comme une structure sociale spécifique impulsant des modes d'être en société et une mentalité particulière. La ville est anonymat, mais elle est aussi liberté. À la différence de la campagne, l'organisation sociospatiale de la ville autorise son développement : l'individualité et la subjectivité sur laquelle repose la liberté s'y expriment : cela se traduit dans l'élaboration d'un mode de vie et d'une mentalité urbaine. En outre, cela passe par la transmission d'un art de faire la ville, de la créer comme un nouvel environnement. Cette liberté a une contrepartie et aboutit à l'isolement, qui renvoie au bain d'immersion sensorielle et à un environnement devenu événementiel. Jean-Paul Thibaut et Rachel Thomas (2004) expliquent encore :

> La perte de repères spatio-temporels, le dérèglement des sens et la fiction de l'euphorie ne sont que les diverses expressions de ce processus de déréalisation de la ville. L'ambiance procède ici d'une mise en résonance parfaite entre action, perception et affectation.

En somme, l'ambiance ne participe-t-elle pas de l'expérience esthétique la plus riche, qui est la plus difficile à objectiver ? Elle implique la narration et l'apprentissage de soi en situation. Pour Jean-Paul Thibaud et Rachel Thomas (2004) la notion d'ambiance n'est pas similaire aux notions d'environnement ou de milieu ; car, alors, elle serait fausse :

> L'ambiance urbaine ne peut être posée *a priori* et définie une fois pour toutes. Elle n'acquiert de sens que dans une dynamique d'émergence qui la situe comme telle. Bref, l'ambiance est de l'ordre d'un processus plus que d'un état, d'un devenir plutôt que d'une donnée.

MÉTAPHORE

Au terme du parcours, il convient d'évoquer la métaphore qui constitue le fond de toutes ces prises de parole et d'image. C'est l'un des opérateurs essentiels de nouvelles figurations du réel, de la construction d'un paysage, d'un récit ou d'une ambiance, et de nouvelles liaisons entre monde naturel et monde social. Pour Arendt (1978) :

> Analogies, métaphores et emblèmes sont les fils par lesquels l'esprit retient le monde y compris quand il a perdu tout contact avec lui [...] Ils représentent la garantie de l'unité de l'expérience humaine. En outre, dans un processus de pensée, ils servent de guides pour permettre de trouver notre direction, de peur que nous n'errions aveuglément parmi les expériences où nos sens à défaut de connaissance certaine ne peuvent nous guider. Le simple fait que notre cerveau soit capable de trouver de telles analogies, que le monde des apparences nous rappelle des choses qui ne le soient pas, peut être vu comme une sorte de preuve que l'esprit et le corps, la pensée et la sensibilité, l'invisible et le visible, sont faits pour vivre ensemble.

La métaphore est un mode de jaillissement de l'impromptu. Voie de création et d'innovation, elle permet de juxtaposer, de relier des mondes apparemment dissemblables, d'orner de chair l'idée, de lui donner une vraisemblance et une réalité.

La métaphore est donc un lien et même l'une des modalités du tissage des liens entre monde naturel et social, un lien, ou mise en relation des mondes, essentiel au fonctionnement des sociétés. C'est une tendance permanente de la pensée humaine de projeter sur le monde naturel (et en particulier sur le règne animal) des catégories et des valeurs provenant de la société humaine, puis de s'en resservir pour critiquer ou renforcer l'ordre humain, en justifiant quelque disposition particulière, sociale et politique, par la raison qu'elle est d'une certaine manière plus « naturelle » que tout autre (Thomas, 1985). Les catégories qui sont mises en œuvre pour classer le monde animal sont étroitement parallèles à celles qui sont utilisées pour classer les végétaux : les bêtes sont divisées entre celles qui sont sauvages, à apprivoiser ou à éliminer, les domestiques, à exploiter, et les animaux familiers, à aimer ; le monde végétal comprend les forêts, sauvages, les plantations ou vergers, domestiques, et les parcs d'agrément. Mais il est vrai, comme le précise P. Descola (2005), que l'ontologie occidentale caractérisée par la coupure sujet/objet n'est qu'une des ontologies possibles[9].

Par exemple, l'étymologie du mot « cafard » est un merveilleux traceur de la construction métaphorique des rapports des êtres humains aux choses. Les termes utilisés pour nommer cet insecte, blatte, dénomination scientifique et cafard, terme vulgaire, mettent en évidence le fait que le terme de cafard comme celui de blatte renvoie à la vie nocturne de l'animal. En effet, cafard (1589) est emprunté probablement à l'arabe *Kafir* « qui n'a pas la foi ». Le suffixe péjoratif « ard » a remplacé la combinaison initiale. Le mot a été repris avec le sens religieux de « faux dévot », « hypocrite » employé de manière polémique au XVIe siècle, notamment pendant les guerres de religion. Il semble que le sens usuel de blatte, relevé dès 1542, soit un emploi métaphorique du sens de « faux dévot », l'animal étant de couleur noire et se dérobant à la lumière. Ce sens est d'abord régional (Normandie, Berry) et se diffuse au XIXe siècle dans le français général. Le terme blatte, du latin, terme englobant divers insectes « qui fuient la lumière » (Pline), va dans le même sens. Par l'intermédiaire du latin scientifique *Blatta*, les naturalistes de la seconde moitié du XVIIIe siècle ont fixé son emploi comme nom générique du cafard. Les mœurs nocturnes de l'animal jouent donc beaucoup dans les représentations et les pratiques à son égard comme en témoignent nombre de textes littéraires (où le cafard pullule, menace, doit être détruit, génère un malaise).

L'univers métaphorique est un « pont suspendu au-dessus du réel » dont il met en évidence la profondeur illusoire. La métaphore renvoie avant tout à l'expérience esthétique. Le jugement qui confère à telle ou telle métaphore un statut plus important au point que certaines apparaissent tissées d'évidence, comme le coucher du soleil, est un jugement qui reconnaît cette universalité de l'expérience esthétique. La métaphore ouvre un lien au réel, offre la possibilité de contribuer à la valeur des lieux : en attribuant un terme à un autre terme, on n'enrichit pas uniquement la description du premier terme, mais on lui attribue une valeur. La métaphore valorise un type poétique, imaginatif de saisie du réel ; elle manifeste une conscience des relations qui unissent à l'environnement. Ainsi est-il possible de lier esthétique et

9. D'un côté, dit l'auteur, il y a les corps, « la physicalité ». De l'autre, « l'intériorité ». Face à un autrui quelconque, humain ou non humain, je peux supposer soit qu'il possède des éléments de physicalité et d'intériorité identiques aux miens, soit que son intériorité et sa physicalité sont distinctes des miennes, soit encore que nous avons des intériorités similaires et des physicalités hétérogènes, soit enfin que nos intériorités sont différentes et nos physicalités analogues. Ces formules définissent quatre grands types d'ontologies, c'est-à-dire de systèmes de propriétés des existants que l'on appellera, par convention, le totémisme, l'analogisme, l'animisme et le naturalisme (la posture occidentale).

éthique, par la prise de conscience d'une relation plus ou moins plaisante au monde. L'expérience esthétique et sa généralisation dans l'espace public par le jugement fonctionnent comme des expériences de réattribution de la valeur à partir des individus et des petits groupes. La métaphore opère comme un lien cosmique.

Les études de cas qui suivent ont valeur d'illustration et partent de l'idée qu'il est possible d'envisager le développement en s'appuyant sur des approches des relations à l'environnement à caractère anthropologique. La construction du lien à la nature, l'aspiration à une « beauté du monde » qui s'éprouve par le jardinage s'associe à une réflexion politique en matière de biodiversité urbaine et à la composition d'un paysage ville/nature qui puisse être orchestrée par les pouvoirs publics. Une telle réflexion va aussi dans le sens d'une généralisation de mouvements sociaux spontanés : le souci populaire à l'égard des espèces animales peut se traduire en enjeux plus généraux. La vie avec un animal s'accompagne d'un récit concernant la cohabitation et les relations qu'elle engendre ; alors qu'il (chien ou chat) est un être vivant et sensible, un compagnon. Ce, ces récits, peuvent contribuer, par coalescence des fragments agglomérés, des morceaux narratifs mêlant métaphore et imaginaire, par co-élaboration également et mise en perspective des intérêts individuels à l'aune des intérêts collectifs, à améliorer la place réservée au vivant en ville. Dans la perspective d'une réduction de la pollution atmosphérique en ville, il importe d'examiner la place que la pollution occupe dans les esprits, la manière dont elle se « contextualise » : la notion d'ambiance (en lien avec celle d'*aesthesis*) permettrait-elle d'instruire ce dossier ?

Notre proposition d'une politique des formes (de vie) est complète. Allons plus loin maintenant et voyons en quoi elle peut s'appliquer aux différents domaines de la vie urbaine dans la perspective d'une intégration au sein d'une politique d'aménagement.

Chapitre II

Le végétal comme paysage

La végétation n'est pas décor : elle est croissance et confirmation du temps qui passe, elle est odeur et couleur. Est-il possible que la végétation soit autre chose qu'un espace vert ? Le caractère limité de ce dernier se révèle dans le terme même utilisé pour le nommer, comme l'écrivent Denise et Jean-Pierre Le Dantec (1987) :

> En perdant son nom, le jardin urbain se trouve dépouillé de toute positivité autre qu'hygiénique. Plus de géographie : l'espace vert n'est pas un lieu, mais une portion de territoire indifférencié dont les limites se décident sur l'univers abstrait du plan. Plus d'histoire et moins d'humanité : l'espace vert n'est qu'un *green* aménagé selon les seules règles de la commodité : l'art s'en trouve congédié ou réduit à « l'emballage ».

L'espace vert ne réunit pas, mais isole, sépare les habitations car en tant que vecteur d'hygiène, il doit favoriser la circulation de l'air et du soleil, en particulier. Est-il possible que la végétation en ville, qui avait été réduite à sa portion congrue d'outil de l'aménagement urbain, se transforme en un lien esthétique efficace du rapport au cosmos de chacun ?

C'est en ce sens qu'une relecture de travaux précédents a été réalisée (Blanc *et al.*, 2005, 2007) : elle s'appuie sur des enquêtes conduites dans trois microquartiers parisiens (*cf. encadré 1*). Au début des années 2000, une équipe composée de géographes humains, biogéographes, physiciens, architectes décide de se pencher sur les pratiques et représentations jardinières à Paris : on sait qu'elles se développent aujourd'hui.

Quelle place la végétation occupe dans l'aménagement urbain et quels sont les rapports des citadins à la végétation en ville ? Quelle place la végétation occupe dans le droit de la ville (Blanc *et al.*, 2007) ? Quelles sont les pistes permettant de réconcilier le citadin avec sa ville en en faisant un espace de projection où il est rendu possible de bien vivre, d'habiter pleinement. Pourquoi ? La ville future doit être un espace de droit et d'accueil pour toutes sortes d'êtres vivants, humains, végétaux et animaux ; en effet, la dégradation que l'extension des espaces urbains (« étalement urbain ») fait subir à l'environnement proche et lointain est considérable. La qualité de vie urbaine, au futur, pour une population au nombre croissant, ne se décline pas que localement : elle a d'incalculables conséquences à d'autres échelles.

Encadré 1

1) Les sites d'étude

Site	Localisation	Morphologie urbaine	Vie sociale	Caractères biophysiques
Lagrange	5e arrondissement	Percée hausmanienne dans quartier médiéval	Faible sauf Association « Lagrange Air Pur »	Bord de Seine; faible végétalisation; circulation automobile interne importante
Peupliers	13e arrondissement	Anciennes maisons ouvrières reconverties en « maisons de ville	Importante: Association des Peupliers, chorale	Jardinets individuels; circulation automobile périphérique à l'îlot
Pinel	13e arrondissement	Habitat collectif des années 1970	Locataires de longue date, rôle de la place comme lieu de rencontre	Jardin collectif; circulation automobile périphérique à l'ensemble

2) Les enquêtes auprès des habitants

Les enquêtes – réalisées avec Lucile Grésillon et Marianne Cohen – se sont déroulées essentiellement dans l'agglomération parisienne. Sur le plan de l'enquête sociale, il s'agit de vérifier la place du paysage, de la pollution et de la végétation dans les modes d'habiter, par des entretiens ouverts. L'enquête s'est orientée à partir de ces questions sur le rapport à la matérialité urbaine et les façons sensibles – faisant intervenir la vue, l'odorat, l'écoute etc. – d'appréhender la ville. Bien entendu, nous avions des clés d'entrée plus particulières: ainsi, l'opposition entre végétation et pollution et la question du paysage. Les entretiens ont porté sur un panel représentant une proportion parfois importante de la population des îlots étudiés (environ une centaine d'enquêtes). Par ailleurs, un autre type d'enquête a été réalisé auprès d'une dizaine de personnes, repérées lors de l'inventaire botanique, comme particulièrement impliquées dans la gestion du végétal: gardienne et concierge, habitante s'occupant d'un jardin de cour, jardiniers de la Ville. Ces enquêtes sont de type « à double regard », menées en interdisciplinarité, associant l'inventaire botanique et les questions sur les pratiques et les représentations autour de ces végétaux…

LE VÉGÉTAL DÉCORATIF

Dans l'agglomération de Paris, le végétal est clairement à la croisée d'enjeux multiples. Il est chargé d'une grande valeur symbolique dans la mesure où il évoque la nature et il est doté d'une grande plasticité sur le plan mobilier pour les professionnels de l'aménagement et de l'urbanisme. C'est une nature de proximité pour les habitants soucieux de verdure dans leur espace familier. C'est une composante du paysage urbain. Enfin, c'est une ressource pour la biodiversité sur le plan écologique. Cette complexité du végétal en fait un objet d'étude important et un outil environnemental précieux de démocratisation de l'intervention « écologique » dans l'espace urbain : des acteurs très divers y ont intérêt. Ils peuvent être invités à contribuer concrètement à la qualité du milieu de vie. Ainsi la description de l'espace végétal parisien prend en considération la répartition de la végétation, la diversité floristique et, surtout, le rôle des acteurs comme les jardiniers, les paysagistes ou les citadins.

Un premier type de végétation est mis en place par les habitants sur leurs balcons ou bords de fenêtres visibles depuis l'espace public, la « végétation de proximité ». Un deuxième type est la végétation « institutionnelle ». L'implantation du végétal, à l'initiative d'institutions (municipalités ou bailleurs), s'insère dans des opérations d'aménagement et s'inscrit dans une pensée de l'espace public urbain. Inversement, la végétation spontanée met en valeur le caractère construit d'autres types de végétation. Sa prise en compte récente montre le renversement d'un certain nombre de valeurs, certains processus « naturels » pouvant dès lors participer de la confection de l'espace public (Lizet *et al.* 1997). Cette végétation se trouve clairement du côté du sauvage. Les jardins naturels, aujourd'hui en vogue dans certaines municipalités, sont hybrides ; ils procèdent d'une dynamique végétale semi-spontanée et d'un projet institutionnel, motivé par des considérations diverses (mode de l'écologie, souci d'une gestion économique, institutionnalisation et contrôle social de lieux de détente des habitants).

La végétation met au jour une mosaïque urbaine de milieux biophysiques et sociaux ; ces milieux sont les produits et les producteurs d'un ensemble d'institutions (le travail, le loisir, le commerce), mais aussi de nombreux actes individuels. Au sein de l'espace urbain, on distingue, selon leur manière de composer avec la nature, des lieux d'interactions sociales et donc de production d'un collectif, des lieux spectacles dans le sillage du « mouvement moderne » en architecture, enfin, des espaces « discrets », qui sont le résultat du désir des individus de s'insérer dans l'espace public et, plus encore, de contribuer concrètement à l'urbanité de la ville ; on peut encore y voir l'envie de rendre public son espace, le désir d'une reconnaissance.

Première catégorie : les habitants jardiniers

Les sensations, les sens, les sensibilités, et de manière générale, le registre esthétique sont des indicateurs qui influent sur le comportement à l'égard de l'environnement : odeurs, couleurs, saveurs, textures sont extrêmement importants, que cela concerne notre appréciation du monde végétal ou d'autres univers. Le corps, un certain langage dont il détient le secret, nous renseigne sur les bienfaits du contact avec la nature « verte ». Les analyses faites, il ressort trois types de rapports à l'environnement urbain. Cette typologie met en évidence la force de l'appréciation esthétique dans le rapport à l'environnement et dans les conduites urbaines.

Le premier, « l'habitant » (*cf. encadré 2*), concerne l'individu qui s'investit entièrement dans les lieux fréquentés ; ces gens ont une relation privilégiée au logement, qu'ils considèrent comme un abri, une bulle existentielle, une localité protectrice. Ils évoquent tout un registre de sensations quand il s'agit de parler de la ville. On peut considérer que leur occupation de l'espace urbain est dense, riche.

Encadré 2. Mme C. habitante

Madame C aimerait faire le « recensement de chaque porte, chaque entrée de Paris » et être « aux aguets » en ville comme elle l'est à la campagne. Elle parle de la campagne sans l'idéaliser ; elle dit d'ailleurs que l'odeur n'y est pas meilleure qu'en ville maintenant (avec les engrais). Elle s'avère avoir une extraordinaire attention à son vécu physique. Elle dit : « à Paris, c'est pas pareil, on n'a pas le même corps », « on n'est pas aux aguets ». Cette sensibilité se traduit par la conscience des effets de l'environnement sur ses attitudes : « si je suis dans un endroit triste, je me courbe, je baisse les yeux », « je me rends compte qu'il y a un aspect physique de l'architecture, de l'environnement, de la respiration », « j'ai remarqué que c'est l'environnement direct… La N7 ça me déprime ». La pollution, elle « trouve qu'à Paris, on en prend plein la figure, ça sent mauvais, ça pique, on est complètement maso », mais cela concerne plus spécialement son mari et son fils qui souffrent d'asthme. Elle est extrêmement sensible aux odeurs, celle de la cigarette à son travail : « c'est quelque chose qui envahit, mais contre laquelle on ne peut rien » et celle du mimosa. Elle souffre du syndrome de Reynaud : la température doit toujours être tempérée, pour elle (elle m'explique qu'elle change de pièce en fonction). Malgré le peu de temps qu'elle passe chez elle, l'état du jardin et les géraniums épanouis aux fenêtres traduisent une grande attention aux plantes et elle m'explique que, petit à petit, elle a appris à planter les bonnes plantes en fonction de l'exposition. Avec la vue qu'elle a de sa chambre à coucher elle montre aussi l'importance qu'elle donne à la lumière et à la présence du ciel.

Source : Blanc *et al.*, 2005

Un deuxième modèle est celui de « citadin » ; le citadin est un prédateur (*cf. encadré 3*). Il mobilise utilement la ville. Il définit les lieux par l'usage qu'il en a et néglige toute autre dimension. La ville est un espace de services, d'information ou d'activité.

Encadré 3. Madame B et Monsieur R, citadins

Un homme et une femme qui vivent dans le centre de Paris expliquent qu'il n'y a pas de plantes car ils ne vivent ici que la moitié de l'année : les plantes ne survivraient pas à leur absence. Ils trouvent leur vue exceptionnelle : les arbres du square Viviani et une partie des vitraux de Notre-Dame. La chambre à coucher constitue un milieu plus pollué par l'air de la rue parce qu'elle est moins ventée, d'après ces enquêtés qui ont toute une explication du rythme de la pollution et qui décrivent comment ils adaptent l'aération de leur chambre à la fluctuation temporelle de la pollution.

La pollution vécue comme une réalité indissociable de la ville occupe la conversation. « La ville tue : elle tue par le stress, par les mauvaises conditions qu'elle impose au corps » (le chlore de l'eau, aluminium dans l'eau, pollution de l'air et les « champs ondulatoires » : les antennes, les satellites...). La pollution est une des raisons pour lesquelles ils vivent alternativement entre Paris et un coin perdu à la campagne. Cette méfiance vis-à-vis des éléments qui pénètrent le corps se retrouve dans leur pratique alimentaire : ils ne mangent que biologique (sauf quelques pâtisseries : madame est une gourmande ! le pain et quelques repas aux restaurants) et ne boivent jamais l'eau du robinet.

Quand ils sont à Paris, ils sont très curieux de connaître tous ses recoins. Ils sont à la recherche de tous les petits endroits cachés pleins d'histoire : ils se préparent, d'ailleurs, à l'avance des promenades dans Paris avec le dictionnaire historique des rues de Paris. Ils apprécient aussi d'être à Paris pour les activités culturelles qu'ils trouvent et pour l'anonymat dans lequel on y vit. Ils se déplacent exclusivement à pied ou en métro sauf pour les courses pour lesquelles ils utilisent une voiture (les magasins bio sont en périphérie). Ils aiment leur quartier : elle, parce qu'elle a toujours habité ici et parce que « c'est plein d'histoire » et lui, parce que c'est « central et bien desservi ».

Le sens qu'ils privilégient à Paris est la vision. La femme affirme qu'il est difficile d'avoir du plaisir avec d'autres sens : « J'aime suivre le sillage d'un parfum d'une femme, c'est vraiment très agréable quoique cela arrive assez rarement ». En dehors des odeurs de la pollution, les nuisances qu'ils subissent, c'est le bruit : le bruit des gens qui sortent de la boîte en bas dans la rue, la musique du voisin. Ils se sentent menacés par la pollution aussi bien au-dehors que dans leur appartement (c'est ce que l'on déduit de l'exposé sur les plages horaires d'aération). On peut supposer que cette hypersensibilité à l'extériorité est à l'origine et se nourrit de leur vie alternative entre Paris et l'Irlande puisqu'ils disent « partir quand ils n'en peuvent plus ». Ils trouvent qu'il n'y a pas de nature à Paris : « On est ému parce que l'on voit un moineau ! » et considèrent indispensable l'idée de pouvoir vivre dans la nature pour apprécier la ville. Le fait de pouvoir quitter cette ville entretient l'exigence qu'ils ont par rapport à leur qualité de vie et l'opposition qu'ils ressentent entre les deux milieux.

Source : Blanc *et al.*, 2005

Le « citoyen », dernier de la typologie, est un opportuniste : la ville est vécue comme un gisement en termes relationnels (*cf. encadré 4*). S'investissant dans son quartier, il s'inscrit dans des structures collectives ou para-associatives. Cet attachement aux personnes mobilise une relation au lieu.

Encadré 4. Mme P. citoyenne

Madame P. est très active au niveau local, représente les parents d'élèves depuis un certain nombre d'années. Ce rôle et son contact facile font qu'elle connaît beaucoup de monde dans le quartier et dans son immeuble (elle connaît plusieurs mères de famille dans l'immeuble vers qui elle m'envoie). C'est d'ailleurs grâce à cette responsabilité associative qu'elle a obtenu cet appartement. La façon dont elle parle des gardiens montre qu'elle les connaît bien. Elle fait aussi un tableau de la population de la résidence et de la place très détaillé, agrémenté de nombreuses anecdotes : le monsieur Bidochon avec son « marcel et son doberman », le coiffeur « bavard et amour » de ces dames, le boucher « cher et facho »... Son engagement dans la vie scolaire la rend très critique par rapport à la politique de la ville : elle trouve que l'aménagement des pistes cyclables et des équipements sportifs sont faits n'importe comment et vont à l'encontre de la sécurité des enfants et des jeunes (les terrains de baskets sous les lignes de métro). Son insertion locale se retrouve dans ses habitudes d'achat : n'ayant pas son permis, elle utilise les grandes surfaces du coin et quelques commerçants de la place (mais elle ne paraît pas sympathiser particulièrement avec eux). Depuis peu, elle travaille à mi-temps chez un opticien dans le Marais. Sa pratique géographique de la ville est circonscrite à son quartier, à celui de son travail avec des incursions de chez elle vers la Seine. Les promenades qu'elle fait avec sa famille consistent à flâner dans les rues commerçantes et à rejoindre la Seine à pied. Comme son mari, elle rêve de partir vivre en province parce qu'« ici, on vit comme des fous » et parle d'une manière idyllique des vacances qu'ils passent dans un petit village des Cévennes avec plusieurs autres couples. Elle reconnaît toutefois qu'elle ne supporterait pas de vivre « loin de tout » contrairement à son « ours » d'époux. Rien dans ses dires ne présuppose pourtant une quelconque difficulté à vivre dans Paris : la présence de pollution est considérée d'une manière très détachée, l'entretien est surtout consacré à des récits et des considérations sur le vivre ensemble du quartier.

Source : Blanc *et al.*, 2005

À chacun des modèles de citadins correspond un mode de circulation : l'habitant va principalement à pied. Il déambule, au-delà de son quartier, voire de son arrondissement et évoque le plaisir de la promenade. Une jeune femme, habitante d'un grand immeuble collectif, le dit : « Je marche pour me délasser, pour flâner pour découvrir autour de moi, des environnements, des quartiers... J'adore musarder, j'ai toujours la tête en l'air... Il y a toujours des balcons, des terrasses et les immeubles sont magnifiques ». Le spectacle de la ville fonctionne comme une ressource. L'habitant fait attention à l'expression de la matérialité urbaine : c'est un sensible. Le citadin utilise, lui, la voiture pour circuler dans la ville, que ce soit pour des achats, des loisirs ou des visites à amicales ou familiales ; la valeur des espaces est fréquemment indexée à la facilité de déplacements et de stationnement. Pour le citoyen, il y a le quartier et la ville. Il aime les transports en commun, le métro qui est jugé efficace, la foule.

L'habitant se caractérise par sa conscience des interfaces[1] et sa gestion des liens dehors/dedans à différentes échelles : cela concerne le corps aussi bien que le logement. L'habitant décrit des odeurs, des vues et du bruit. Il investit pleinement son espace en utilisant beaucoup les parties extérieures et évoque les plaisirs ou les déplaisirs de la vie urbaine. Ainsi il est le premier à remarquer la difficulté (ou l'agrément) de l'existence en ville. Pour l'habitant, la ville est un lieu sensible, immédiat, vécu. Il évoque ainsi une ville pleine de replis, de surprises, rabattue sur le registre de l'intimité ; ce n'est pas un paysage spectaculaire. Le terme paysage qui connote des monuments ou des vues, perspectives monumentales, lui est de peu de secours. D'où l'on voit que le paysage renvoie au geste autoritaire de la puissance d'État et ne fait pas partie de ce registre de l'intime qui est utilisé par les habitants. Au mot paysage, l'habitant répond qualifiant une vue personnelle : « c'est mon petit paysage », « notre jardin, c'est un micropaysage ». Le citadin ne se soucie pas de maîtriser les rapports entre dedans et dehors et de l'aspect « poreux » de son habitat : ceci joue-t-il dans son investissement limité de l'espace urbain ? Les citadins développent une pratique sans corps de la ville et rejettent toute qualification esthétique de la ville : leur refus va-t-il de pair avec un mal-être ? Quand au citoyen, il ne vit pas dans son environnement biophysique immédiat. Les citoyens oublient que la ville est un espace biologique ou physique : « Il n'y a pas de nature en ville ! ». Ils utilisent le mot paysage pour qualifier des lieux touristiques.

Ainsi comprend-on qu'il existe une catégorie de citadins qui investit aujourd'hui son milieu physique ; c'est l'habitant. Il jardine, considère ces végétaux comme des êtres vivants et apprend par expérience à adapter ses soins : « On a beaucoup d'hibiscus... Pendant six ans, on a réussi à avoir des arbres, après ils s'épuisent... On étudie le sol pour savoir ce qu'il faut ». Dans un petit lotissement de maisons de ville, l'habitant participe au renouveau des espaces jardinés : « J'ai refait le jardin, avant c'était une vraie jungle ». Dans d'autres quartiers, planter est un moyen de s'élaborer un nouveau milieu : « Vous savez, on peut se recréer des jardins ! Moi, j'ai des plantes à

1. Ont été appelées interfaces les espaces ou objets de transition avec l'environnement extérieur. Ainsi les fenêtres, balcons ou jardin. La gestion consciente des fenêtres en tant qu'interface dedans/dehors a significative. Pour le jardin et les balcons, leur usage met en évidence la manière dont ils sont considérés : c'est soi, le prolongement du chez-soi, une mise en scène du chez-soi ou un espace de transition avant l'extérieur. Les limites dedans/dehors se trouvent, alors, à des endroits différents. Par ailleurs, on considère que l'attention à l'alimentation procède d'une gestion du corps comme interface.

l'intérieur de chez moi, dans ma cuisine! » dit une personne du genre « habitant » d'un grand collectif des années 1970. Pour les deux autres catégories de personnes, les citoyens et les citadins, le balcon ou les plantes sont un moyen de s'abriter de l'extérieur. Ces observations montrent à quel point une certaine catégorie de personnes vivant en ville est tenue par l'idée de se confectionner un cadre de vie idéal: le rapport à la nature des jardiniers des maisons de ville montre un investissement habitant qui se veut villageois. Dès lors, le qualificatif « campagne urbaine » est associé à cet espace; il participe du renchérissement immobilier de ce parc de logement.

La morphologie urbaine interfère dans ce désir d'habiter et les quelques terrasses et cours verdoyantes font un peu exception à un espace d'ordinaire peu « végétalisé » face à la cathédrale Notre-Dame. Les habitants justifient la rare installation de végétation par le vent ou les fientes de pigeons. La centralité du quartier semblerait aussi exclure pour les habitants la présence de « nature », qu'ils confinent conventionnellement à « la campagne ». La forte pollution est un argument supplémentaire pour ne pas tenter de cultiver de plantes et limiter les contacts avec l'extérieur. Les commerçants de ce quartier touristique marquent l'entrée de leur local, voire créent des terrasses, formant un décor « inaltérable » tandis que les habitants vont choisir le balcon fleuri (ex. géraniums, pétunias, mufliers) et la terrasse urbaine (ex. laurier-rose, olivier).

Au contraire, le jardinage est pratiqué par beaucoup, dans les deux autres quartiers en périphérie parisienne, à l'abri des principales voies de trafic parisien. Cependant, les balcons de l'habitat collectif place Pinel géré par l'Opac (Office public d'aménagement et de construction) sont assez peu mis à profit pour accueillir des plantes. La végétation a une fonction de décor, comme celle qui est installée dans le jardin sous les fenêtres. En revanche, les maisonnettes et leur jardinet de devanture impriment une image de « campagne à Paris ». Les habitants qui sont installés depuis longtemps gèrent (parfois avec peine) l'existant. Le végétal est à la fois un bien commun et un remède à la promiscuité des voisins (et des touristes), en lien avec l'aspect communautaire de la vie du square des Peupliers[2]. Au contraire, les habitants arrivés récemment dans ces onéreuses « maisons de ville » s'investissent dans le jardinage. Ils n'ont pas cette notion de communauté et plantent pour leur bien-être, sans négliger une certaine mise en scène.

Il existe donc en ville une certaine diversité floristique qui exprime ici la diversité des espèces essentiellement introduites et donc le rôle des habitants, des jardiniers et des gestionnaires de ces espaces, en fonction d'une part de leurs moyens (techniques, économiques, etc.), d'autre part de l'idée qu'ils se font de la ville et du jardin. Mais le rôle fonctionnel et l'intérêt patrimonial de ces espèces introduites restent mal connus.

2. Y participent: un souci des enfants qui s'avère partagé, la fête du square, la chorale ainsi que l'association des Peupliers (qui s'étend hors du square).

Deuxième catégorie : les associations de jardiniers

Il existe, en France, de nombreuses associations œuvrant pour la multiplication des jardins en ville : familiaux, ouvriers, partagés, nomades, les catégories se sont, ces dernières années, multipliées. Les « jardins familiaux », dont le renouveau se situe au tournant des années 1990, sont des ensembles souvent vastes de jardins individuels cultivés, à proximité d'une source d'irrigation. Chaque « propriétaire » de jardin dispose d'une clé pour l'ensemble de la parcelle, qui est clôturée et souvent la propriété d'une association ou d'un organisme public : à l'intérieur, les jardins sont également clôturés. Les jardins « partagés », « communautaires », ou « solidaires » des années 1990 et 2000 sont en rupture relative avec ce modèle, et s'inspirent parfois explicitement de l'expérience New-Yorkaise[3] (les AJONCs à Lille : « Jardins ouverts et néanmoins clos »). Ils procèdent de la même logique d'appropriation d'un espace urbain en friche, en mettant particulièrement en valeur la convivialité et la création de lien social et intergénérationnel. Le jardin peut être ouvert au public, divisé en petits lopins individuels ouverts, mais l'ensemble des ressources (outils, graines, etc.) et des produits est généralement partagé. Enfin, les événements festifs rythment la vie du jardin, incluant des séances de cinéma en plein air, du spectacle vivant, etc. Au total, la France ne compte que quelques dizaines de jardins solidaires dont huit à Lille et vingt-huit à Paris. De la même manière qu'à New York, des associations se positionnent dans l'appui aux habitants qui veulent créer un jardin : AJONCs à Lille, Les Jardins d'aujourd'hui à Bordeaux, Graines de jardin à Paris, Les Jardins d'Amélie à Marseille, Le Passe-jardin à Lyon. Elles forment un réseau national dénommé « Le jardin dans tous ses états », et fonctionnent sur la base de correspondants régionaux et de groupes de travail. Le point commun à leur méthodologie est de ne soutenir un projet que si la mobilisation des habitants est suffisante. Ces initiatives reçoivent enfin, depuis peu, le soutien des collectivités, qui mettent des terrains à disposition. La Ville de Paris[4] a ainsi créé une cellule « main verte », a rédigé une charte des jardins partagés et conditionne son appui à la signature d'une convention d'application de cette charte avec une association gestionnaire du site. Les services de la Ville apportent ensuite la terre végétale, installent une arrivée d'eau et clôturent le site. Dans d'autres cadres, les institutions et notamment celles chargées de la politique de la ville, insèrent les jardins solidaires dans des programmes de développement social urbain des quartiers en difficulté. Cette approche descendante trouve rarement la mobilisation habitante et bute sur les difficultés d'appropriation matérielle de l'espace sur les propriétés des bailleurs sociaux. Enfin le développement des jardins partagés bénéficie également d'un renouveau de l'agriculture urbaine et périurbaine, qui se focalise par ailleurs sur les fonctions d'insertion sociale (les jardins de Cocagne) et de sécurisation des revenus des agriculteurs (Associations pour le maintien de l'agriculture paysanne).

3. Il existe environ 700 jardins communautaires à New-York d'une grande diversité de modes de gestion. Du côté canadien, les jardins communautaires sont également très nombreux. Beaucoup produisent de l'alimentation : légumes, fruits etc.

4. Un document de présentation est téléchargeable sur le site de la Mairie de Paris : www.paris.fr/environnement (consulté en juin 2008).

Ce qui se négocie, dans la transformation des espaces délaissés en jardins collectifs où produire ensemble, cultiver légumes et fruits et dans l'investissement de ce milieu de vie, n'est pas simplement jardinier, mais plus globalement éthique et esthétique : les jardiniers cultivent leur environnement physique et social, reprenant contact avec la réalité, du microcosme du jardin au macrocosme du climat, de la terre. Ces initiatives ont d'ores et déjà influencé la gestion des jardins traditionnels et plusieurs jardins parisiens (comme le Jardin des Plantes, les Serres d'Auteuil), ont, au-delà de la visite traditionnelle, ouvert des espaces de jardinage au public. Cet intérêt pour le jardin que confirment les résultats d'un questionnaire envoyé à 800 000 foyers français (enquête publiée dans *Le Monde* du 23 septembre 2004) n'est pas, loin de là, uniquement national. Comme l'explique Sylvie Nail (2005), dès 1999, dans son rapport au gouvernement anglais intitulé « Vers une renaissance urbaine » qui allait servir de base au *Livre Blanc sur la ville de 2000*, l'architecte Richard Rogers qui prône un urbanisme compact souligne l'importance de la nature en ville. Indicateurs d'une qualité urbaine, les jardins jouent un rôle, dans la tradition hygiéniste du XIXe siècle, de lieu de délassement et d'exercice physique, ainsi que sur le plan de la biodiversité. *Le livre blanc* du gouvernement Blair reprend l'idée de « corridors verts ». La participation est au cœur d'une stratégie visant à donner aux habitants le contrôle de leur environnement. Il s'agit de poser les bases de ce qui, à terme, pourrait devenir une « écopole » établie sur les principes du développement durable et de la gouvernance locale.

Troisième catégorie : les institutions et pouvoirs publics

D'où l'on voit que le végétal est un produit parmi d'autres résultant du fait d'habiter. Cependant, à Paris, l'importance de l'héritage haussmannien en termes de végétaux et de règles de plantation obère lourdement tout développement nouveau. Dès Haussmann, l'urbanisme fait place au végétal (Stefulesco, 1993) : l'ingénieur Adolphe Alphand a pour mission de mettre en œuvre un important service de Promenades. En 1867, il fixe les éléments du vocabulaire urbain : « une trame régulière d'avenues et de boulevards plantés qui relient les squares et jardins selon le goût anglais ». Pelouses, jardins, allées plantées, mais aussi mobilier urbain, contribuent à la forme de la ville. L'implantation de cette végétation s'inscrit dans un ordre esthétique, correspond à une politique hygiéniste. Celle-ci est assurée, en même temps, par la mise en œuvre de réseaux techniques. Dans l'ensemble, ces transformations de Paris sont les prémices d'une nature contrôlée. Les techniques permettent de soustraire la ville aux effets des éléments naturels : contre le feu de l'incendie, contre l'eau de l'inondation, contre l'excès de chaleur et de froid, contre la pluie et le brouillard, contre la poussière, les mauvaises odeurs et les miasmes, le génie urbain débarrasse la ville de sa mauvaise nature, la « désaisonne » (Guillerme, 1991). Non seulement, le génie urbain la « désaisonne », mais aussi, il « désanimalise ».

En effet, le végétal est censé avoir un rôle prophylactique. La végétation contribuerait à rendre respirable l'air corrompu. La mise en place des espaces libres ou non-bâtis va de pair avec leur « végétalisation » : l'air est censé y circuler et chasser les miasmes urbains. On imagine ce qui n'est pas bâti comme envahi par la végétation. Ce rôle du végétal est sensible dans les textes relatifs aux cités-jardins, mais aussi dans d'autres moins connus (Gaudin, 1991) : l'urbaniste veille au bien-être des habitants « en réservant une large part à la verdure » et en séparant, par la pratique du zonage, les activités urbaines[5] : « Soyons donc certains que les quartiers proches d'un parc, d'une réserve boisée, les pentes bien ensoleillées ne tarderont pas à se peupler. »

L'urbanisme moderne prolongera cette tendance (Choay, 1979, p. 224-232). Walter Gropius qui a exercé sur l'architecture et l'urbanisme contemporains une influence comparable à celle de Le Corbusier et qui a des conceptions proches de ce dernier entre 1920 et 1930, explique : « Les appartements ouvrent sur le ciel et la verdure qui sépare les blocs d'immeuble et sert de terrain de jeu aux enfants ». Dans ces travaux, air, eau ou végétation sont des éléments abstraits : on oublie les diversités climatiques, géomorphologiques au profit de la définition d'une hygiène urbaine. Aussi les architectes de ce mouvement favorisent l'architecture aux dépens de l'urbanisme : le bâtiment définit en creux les espaces laissés à la nature. Aujourd'hui, le choix des végétaux par les jardiniers se fait sur des critères ornementaux, et non écologiques. On néglige la sécheresse des sols, les effets d'ombre. Parfois, un renouvellement peut s'opérer en lien avec une opération d'aménagement urbain. Les massifs indiquent par leur composition floristique leur époque de plantation et le poids de l'héritage. La mode joue jusque dans le choix des plantes : l'oranger du Mexique est ainsi en vogue depuis les années 1990. Du côté des bailleurs sociaux, on constate que les grandes opérations d'habitat collectif des années 1970 ont conduit au décor toujours vert rêvé par le mouvement moderne. Pelouse rasée de près et trio d'arbres et arbustes toujours verts forment la signature des espaces végétaux de cette époque de l'habitat social.

Les massifs de jardins sont enrichis par les « pratiques hétérodoxes » des jardiniers de la Ville et des habitants : par exemple, l'achat par les habitants de plantes et leur insertion dans l'espace public de proximité, de façon autonome ou avec l'aide de la gardienne d'immeuble, au jardinier de la Ville. Ces gestes, vecteurs d'appropriation, sont autant de prétextes à la création de nouvelles sociabilités et sont l'amorce d'une pratique collective. Autre exemple, les jardiniers au lieu de commander de nouveaux sujets et de jeter les vieux, récupèrent et échangent des végétaux dans les différents jardins dont ils ont la charge. Les jardiniers tolèrent parfois ce qui rejette ou pousse spontanément. De fait, on peut trouver dans certains jardins (privés ou publics) profusion de végétaux, du fait de pratiques axées sur l'attention au vivant, allant du sauvetage des plantes jetées ou abandonnées à la multiplication végétative.

En écho à ces pratiques hétérodoxes, le service Paris-Nature comprenant des scientifiques formés, par exemple, aux nouvelles techniques de lutte biologique, ou sensibles à la nature en ville, va préparer ce que pourrait être une nouvelle conception de la nature en ville par des inventaires et la valorisation de jardins naturels ou

5. Jean-Marcel Auburtin (1872-1926), architecte, membre du Musée social et de la Société française des urbanistes (SFU), créée en 1914, s'attache, dès 1916, à la pratique du zonage comme s'inscrivant dans une continuité historique et géographique du développement urbain.

sauvages. Ainsi, le « jardin naturel » proche du Père-Lachaise, ou le « jardin sauvage » du 18e arrondissement de Paris évoquent pour les visiteurs « un coin de campagne ». Tout réside, pour les jardiniers, dans l'art de contrôler les dynamiques spontanées (qui, si l'on n'y prend garde, peuvent aboutir à l'envahissement par une plante comme le lierre du « Jardin sauvage » que l'on doit couper chaque année), voire dans la création, à visée pédagogique, d'une diversité de milieux (« jardin naturel », mare du « jardin sauvage »). La diversité spécifique de ces jardins, bien que largement induite par l'homme, est remarquable eu égard à leur surface (Mairie de Paris, 2004).

En ce qui concerne l'arbre, son rôle esthétique arrive largement en tête des fonctions qui lui sont assignées par les élus. Si pour certains, par rôle esthétique, il faut entendre pratique d'enjolivement (« Les arbres, c'est un rôle décoratif », ou « D'abord, c'est pour faire joli », ou enfin, « C'est très important, c'est pour le décor, c'est pour le plaisir des yeux ») pour d'autres, l'arbre a un rôle structurant dans le paysage urbain : « L'arbre, c'est surtout une question d'esthétique et de paysage ». On retrouve là cette fonction de décor donné aux arbres et à la végétation dans l'espace urbain dès le XVIIIe et XIXe siècles, tel qu'il était présenté par les milieux techniques de l'État : embellir les communes, parallèlement à les assainir, là où beauté et hygiène s'étaient progressivement assimilées l'une à l'autre. Le végétal est un outil de lutte contre l'infection de l'animal. Un maire de petite commune le dit :

> C'était infect, y avait des bêtes, on a dit : « On va fermer ça », alors on a fermé, on a fait une clôture, on a amené de la terre végétale, on a planté des arbres de toutes les espèces, c'était beaucoup mieux, du point de vue du coup d'œil… Autrement, avant, c'était que des bêtes… (Luginbühl, 1990).

LE DROIT ET LE PAYSAGE EN VILLE

Comment l'engagement esthétique vis-à-vis du végétal conduit-il à reconsidérer le paysage urbain ? Pour la problématique esthétique, la notion de paysage urbain est essentielle. Premièrement les discours politiques ainsi que ceux de certains corps d'agents de la ville s'y réfèrent. Il est probable que la difficulté qu'éprouve la puissance publique à suivre les évolutions de l'espace urbain l'incite à avoir recours au paysage, comme mode d'organisation de l'espace à l'échelle d'une ville ou plus encore, d'une région urbaine. Ensuite, les paysagistes ne se cantonnent plus à la fabrication d'espaces de jardin ou de parc aussi architecturés soient-ils ; ceux qui exercent leurs talents en ville emploient de plus en plus l'expression de paysage urbain. Enfin, les questions d'environnement urbain prennent une place croissante et les discours des paysagistes les montrent désireux de se poser en acteurs de la réconciliation des citadins avec la ville et avec la nature, symbolisée ici par le végétal dans la composition paysagère urbaine. Au moins sur ces deux plans, du développement de la puissance publique et de la construction d'une ville comme un bien écologique collectif, l'enjeu paysager constitue une ressource pour les politiques urbaines. Mais quelle place est donnée au paysage urbain : comment aussi bien le législateur que les habitants le prennent-ils en considération ? Quelle place est faite au végétal ou encore au bâti ? Comment rendre à la question paysagère ce qui lui est dû, à savoir la possibilité de devenir un horizon commun de référence, un outil du dialogue et de la production négociée des espaces urbains ? En effet, le paysage permet de prendre en considération la complexité urbaine : sociale, esthétique etc. Les textes le montrent : l'enjeu du paysage en ville est souvent d'ordre morphologique, nostalgique ou passéiste ; il peine à intégrer des considérations vives. Le développement urbain est aujourd'hui synonyme d'étalement urbain, ce qui fabrique des territoires hybrides, ni urbains, ni ruraux. Plus encore, autant en périphérie qu'en centre-ville, les environnements privés prolifèrent aux dépens d'espaces publics gratuits[6]. Dans ce contexte, il importe de faire du végétal et de la construction collective du paysage urbain un des enjeux de l'élaboration d'un nouvel espace public : un espace public relationnel, esthétique et écologique. Un espace public qui rassemble au nom d'un intérêt et de valeurs communes, la qualité de vie urbaine, habitants et acteurs du privé, professionnels et élus locaux. L'analyse rétrospective des politiques du paysage de la ville qui suit montre que cet objectif est en rupture avec la tradition d'intervention de la législation française.

Les politiques paysagères et l'espace urbain

La ville n'est pas l'objet privilégié des politiques françaises du paysage. Force est de constater, de façon générale, que l'emploi du terme paysage concerne essentiellement le milieu rural, au point qu'il faille préciser, lorsque l'on cherche à qualifier la ville, que l'on parle de « paysage urbain », celui-ci étant un sujet secondaire. En l'absence de politique paysagère proprement dite en ville, ce sont les termes « paysage » et « paysage urbain » que nous avons recherchés dans les corpus juridiques susceptibles d'y faire référence : le droit de l'environnement et celui de l'urbanisme considérés comme révélateurs des politiques publiques[7]. Dès lors, nous pouvons montrer qu'il existe une double, sinon triple, filiation du paysage urbain. Le paysage urbain est d'abord assimilé à l'idée de protection des territoires ruraux contre un développement urbain associé à une modernité dévastatrice : dans le droit de l'environnement, il prend sa source dans la notion même d'environnement. Dans le droit de l'urbanisme, il est associé à l'« embellissement urbain » et aujourd'hui au nécessaire renouveau des pratiques d'aménagement urbain ; il est également lié aux questions d'identité urbaine. Mais, dans chacun des cas, l'espace urbain n'est qu'une figure d'exception des politiques du paysage ; ces dernières concernent essentiellement le rural : elles y trouvent leur visibilité et leur raison d'être.

6. David Mangin (2005) parle de la privatisation des espaces à partir des infrastructures routières. C'est un phénomène en croissance.

7. Sur 57 codes, en 2000, dont le Code général des impôts, seuls cinq utilisent ce terme de paysage dont trois régulièrement, le Code de l'urbanisme, lié à un corps de pratiques, l'urbanisme (46 occurrences, mais nous avons pu constater que le thème du paysage relève davantage de corrections et d'additions par rapport aux textes originaux que d'apports propres et distincts), et le Code rural, lié à un type de territoire. Le Code de l'environnement comprend lui 40 occurrences. De là, l'étude de la place du paysage dans les politiques nationales de l'urbanisme et de l'environnement a été approfondie. Ces corpus ont été choisis, l'un parce qu'il traite de la gestion du patrimoine et des espaces naturels, l'autre de la ville.

Dans le droit de l'environnement, le « paysage urbain » (ou la notion de paysage appliquée à la ville) s'enracine dans la notion d'environnement : elle constitue essentiellement l'extension d'une catégorie désignant, à l'origine et aujourd'hui encore, des espaces « naturels » à protéger d'une part, des territoires ruraux d'autre part. Comme catégorie de territoire à protéger, le paysage trouve ses origines au début du XXe siècle dans les mesures de protection des sites qui prennent exemple sur celles dédiées aux monuments et aux sites (lois de 1906 sur les sites pittoresques, de 1930 sur les monuments naturels et les sites, de 1943 sur la protection des abords de monuments historiques).

Le développement de la question du paysage en tant que telle dans les politiques est, cependant, relativement récent et postérieur aux années 1970. Cette question émerge parallèlement à une croissante sensibilité de la population et des pouvoirs publics aux « problèmes d'environnement » dont la loi du 10 juillet 1976 relative à la protection de l'environnement consacre l'importance. En 1977, la loi du 3 janvier sur l'architecture stipule que « le respect des paysages naturels et urbains ainsi que du patrimoine sont d'intérêt public ». Le registre reste celui de la protection de territoires essentiellement ruraux qualifiés parfois assimilés à la notion même d'environnement.

Après une floraison de textes, à la fin des années 1970, la loi « paysage » du 8 janvier 1993 mentionne explicitement le paysage urbain. Par ailleurs, elle contribue à insérer l'idée de paysage comme un élément essentiel des politiques d'environnement dans diverses activités publiques et privées. Du point de vue des moyens et des outils, la loi propose d'étendre au paysage les possibilités d'action qu'offrent les Zones de protection du patrimoine architectural et urbain (ZPPAU) qui existent depuis 1983 et auxquelles l'adjectif « paysager » est alors adjoint[8], incitant à prendre en compte cet aspect dans les plans d'occupation du sol. Enfin, la loi institue les directives de protection et de mise en valeur des paysages qui concernent essentiellement des « territoires remarquables par leur intérêt paysager »[9], dont il s'agit de définir les éléments paysagers. Pour cela, différents textes pris en application de la loi « paysage » précisent le sens qui leur est donné. En ressortent deux idées fortes : celle d'ensemble d'une part, celle de témoignage d'autre part. Ainsi, il s'agit de protéger un ensemble territorial donnant l'impression d'unité et de cohérence.

La loi Barnier n° 95-101, du 2 février 1995, relative au renforcement de la protection de l'environnement réaffirme les conceptions du paysage précédemment exposées. Ainsi, le paysage est une catégorie d'espace définie comme à protéger dans le cadre de la reconnaissance juridique et sociale d'une problématique environnementale, au même titre que les milieux, espaces naturels et sites. Comme le « site », la catégorie de paysage conserve une forte connotation esthétique ; elle est aussi liée à l'histoire, à la différence des termes de milieux et d'espaces naturels qui lui font pendant, mais qui sont connotés de manière naturaliste même si les

8. En 2003, 63 ZPPAUP existent.

9. Décret du 11 avril 1994, circulaire 94-283 du 21 novembre 1994.

composantes biophysiques du paysage sont gommées ; les deux termes, milieux et espaces naturels, font intervenir l'idée de fonctionnement naturel, d'écologie éventuellement, comme les notions de « biodiversité » et « d'équilibre biologique ». La ville est toujours marginale et ce n'est qu'avec une circulaire de mars 1995[10] qu'un texte officiel concernant le paysage aborde de front la ville avec la question des alignements et des entrées de ville.

En définitive, dans le droit de l'environnement, paysage et ville sont souvent considérés comme antinomiques ; ce corpus collecte des dispositifs défensifs à l'égard du développement urbain. Même lorsqu'il s'agit de mesures paysagères destinées aux entrées de villes ou aux abords des voies routières, le paysage est un moyen pour barrer la route à la laideur urbaine, à l'urbanisation considérée presque comme une maladie. « Les formes modernes du paysage » sont vues comme sans identité, sans particularité, interchangeables. Parmi ces formes modernes sont particulièrement visés les grands réseaux de communication et d'énergie. Jacqueline Morand-Deviller (1994) note que « le patrimoine est menacé par les outrages que les industriels et les ingénieurs au nom du progrès lui infligent ». En fait, cette vision du paysage est aussi une vision conservatrice du monde. Il est vrai que l'attrait du paysage rural est ancien en France et s'inscrit dans une opposition traditionnelle entre ville et campagne. Au-delà d'être des catégories carrément opposables l'une à l'autre, la ville est synonyme d'espace bâti tandis que la campagne est le monde des champs et des bois, l'idée que la campagne étant plus proche de nature est plus saine est ancienne et revient périodiquement. Ville et campagne sont opposées dans les représentations communes et du point de vue d'une conception des forces économiques : la ville, lieu et refuge du capital, exploite les campagnes. Le rejet de la ville d'un point de vue esthétique, associé au fait qu'elle ne soit pas qualifiée de paysage, correspond à l'importance de la France rurale et à la disqualification de la ville sinon comme ressource pour les loisirs, pour le travail et pour la sociabilité. Cependant, cette opposition s'atténue au profit d'une nouvelle conception de la ville : la ville nature qui mêle étroitement formes bâties et espaces végétaux.

Embellissement ou art urbain ?

Le droit de l'environnement n'accorde donc qu'une faible place à la ville comme paysage ; la ville serait plutôt un anti-paysage. Quelle place lui fait le droit de l'urbanisme ?

Dans ce corpus, le paysage urbain prend sa source dans la question de l'esthétique urbaine. Au cours des années 1960, plusieurs mesures se réfèrent aux paysages urbains : elles concernent des éléments isolés et portent sur le contrôle des permis de construire[11] ou ont une portée plus globale lorsqu'elles concernent le quartier, avec la loi du 4 août 1962, dite loi Malraux qui institue la procédure des secteurs sauve-

10. Circulaire 95-24 du 21 mars 1995 sur les contrats pour le paysage.

11. Le décret 58-1467 du 31 décembre 1958 (à l'origine de l'article R111-21 du code de l'urbanisme) introduit l'atteinte aux « paysages naturels et urbains » comme motif légal de refus du permis de construire.

gardés. En pointillé, plusieurs textes qui ont pour vocation première la sauvegarde de secteurs historiques sont produits au cours des années 1980 : ainsi la loi de 1983 relative à la répartition des compétences entre les communes, les départements, les régions et l'État « donne aux communes la possibilité de proposer des ZPPAU ». Ces possibilités entérinent le passage de la protection d'un élément isolé à un ensemble d'éléments bâtis et non bâtis ; contrairement à la loi paysage qui considère séparément, et pour leur spécificité respective, les termes d'urbain et de paysager, elle intègre l'idée de paysage urbain, ce qui était déjà l'objet de la loi Malraux,

Dans ce corpus de textes relatifs à l'urbanisme comme dans celui concernant l'environnement, la problématique paysagère est critique vis-à-vis des formes socio-techniques du progrès et va à l'encontre du mitage et d'un développement urbain anarchique. Cette évolution va de pair avec l'émergence de questions autour du sens de la ville. Cette prise en considération des aspects morpho-sensibles et identitaires de la ville s'inscrit dans la lignée de questions de l'urbanisme des débuts du siècle : telles celles « d'art urbain » ou « d'embellissement urbain[12] » (Gaudin, 1991). L'aménagement urbain se transforme et n'est plus strictement fonctionnaliste comme il l'était au moins depuis l'après-guerre.

L'idée que la croissance urbaine est nuisible, contraire à un développement harmonieux et à une prise en considération esthétique des territoires, est présente dans l'ensemble de ces textes. Il est nécessaire de maîtriser cet étalement urbain : le paysage est une clé d'entrée de la maîtrise du développement territorial joignant l'urbain et le rural, le développement économique et la protection des territoires. Les nombreuses mesures relatives au mitage, à la transition entre le rural et l'urbain, à l'insertion de l'urbain dans le « rural »[13] mettent en évidence cette évolution. Cette tendance s'inscrit dans le prolongement du Code de l'environnement où « paysage » désigne une portion de territoire à protéger. L'observation de la ville, par la vue, est un moyen pour développer une approche esthétique des territoires. Malgré tout, cette idée est souvent associée à une morphologie urbaine particulière. Elle met en évidence une vision plutôt nostalgique des quartiers urbains.

LA BIOVILLE, UNE ÉCOVENTION

En conséquence, l'idée de paysage urbain, si elle ne se limite pas à l'acception morphologique, esthétique voire décorative du terme, peut devenir un instrument valorisant la multiplicité des interventions : cette idée concerne les aménageurs et les citadins valorisant la ressource patrimoniale ou esthétique, aussi bien que les

12. *Cf.* la loi Cornudet du 31 mars 1919 qui impose l'obligation, pour toute ville de plus de 10 000 habitants, de se doter d'un « plan d'extension, d'aménagement, d'embellissement ». Cette mesure générale fait partie d'un ensemble de textes qui vont s'accumuler à la fin de la guerre. Il prolonge une discussion commencée en 1909 et d'autres textes qui visent à l'efficacité : celui de 1917, qui fixe des règles plus strictes à la localisation des établissements insalubres et jette, par là, les bases d'un zonage élémentaire ; la loi de novembre 1918, qui reprenant les débats classiques de l'haussmanisation, fonde l'expropriation par zones et pose le principe de la récupération des plus-values foncières.

13. Pour Bernard Lassus, auteur du rapport au Conseil national du paysage en 2001, avec le paysage se constitue une démarche de projet permettant d'intégrer rural et urbain, du plus au moins habité.

habitants soucieux de leur cadre de vie, de sa richesse sensorielle, plus sensibles, en définitive, à la qualité d'un cadre de vie immédiat qu'à la composition d'un paysage urbain. C'est dans la mesure où le végétal peut tout aussi bien être un outil favorisant les multiples réappropriations de l'espace urbain qu'un outil d'aménagement au service de l'élaboration d'un paysage, que nous considérons son importance pour la construction d'un paysage urbain partagé ; ce partage semble être un moyen de revalorisation du lien social en ville et, plus simplement, des quartiers dans leurs composantes morphologiques et sociales. Cette volonté de faire sens dans l'organisation d'une gouvernance locale n'échappe pas, bien évidemment à la critique : le végétal comme bienfaisante nature relève plus de l'injonction que de la solution aux maux urbains. Cependant, dans la mesure où il correspond à une solution choisie par les habitants et à une source de plaisir esthétique, il ne peut qu'être profitable au développement territorial négocié. C'est un mode de valorisation des formes d'appropriation de l'espace urbain avec pour but l'amélioration de son attractivité. Il faut faire évoluer les représentations qui disqualifient la ville et le milieu de vie urbain, ses composantes morphologiques et mésologiques, mais aussi sociales et démocratiques. La requalification écologique de la ville doit être accompagnée d'une revalorisation des milieux de vie. C'est une question centrale si l'on imagine pouvoir, un jour, réussir un paysage urbain « durable ».

Besoin de jardin et ville-paysage

Dans ce sens, les liens entre un enjeu écologique traduit par la biodiversité et un enjeu politique et individuel qui passe par le lien social et le bien-être sont d'autant plus importants qu'aucun des acteurs ne les pense. Les acteurs institutionnels en charge de l'écologie urbaine peinent à prendre en compte la biodiversité introduite par les habitants (et plus généralement la biodiversité domestique, celle des plantes horticoles), tandis que ces derniers ne se réfèrent nullement à la qualité écologique de leur ville pour justifier leur besoin de jardin. Cependant, cette relation, dont la mise en évidence résulte d'une analyse interdisciplinaire, est fondamentale en termes de politique urbaine et de paysage. Elle permet de dessiner les pistes de ce que pourrait être une politique d'écologie urbaine à l'échelle de la ville. Elle dessine un enjeu général, la biodiversité (parisienne pour notre exemple) et en pose l'un des jalons : les habitants et leur désir de jardin. L'autre jalon serait une politique favorisant la vie sauvage en ville. Les deux sont loin d'être incompatibles : les habitants « jardiniers » ne détruisent pas forcément les espèces végétales spontanées, et apprécient certaines espèces animales sauvages. De ce point de vue, le paysage qui en résulte ne représente pas une action politique soustraite au désir des habitants. Il peut devenir, sur le plan symbolique mais aussi concret pour ces derniers, un mode d'action sur leur cadre de vie et un horizon de référence pour une collectivité. De ce point de vue encore, le végétal est un outil d'action paysager à différentes échelles : il concerne l'individu et le balcon, les quartiers et la ville verte. Or l'articulation des échelles, sur le plan politique, en termes d'administration des territoires, mais aussi sur le plan écologique, est un enjeu central et une possibilité qu'ouvre l'aménagement paysager. Aucun territoire ne peut prétendre aujourd'hui à la clôture ; tout territoire aussi micro soit-il s'affirme dans un horizon ouvert.

La mise en évidence de la nécessité d'un dialogue entre enjeux politiques et enjeux scientifiques est d'autant plus nécessaire que nombreux sont les discours qui mettent en avant une séparation entre les mondes savants et mondes profanes. Les registres de discours environnementaux sont multiples et ne procèdent pas des mêmes logiques. La prise en considération des savoirs profanes doit accompagner le développement des réflexions concernant leur articulation avec les savoirs scientifiques ; quel statut donne-t-on aux différents champs de connaissance ? S'agit-il d'une simple mise en regard ? S'agit-il de construire un référentiel commun minimal auquel renvoient les savoirs locaux ; par exemple, il faut émettre tant de gaz à effet de serre, les moyens pour atteindre cet objectif étant laissés à l'appréciation locale ? Ou encore s'agit-il de la diffusion d'une culture de la mesure, celle-ci étant assurée par la mise en rapport des droits et des devoirs à l'égard de l'environnement : les finalités concrètes pouvant aussi bien prendre la forme d'éco-quartiers que du développement des nouvelles technologies à haute valeur environnementale. Quels sont les arguments construits par les populations locales pour assurer la reproduction de leur milieu de vie en liaison avec d'autres, cette reproduction ne pouvant être que multi-scalaire ?

Du décalage entre représentations savantes et représentations ordinaires

	Indice à l'origine	Représentation	Formulation	Pratiques
Le végétal et la pensée savante	Cortèges végétaux (espèces horticoles et spontanées) Diversité floristique Diversité paysagère	Pratiques sociales de jardinage et modèles culturels Dynamiques de la végétation (spontanée)	Traitements statistique et cartographique	Explicitation : Modèles Cartes
Le végétal et la pensée commune	Plantes Couleur	Nature Jardin d'Eden Fouillis, jungle	Positive (« moi j'aime ça » !) ou négative (mauvaises herbes, invasion)	Jardinage ou abandon

(Source : Blanc *et al.* 2007)

Au niveau d'un quartier, il s'agit de prendre en considération, de manière pragmatique, les espaces que différentes catégories d'agents (et notamment des citadins) vivent et créent dans l'idée de dessiner un horizon commun d'intervention à visée écologique. Cette reconnaissance mutuelle des logiques d'action peut permettre de dépasser des clivages dus à une spécialisation des savoirs et à leur disjonction. La comparaison des représentations du végétal par les scientifiques de notre équipe et nos enquêtés confirme cette analyse. Certes, ce sont les hauts lieux patrimoniaux et touristiques qui sont désignés comme paysages par les citadins. Néanmoins l'usage du terme dépend avant tout de leur façon de s'investir dans leur ville. Il est fortement associé à leur choix quant à leurs modes de locomotion (de la marche à la voiture ou encore aux transports publics), à leurs représentations de la ville (comme un lieu d'habitation ou comme une ressource en termes de services ou de sociabilité). Le paysage est une perspective et une distance critique assignée à une représentation ; en somme ce n'est pas un objet, mais une procédure d'investissement des lieux qui mêle esthétique et écologie. Les représentations ordinaires de la végétation engagent une pratique quotidienne de la ville tandis que la démarche scientifique consiste à objectiver et à formaliser l'état des lieux, tel qu'il se présente à l'observateur, même si ce dernier a pris le soin de choisir une grille d'observation compatible avec l'habitant (le cadastre, l'itinéraire).

Un partenariat entre action publique et action privée

Ces pistes d'expérimentation du partenariat public/privé dans la production d'une ville renouvelée par la prise en compte de sa dimension naturelle contribueraient à déplacer les leviers habituels de l'intervention publique. Il s'agirait de s'appuyer sur l'investissement esthétique des habitants dans leur milieu de vie pour développer leur sensibilité écologique et conduire une réflexion collective sur la valorisation des jardins comme espaces publics et comme réserves de biodiversité en ville. La mise en œuvre de cette dernière devrait être l'objet d'une négociation intégrant les multiples représentations de la ville. Cela pourrait être appliqué tant dans des jardins (familiaux ou non) que dans des grands parcs ou dans les friches urbaines qui passeraient ainsi du statut de « délaissés » à « appropriés ». L'institution aurait un rôle d'orientation à jouer, pour conseiller aux habitants les espèces horticoles les plus intéressantes d'un point de vue écologique (par exemple, celles qui interagissent bien avec la faune) ainsi que des pratiques appropriées (tolérance aux espèces spontanées, faible consommation d'eau et de produits phytosanitaires, gestion des déchets). Cette proposition qui vise à la co-construction d'espaces jardinés s'appuie sur nos observations concernant ses effets écologiques favorables sur la diversification floristique de l'implication de certains citadins dans la végétalisation. Cependant tous les acteurs urbains ne sont pas réceptifs à la dimension naturelle, « sensible » de la ville. Ces partenariats pourraient aussi être élargis aux entreprises, l'emploi croissant du végétal dans les espaces commerciaux ou espaces privés marchands montre leur possible contribution au socio-éco-système ville.

Le végétal est, sur ce plan, un matériau consensuel de l'élaboration de nouveaux espaces urbains. Sur le plan symbolique, il est censé protéger de la pollution et participe d'une vision du jardin paradisiaque, comme le lieu de la réconciliation entre les différentes formes de vie. Sur un plan écologique, il peut constituer un milieu d'accueil pour différentes espèces animales, mais ne protège pas toujours de la pollution. Enfin, il participe d'une interpénétration entre ville et campagne, une autre façon de répondre à l'étalement urbain. Sur le plan social et politique, il convient toutefois de se demander si le développement des pratiques jardinières n'est pas un substitut à l'action publique et écologique ; cependant, elle va des pratiques de décor des populations aisées aux pratiques de subsistance observées chez d'autres populations urbaines défavorisées (ex. potagers urbains : Russie, Europe centrale[14]). La participation des populations à la gestion des espaces urbains pose également le problème de la place des aménageurs. Leur savoir-faire, produit d'une expérience professionnelle, doit-il s'accompagner d'une capacité de négociation, voire d'impulsion de projets collectifs auxquels participeraient les habitants ? Le développement écologique urbain oblige à réfléchir aux relations multiscalaires : l'enjeu végétal à l'échelle locale est important à l'échelle globale. Il n'existe pas de monde sans localités. Inversement, le local n'existe pas sans horizons de référence. La Terre est l'un d'entre eux.

14. Par exemple, en 2002, pour faire face à la pire crise financière de l'histoire du pays, chaque Argentin a cherché des solutions. À Rosario, les solutions ont été trouvées en coopération. Un projet écologique et social durable a ainsi été lancé, permettant d'approvisionner quarante mille personnes en légumes et herbes potagères cultivées sans produits chimiques. Un grand nombre d'entre elles a perdu son emploi dans les entreprises du froid et du bâtiment qui ont fermé. Ce projet a été organisé par la mairie de Rosario (dirigée par le parti socialiste), deux organisations non-gouvernementales et le programme Pro-huerta (« Pro-maraîchages ») de l'Institut national de technologie agricole (INTA). Plus de 700 potagers urbains ont ainsi été créés.

Chapitre III

L'animal comme récit

À quel genre d'engagement esthétique l'animal, que ce soit l'insecte en ville, le chat ou chien, ou même le canard posé sur l'étang d'un parc parisien, renvoie-t-il ? Ces débats concernent les chats et chiens mais aussi les pigeons, grenouilles, rats, blattes[1]… la ville étant en effet composée d'une multitude de milieux, offrant autant d'opportunités écologiques pour un grand nombre d'espèces. Tout d'abord, l'animal représente une sorte de modèle esthétique : nombre de ses formes invitent à penser le monde, à le représenter, et à créer de nouveaux objets. Par ailleurs, sa beauté inclut la possibilité d'en faire un compagnon : outre qu'il est un élément qui participe aux récits de la vie urbaine, l'animal incite au dialogue même si celui-ci ne s'accompagne pas de paroles. L'animal permet d'imaginer un monde, que celui-ci soit la rue, le haut d'un gratte-ciel ou le dessous d'un frigidaire. En outre, il participe de la nature en ville même s'il ne constitue pas un élément reconnu de l'aménagement ou ne contribue pas aux rythmes machiniques de la vie urbaine.

Est-il possible que l'animal en ville qui avait été réduit à sa portion congrue d'animal domestique ou de nuisance se transforme en un support esthétique du rapport au cosmos de chacun ? C'est en ce sens qu'une relecture de précédentes enquêtes sur la place de différentes espèces animales à Paris, Lyon et Rennes dans des quartiers aux morphologies diverses a été réalisée (Blanc, 2000 et 2003). Quelle place l'animal occupe-t-il dans la vie urbaine et quelles sont les relations que tissent le citadin avec les chats, les chiens, mais aussi la blatte ou d'autres espèces sauvages ?

1. Il y a peu d'informations concernant ces animaux dans la ville. On compte, à Paris, moins d'une dizaine d'espèces d'amphibiens et reptiles, une trentaine d'espèces de mammifères et une centaine d'espèces d'oiseaux. Les pigeons sont évalués au nombre de plusieurs dizaines de milliers de couples à Paris. Les effectifs de moineaux y dépasseraient les 10 000 ou 20 000 couples. Toujours plus nombreux, d'autres oiseaux, tel l'étourneau, le goéland, la mouette rieuse, la corneille, la pie se rapprochent de l'homme. On ne connaît pas le nombre de blattes, ni des autres insectes vues les difficultés de leur appréciation. Les chiffres les plus fantaisistes sont avancés pour les rats et autres rongeurs, ainsi que pour les chats qui ne font partie d'aucun foyer. Toutes ces espèces sont nombreuses à partir du moment où les sites d'alimentation, de repos ou de reproduction sont disponibles. On les trouve sur les bordures de périphériques, sur les rails de métro et de chemin de fer, et même pour la blatte, dans les moteurs des appareils ménagers, ou comme les poux dans les têtes des enfants. Les oiseaux, par exemple, se distribuent en fonction des potentialités offertes : les parcs et les jardins seront investis par les espèces à tendance forestière ou bocagère, les grandes surfaces des gazons accueilleront les espèces d'espace ouvert habituées à exploiter le milieu prairial. L'évaluation de leur nombre montre l'importance de la présence animale et des coûts de sa gestion.

Quelles sont les pistes qui valorisent le rôle de l'animal et en font le vecteur d'une esthétique environnementale dans la ville?

LES RÉCITS ANIMALIERS EN VILLE

Chats et chiens, des compagnons de vie urbaine

La possession des animaux familiers (chien, chat, poissons, oiseaux, rongeurs etc.) n'est pas particulièrement un fait urbain: le taux de possession décroît en effet quand on passe de la campagne à la ville et des petites agglomérations, aux grandes. 60 % des chiens et 53 % des chats vivent dans des agglomérations de moins de 20000 habitants et 40 % d'entre eux, en milieu rural[2]. Mais la présence des animaux familiers en ville pose problème.

L'animal familier – le chien en particulier – est devenu un compagnon apprécié par de nombreux citadins. Il participe à la vie quotidienne et à l'éducation des enfants, il leur apprend ce qu'est la vie, ce qu'est la mort[3]: aussi, à se montrer responsable. Dans l'espace public, il favorise les relations sociales, à plusieurs titres. C'est un élément de la représentation de et dans l'espace urbain.

Les chiens obligent leurs maîtres à sortir régulièrement dans la rue, à s'exposer aux autres, à nouer des échanges: ils ont un rôle structurant de la vie quotidienne. En outre, chaque personne ne possède pas n'importe quel chien et l'esthétique de la bête est prétexte à démonstration: gros chiens, petits chiens etc. Ces animaux sont vecteurs d'échanges, mais au titre de leur particularité. « Le chien joue le rôle de l'enfant dans les échanges de la rue: c'est un prétexte à communiquer »! C'est ce que disent, en substance, nombre de personnes interrogées. L'animal est aussi prétexte à conflits entre les citadins qui ont un animal et le font subir à d'autres, par l'excrément répandu sur la voie publique, et ceux qui jugent absurde, et non citoyen, de posséder un animal dans ces conditions. C'est l'esthétique urbaine qui est en jeu, mais également l'idée que l'on se fait de la souffrance animale. Un conflit se manifeste aussi entre

2. L'enquête Facco/Sofres (2004) montre qu'il y a en France plus de 10 millions de chats, 8,5 millions de chiens, 36 millions de poissons, 6,6 millions d'oiseaux et 3,8 millions de rongeurs répartis dans 51 % des foyers français. Les chiens et chats sont les animaux favoris des agriculteurs (78 % d'entre eux) On dénombre de plus en plus de chats en région parisienne (20,4 % en 2004 contre 19,7 % en 2003) alors que le chien semble s'éloigner des villes (15 % vs 15,9 % en 2003). La part de possession est plus importante dans le Nord et l'Est. Mais parmi les foyers possesseurs, 24 % habitent dans le bassin parisien. De façon générale, les animaux familiers continuent d'être plus présents dans les foyers les plus modestes.

3. Paul Yonnet (1985, 1990) stigmatise les comportements en faveur de l'animal: pour lui, sa qualité principale est d'être dépendant. Il répondrait aux besoins d'asservissement de l'homme contemporain. De même, pour Jean-Pierre Digard (1999) qui dénonce les excès de la passion animalière, en particulier les égards envers l'animal familier, « traités comme des enfants dont ils sont des substituts » (p. 28) en termes qu'on peut qualifier de moraux : « Dès lors que ses dimensions individuelles l'emportent sur ses dimensions collectives, la passion animalière prend les allures d'un autisme social » (p. 194). Étrange de constater à quel point les débats autour de l'animal comme ceux, autour de la chasse, sont passionnés: quel problème cela pose-t-il que l'animal soit un substitut d'enfant? Pourquoi un substitut, d'ailleurs? Il est plus facile de stigmatiser que de tenter de penser le renouveau des rapports à l'animal dans les sociétés occidentales, comme significatif d'une évolution plus générale du politique, de l'urbain, de la place du corps et de l'animalité, par exemple.

ceux qui considèrent excessive la place faite à l'animal dans les foyers citadins, l'attention qui lui est prêtée, et ceux pour lesquels il constitue un recours contre la vie urbaine déshumanisée. « Il n'y a déjà pas beaucoup de nature, pas beaucoup d'arbres. C'est de la vie, quoi ! » explique lors d'un entretien une habitante de la Croix-Rousse à Lyon. Dans l'autre camp, on rétorque : « Quand les Algériens ont été expulsés comme des bêtes et dispersés, on était combien à se mobiliser dans le quartier ? Quand je parle de nettoyer, je parle des merdes... D'autres, c'est de se débarrasser des étrangers » dit l'habitante d'une sorte de courée bourgeoise dans le 20e arrondissement à Paris.

Certains chercheurs critiquent une « zoophilie ambiante », qui traduirait la difficulté à vivre ensemble en ville, jusqu'à rejeter l'homme pour la bête (Digard, 1999, p. 220-225). Quelques mots tout d'abord sur les débats concernant l'animal en général : « L'ascension du sentiment zoophilique est vraiment un fait contemporain à la fois dans sa nature et par ses manifestations... » (Yonnet, 1990, p. 94). Ces débats font intervenir sciences sociales et sciences de la vie, textes officiels réglementant sa présence dans la ville ou discours d'associations valorisant le compagnonnage des hommes et des bêtes. Ce sont des débats protéiformes : pour les sciences de la vie – dont l'éthologie – la distance entre l'homme et l'animal n'est plus aussi claire, certains parlent même de « culture » ou de « proto-culture » au sujet de l'animal. D'autres chercheurs s'intéressent aux modes de communication qui peuvent s'établir avec l'homme. Associées au développement de la société industrielle, les maladies animales contribueraient aux problèmes d'environnement. Du côté des sciences humaines, le débat porte – entre autres – sur le statut et le traitement de l'animal dans les sociétés occidentales[4]. Certains chercheurs insistent sur le caractère « inhumain » du traitement des bêtes de boucherie[5]. En écho à toutes ces questions de société, le droit concernant l'animal évolue : il n'est plus appréhendé comme un bien immobilier, mais comme un être sensible[6]. Cette nouvelle prise en considération de l'animal va de pair avec un changement d'optique dans les modes de préservation de la nature : on crée aujourd'hui des réserves de nature sauvage dans la ville, et c'est une façon de lui reconnaître une place et une fonction nouvelles en ce lieu. Parallèlement, les associations militant pour la protection de l'animal sauvage ou domestique ou pour le rapprochement de l'animal et de l'homme se multiplient et se structurent à l'échelle internationale. Du côté anglo-saxon, cette tendance conduit à faire de l'animal un oublié ou un exclu parmi d'autres, avec la femme, l'homosexuel, le noir...

4. Jean-Pierre Digard (1999), p. 220, montre avec la notion de « système domesticatoire », les différences de traitement des animaux liées à leur place dans leur dans les sociétés occidentales : « le contraste le plus saisissant se situe entre les animaux de compagnie, omniprésents, maternés et surprotégés, parfois à l'égal des enfants, et les animaux de rente, élevés pour être mangés ou durement exploités. »

5. *Idem.*

6. Ramdane Babadji, « L'animal et le droit : à propos de la déclaration universelle des droits de l'animal », *R.J.E* 1/1999. Selon Jean-Pierre Marguenaud (*L'animal dans le nouveau code pénal*, 1995, Dalloz, p. 85-191), l'évolution de la loi pénale est significative du « dépérissement de la théorie de l'animal chose », dans la mesure où les infractions contre les animaux ne sont plus classées dans la catégorie des infractions contre les meubles. La loi du 10 juillet 1976 relative à la protection de la nature fait de l'animal « un être sensible ».

Les associations ou les groupements d'intérêt qui défendent l'animal connaissent aujourd'hui une audience nouvelle et proposent des solutions pour régler les conflits qu'engendre sa présence dans l'espace urbain, par les excréments ou plus directement, la prolifération des bêtes elles-mêmes. L'Afirac (Association française d'information et de recherche sur l'animal de compagnie) a ainsi été créée en 1977 par Ange Condoret, médecin vétérinaire, pour défendre la place et le statut de l'animal de compagnie urbain. Financée par Unisabi, fabricant de nourriture animalière[7], l'Afirac, que préside aujourd'hui Hubert Montagner, éthologue et psycho-physiologue, spécialiste de la petite enfance à l'Inserm, vend aux collectivités locales des conseils destinés à favoriser « l'insertion harmonieuse de l'animal dans la ville ». Elle propose une gamme d'interventions (*cf. encadré 1*). Également, elle a mis au point des solutions techniques permettant de gérer la présence du chien en ville : « vespachien » et « canisite » notamment. L'association a créé un véritable réseau de villes (le « Club des villes »). Ses membres bénéficient des services de l'Afirac et participent aux rencontres du Club des Villes ou de certains colloques, qu'on pourrait considérer comme de la propagande zoophile. Mais le nombre et la qualité de certains conférenciers, essentiellement des personnes issues des professions de santé (vétérinaires[8], médecins, psychologues, éthologues) et l'intérêt manifesté par de nombreux participants issus d'horizons divers incitent à ne pas méconnaître l'enjeu que constitue l'animal en ville. L'Afirac est membre de l'IAHAIO (International association of human-animal interaction organisations), structure d'origine anglo-saxonne créée en 1990, qui a pour objectifs de favoriser « la compréhension des relations homme/animal », d'encourager les travaux de cette « jeune science »[9]. Elle soutient les analyses relatives à l'apport bénéfique de l'animal pour les personnes dépendantes et socialement fragiles (handicapés, gens très jeunes ou très âgés) et en assure la diffusion. Elle se fait le relais d'un courant d'idées sur l'importance d'une communication non verbale, faisant appel au toucher, à la vue, à l'odeur, à une sensorialité étendue... Elle défend également l'idée du caractère originaire, « primordial », des rapports à l'animal.

Deuxième récit : le chat libre

La place faite à l'animal dans la ville évolue. Et pas seulement celle du chien. Jusqu'en 1999, le chat errant était passible de fourrière. Depuis le 6 janvier de cette année, la loi

7. Jean-Pierre Digard (1999) p. 99 : Premier fabricant d'aliment français pour animaux (45 % du marché avec les marques Canigou, Frolic, Kitekat, Pedigree, Pal, Ronron, Sheba, Whiskas) et filiale du géant américain Mars.

8. Les vétérinaires se réapproprient aujourd'hui un savoir comportementaliste qu'ils diffusent de façon active auprès de leurs clients : ils sont des acteurs privilégiés de la reconstruction actuelle des représentations de l'animal de compagnie.

9. Les objectifs de la 11e conférence sur les interactions homme-animal *cf.* http://www.iahaio.org/ (consulté en juin 2008) sont : un point sur les recherches concernant les interactions homme-animal ; y compris l'intervention thérapeutique, éducative ou sociale ; un forum international de rencontres des chercheurs et professionnels ; le développement en Asie de telles problématiques. L'audience est constituée de vétérinaires, éthologues, psychologues, zoologistes, etc.

Encadré 1

Cela comprend le conseil – elle met à disposition une gamme d'experts, spécialistes de l'aménagement et de la gestion urbaine – le diagnostic-programme – outil d'audit pour mieux connaître la réalité de l'animal en ville – l'animation de groupes et la formation des intervenants locaux autour de l'animal – afin d'accompagner la démarche des collectivités locales. L'Afirac répond ainsi, explique son responsable, à une forte attente des collectivités locales : après les années 1970 où l'animal dans la ville a souvent été négligé, les années 1980 ont été celles de l'expérimentation, les années 1990 celles d'un début de généralisation et les années 2000, celles de son extension.

Le Prix Afirac de l'Animal en ville, a pour vocation de signaler les villes qui innovent en direction des possesseurs d'animaux de compagnie, de promouvoir les bonnes pratiques et d'encourager les acteurs locaux les plus entreprenants dans ce domaine. Le jury du Prix Afirac 2004 de l'Animal en ville a récompensé la ville de Charleville-Mézières (Ardennes – 58 100 habitants) comme lauréate parmi les 25 villes candidates, pour son projet qui mobilise les agents dans le cadre d'une formation à la médiation, en impliquant les habitants dans le cadre d'une charte, en s'intéressant tant aux animaux de compagnie qu'à la faune sauvage. Une mention spéciale a été attribuée à la ville de Rennes (Ille-et-Vilaine – 212 500 habitants) pour la pérennité de son action depuis 1980. La ville de Rennes avait déjà été distinguée lors de la Conférence internationale sur les relations homme/animal à Genève en 1995. La fondation Adrienne & Pierre Sommer a souhaité attribuer trois bourses de 3 000 euros chacune à des programmes impliquant la participation des enfants âgés de six à douze ans. Les villes de Buxerolles (Vienne – 8 900 habitants), Chartres (Eure-et-Loir – 42 000 habitants) et Fontenay-sous-Bois (Val-de-Marne – 51 300 habitants) ont été distinguées. Par ailleurs, le jury a décerné, à l'unanimité, une mention spéciale à la régie de quartier d'Angers (Maine-et-Loire – 156 300 habitants) et à la ville de Montbéliard (Doubs – 27 600 habitants) pour la qualité et la cohérence de leurs actions. Cette seconde édition du Prix Afirac de l'Animal en ville, était placée sous le parrainage du ministre de l'Agriculture et l'Afirac avait pour partenaires *La Gazette des communes, Le Courrier des maires*, l'Association des ingénieurs territoriaux de France, le Syndicat national des vétérinaires d'exercice libéral et le magazine *30 millions d'Amis*. Enfin, la fondation Sommer, placée sous l'égide de la Fondation de France, s'est pour la première fois associée à ce prix.

le protège[10], dans la mesure où quelqu'un s'en porte responsable. Ces nouveaux chats « libres » (ni domestiques, ni errants) peuvent vivre dehors, dans les espaces publics :

> Le maire peut, par arrêté, à son initiative ou à la demande d'une association de protection des animaux faire procéder à la capture de chats non identifiés, sans propriétaire ou sans gardien, vivant en groupe dans des lieux publics de la commune, afin de faire procéder à leur stérilisation et à leur identification, préalablement à leur relâcher dans ces mêmes lieux. Cette identification doit être réalisée au nom de la commune ou de ladite association.

L'École du chat libre, association créée en 1978 (Blanc, 2000, p. 156), est à l'origine de cette politisation de la question du chat des villes. L'association – forte de plus de 180 comités essentiellement dans le Nord, très urbanisé, et plutôt dans les villes où existent des sociétés de capture, et de 600 adhérents en France – est composée presque exclusivement de femmes qui se nomment elles-mêmes « mères nourricières » ou « nourrisseuses ». Dans l'ensemble, les citadins interrogés les imaginent solitaires, et même misanthropes, avec un fort besoin de materner. « Je ne connais pas de grands-mères qui soient entourées de leurs enfants et petits-enfants qui iraient nourrir les chats ! Ce sont en général des gens très solitaires. Ils sont plus pitoyables qu'autre chose ! » dit un parisien d'une cinquantaine d'années, plutôt aisé. À l'inverse, pour les militantes pro-animal de l'École du chat ou de la Société protectrice des animaux, être mère et infirmière est positif : « Les femmes s'occupent de la misère du monde. Mères et infirmières » dit la première ou encore, explique Jacqueline Faucher, ex-présidente de la SPA : « La nature, c'est une chaîne. Nature dont nous sommes tous locataires. On ne peut pas aimer la nature sans aimer les animaux. En tant qu'infirmière, une vie, c'est sacré ! » En outre, le rôle du chat dans la communauté esthétique des vivants est bien explicité par une femme qui y voit un élément indispensable d'une grande chaîne dans un tableau paradisiaque.

Pour expliquer le rôle de la femme dans les mouvements de protection de l'animal, les « mères nourricières » ou membres d'associations soulignent volontiers le rôle ancestral de la femme comme figure maternelle et protectrice du vivant : « C'est Dieu qui a donné la charge aux hommes de s'occuper des êtres humains et aux femmes des enfants et des animaux… » Pourtant, explique un homme, nourrisseur de chats dans le 20e arrondissement, « si les femmes sont nombreuses à s'occuper des chats errants, elles ne le sont pas autant dans des organisations, telles que le WWF[11], qui protègent des espèces en danger, et non des petites bêtes, inutiles ». Il

10. Loi n° 99-5 du 6 janvier 1999 relative aux animaux dangereux et errants et à la protection des animaux, page 329 du *Journal Officiel*.

11. Worl Wildlife Fund est la première organisation mondiale de protection de la nature, avec 4,7 millions de membres à travers le monde et un réseau opérationnel dans 96 pays proposant 120 000 programmes de protection de la nature. Le WWF-France, créé en 1973, a une structure permanente de 50 personnes (conservation, développement, communication, administration), 100 000 membres donateurs et des centaines de bénévoles qui participent aux programmes de conservation et aident au bon fonctionnement du WWF. L'organisation a une réelle volonté d'impliquer l'ensemble des acteurs concernés : communautés locales, entreprises, gouvernements, organisations internationales et non gouvernementales.

ajoute : « Les femmes veulent plus faire dans leur entourage immédiat alors que les hommes veulent agir sur des espaces beaucoup plus grands. »

Troisième récit : l'animal sauvage

L'animal « sauvage » est également l'objet d'une prise en charge collective par les municipalités ou les associations, également désireuses de favoriser son existence dans l'espace urbain. La ligue pour la Protection des oiseaux (LPO) accompagne la mise en place de refuges pour les oiseaux sur les balcons ou dans les petits jardins urbains : c'est un « loisir 100 % naturel pour toute la famille ! »[12] Le service Paris-Nature de la mairie de Paris, créé en 1985, a fait réaliser des inventaires scientifiques sur les oiseaux, les invertébrés et les mammifères de la capitale, et diffusé de nombreux documents pour transmettre la connaissance naturaliste aux visiteurs des parcs et des jardins (dépliants *Sentier-nature*, affiches placardées sur les panneaux). Dans les premiers temps, explique Claude Frison[13], la faune était privilégiée, « considérée comme beaucoup plus médiatique que la flore. Cette tendance s'est presque renversée du fait de l'engouement du public pour les plantes et le jardinage. » D'autres communes, en France et à l'étranger, ont réalisé des opérations comparables.

Ces inventaires montrent que certains espaces urbains – interstices non construits, faiblement aménagés – fonctionnent comme de véritables refuges pour de nombreuses espèces animales. La reconnaissance de la faune sauvage va de pair avec de nouveaux principes de gestion des parcs, jardins et espaces verts synthétisés depuis peu sous le terme de « gestion différenciée »[14]. Ainsi, à Paris, la modification du traitement des berges dans les bois de Vincennes et de Boulogne favorise les hautes herbes qui abritent les grenouilles.

Cette faune inventoriée par les scientifiques, et pour laquelle se passionnent de plus en plus d'amateurs[15], est cependant encore mal connue – voire pas du tout – par la plupart des citadins. Comme animal sauvage, ils citent seulement les oiseaux – certains comme les étourneaux, par exemple, quand ils sont envahissants sont l'objet de plaintes – parmi lesquels les faucons crécerelles très médiatiques et les bêtes des zoos. Emblématiques de la sauvagerie, de la beauté naturelle, on décrit ces

12. Dépliant 2001, *Créez un refuge LPO chez vous, un jardin d'oiseaux.*

13. Claude Frison, « Nature urbaine, pédagogie et communication », *Sauvages dans la ville*, JATBA, 1997, vol. XXXIX (2), p. 362.

14. *Vers la gestion différenciée des espaces verts*, Strasbourg, 24-25 au 25 octobre 1994, Actes du colloque européen, CNFPT, IVF suivi *De la gestion différenciée au développement durable*, Actes du colloque européen, Strasbourg 6-7 juin 2000, CNFPT, IVF. Plus récemment (8 et 9 décembre 2005) organisé par le CNFPT et l'association des ingénieurs de France : *La ville durable et ses territoires de nature : politiques vertes et évaluations.*

15. Voir par exemple Jean-Pierre Henry et Hervé Maurin, « Les inventaires du patrimoine naturel en milieu urbain : Paris », *Sauvages dans la ville*, JATBA, 1997, vol. XXXIX (2), p. 333-355.

derniers comme des animaux malheureux, privés de liberté. On est loin des comportements violents à l'égard des animaux en cage décrits au début du siècle[16].

Le citadin voit son lieu de vie policé : il y reconnaît l'animal domestique, mais il ne voit du sauvage que ce qui a été fortement médiatisé : par exemple, le faucon crécerelle ou l'hirondelle des fenêtres. Ces oiseaux sauvages, qui ne sont pas fixés en ville, représentent une nature emblématique de liberté. Le sauvage, c'est aussi la faune déplacée dans les zoos : l'idée de la souffrance animale associée au spectacle de l'enfermement fait de plus en plus horreur. Le succès des zoos sans barreaux, puis des parcs animaliers, des safaris-photos révèle cette ambiguïté du citadin. Amateur d'exotisme et d'une sauvagerie – largement fantasmée et faisant fort peu intervenir de connaissances naturalistes – où l'artifice de la mise en scène lui présente l'animal comme libre, l'habitant des villes oublie que son confort repose sur la maîtrise du sauvage ; une maîtrise que signifie l'ordonnancement spectaculaire de la ville.

Quatrième récit : l'animal non désiré

Les associations et les services des villes se partagent différents groupes du règne animal : pour faire vite, le domestique est en majorité associatif et le sauvage, en majorité municipal. Nombre d'animaux errants, outre le chat, sont acceptés (et nourris) dans des villes : à Moscou, par exemple, environ 30 000 chiens vivent en meute dans les friches industrielles de la capitale. Mais il est un groupe d'animaux que tous rejettent comme des nuisances dans l'espace urbain. À Paris c'est la trilogie blatte, pigeon et rat. Dans d'autres villes, cela concerne les étourneaux (Sauvage, Clergeau, 2005). Ces nuisibles n'ont pas de supporters, ils sont seuls dans la vie publique et peuvent devenir tellement envahissants qu'ils ne semblent avoir besoin de personne pour se défendre.

La blatte, nom scientifique, ou cafard, nom commun (*cf. encadré 2*), révèle des aspects ignorés de la vie urbaine et n'a pas sa place dans les représentations dominantes de la ville propre et policée. C'est une « bestiole », un « nuisible » qu'on voudrait exterminer, disent dans l'ensemble les personnes interrogées – à la différence du pigeon[17] que beaucoup de personnes, même dérangées par sa présence, ne souhaitent pas voir

16. Eric Baratay, Elisabeth Hardouin Fugier (1998) p. 201 : « La démocratisation des jardins (zoologiques) fait entrer un public plus modeste, habitué à la violence dans les rapports sociaux et à la brutalité envers les animaux, une attitude fréquente en ville ou dans les campagnes. « L'auteur cite une surveillante d'un zoo au début du siècle : « Tout le long du jour, une immense foule tracassière et tapageuse défila devant les cages. Cette multitude, qui aurait été saisie d'une panique mortelle en apercevant à distance une seule de ces bêtes en liberté, se délectait à les voir ainsi désarmées, humiliées et avilies. Elle se vengeait de sa propre lâcheté en les narguant, en les interpellant avec une grosse voix, en secouant les chaînes, et les réclamations du gardien se heurtaient à cet argument sans réplique : « j'ai payé. » On assiste au XIXe siècle à une magnification du sauvage et de la lutte imaginaire entre hommes et bêtes (qui correspond également à une conquête coloniale).

17. Ou pigeon biset de ville, *Columbia livia*, qui font partie intégrante du paysage urbain : jusqu'aux dernières années du XIXe siècle, les pigeons de ville n'étaient présents à Paris que dans les pigeonniers où ils étaient élevés par des particuliers. On estime que ce sont des individus issus de ces élevages et retournés à la liberté qui sont à l'origine de la population actuelle. On notera que la ville peut jouer un rôle de transformation de certaines espèces ; il en va ainsi de l'installation progressive du pigeon ramier (*Columba palumbus*) dont la population, en l'absence de prédateurs, s'est considérablement accrue.

éradiquer. La blatte est ce qui nous survit, ce qui résiste. Elle n'est pas associée à l'idée du sauvage : vivant dans la maison, mais fuyant à l'approche d'êtres humains, elle n'est ni sauvage, ni domestique, simplement non désirée. Elle échappe aux procédures de contrôle urbain. Elle représente une « goutte d'eau » qui se glisse dans les failles du système urbain et profite de ses fêlures mais, à l'évidence, pas vraiment cette « nature » que Jean-Marc Drouin (1997, p. 80) définit comme « tout ce qui nous résiste, nous surprend et nous échappe, nous inquiète et nous enchante. » Les représentations de cet insecte en font un animal symbolique plus que naturel : sa couleur sombre et son comportement lucifuge la rendent emblématique de la saleté ; elle montre l'exclusion des pauvres de la société. Une habitante d'un grand ensemble du XXe arrondissement de Paris s'étonne ainsi qu'on puisse en trouver dans le XVIe arrondissement. Sur le plan du fonctionnement social, le rôle de la blatte conforte ainsi ce qui fait une société saine : « L'impur, le sale, c'est ce qui ne doit pas être inclus si l'on veut perpétuer tel ou tel ordre » ou « la saleté est le sous-produit d'une organisation et d'une classification de la matière, dans la mesure où toute mise en ordre entraîne le rejet d'éléments non appropriés » (Douglas, 1992). L'animal en ville traduit un espace où s'opposent et se contredisent les couples suivants : beauté et propreté vs laideur et saleté ou encore ordre et désordre.

Encadré 2

La distribution des blattes est mondiale : de l'Arctique à l'Antarctique en passant par les Tropiques. Elles se sont répandues en suivant les routes commerciales maritime, terrestre ou aérienne. Leur présence a d'abord été signalée dans des villes portuaires, puis ensuite dans les villes importantes. Parmi les 3500 espèces de blattes connues, la grande majorité vit en milieu tropical. 50 espèces seulement occupent des habitats humains. En France, on trouve uniquement trois espèces de blattes : *Blatta orientalis L., Blattella germanica (L.) et Supella Longipalpa (F.)* qui diffèrent par bien des points de leur cycle de développement, de leur biologie et écologie. Le travail porte uniquement sur *Blattella germanica* qui est une espèce de petite taille (12-15 mm au stade adulte) de couleur brun clair avec deux bandes longitudinales noires. Les espèces urbaines sont thermophiles, omnivores et lucifuges, présentent des caractères ubiquistes, avec des exigences écologiques relativement larges, une stratégie de reproduction telle que le nombre de jeunes produits est élevé (même si peu d'entre eux atteignent l'âge adulte lorsque les conditions deviennent défavorables). La plupart des espèces trouvées en milieu urbain, dites domestiques, ne sont présentes que dans les habitations humaines et ne sont plus recensées dans le milieu naturel (milieu forestier par exemple). Leur niche écologique, leur « milieu naturel », est devenu un milieu totalement artificialisé. *Cf.* le rapport *Les blattes en milieu urbain*, Plan urbain/SRETIE, 1995.

L'ANIMAL POLITIQUE

Absent de l'espace urbain

À la différence du végétal, l'animal, même si on reconnaît son importance comme compagnon, participe peu des récits qui donnent leur épaisseur historique et sensible à la vie urbaine ; il n'est pas un élément de l'aménagement ou du paysage urbain. Si le végétal est depuis longtemps considéré comme un facteur et un instrument de l'amélioration des conditions de vie en ville, l'animal a été rejeté du côté des forces destructrices et dangereuses. C'est au XIXe siècle que le végétal prend pleinement sa place dans les politiques d'aménagement. Dans le même temps, l'étude des annales, des traités et des rapports du Conseil de salubrité de la Seine montre le développement des préoccupations à l'égard des vacheries, des porcheries[18]. Les médecins hygiénistes débattent de l'équarrissage, de l'abattage des animaux, des risques de maladies liés à ces activités. Ils décrivent jusqu'au développement des asticots dans les charniers montrant une ville très vivante[19].

Dans la deuxième moitié du XIXe siècle, les plaintes se font nombreuses. On dénonce les cris et le vacarme occasionnés par les animaux et le spectacle violent de la maltraitance animale : violence que l'on imagine rejaillir sur les comportements des hommes entre eux. Les défenseurs des animaux s'organisent, la Société protectrice des animaux est fondée en 1845. Maurice Aguhlon (1998) a montré que l'animal n'était pas protégé pour lui-même : « La protection des animaux voulait être une pédagogie, et la zoophilie l'école de la philanthropie. C'était un problème de relation à l'humanité, et non de relation à la nature. » Alain Corbin (2000, p. 216) a constaté que les parfums musqués, si forts en vogue au XVIIIe siècle, sont désormais assimilés à l'odeur animale, de même que l'odeur de l'homme pauvre, et donc rejetés un siècle plus tard au profit des senteurs florales : « la crainte des ravages exercés par les parfums animaux sur le psychisme de ceux qui les portent s'accentue ; elle accompagne les débuts de la psychiatrie. » Le végétal pare et embaume la ville, l'animal la dépare et l'empuantit :

> Le symbolisme envahissant de la femme-fleur naturelle et doucement parfumée révèle la ferme volonté de contenir les affects. Les délicates senteurs signent l'image d'un corps diaphane, que l'on voudrait simple reflet de l'âme. Ambitieuse stratégie qui tente de désamorcer la menace de l'animalité, d'assagir les pulsions de la femme. On la veut rose, violette ou lys, surtout pas féline ou musquée (Corbin, 1986, p. 218).

---

18. Étude des rapports du Conseil de salubrité de la Seine et des Annales d'hygiène publique et de médecine légale. Sabine Barles (1999), montre l'importance des déjections et des restes des animaux dans l'élaboration d'une politique urbaine transformant le milieu urbain en milieu technique.

19. L'hygiénisme a un rapport étroit avec l'urbanisme puisque les techniques d'aération des villes et des logements seront construites en partie contre les miasmes animaux : « La respiration des animaux, les fermentations, les combustions, et enfin les effluves de toutes espèces corrompraient bientôt l'air de l'atmosphère et le rendraient mortel à tous les animaux si la nature n'avait pas trouvé un moyen de ramener l'air corrompu à l'état d'air commun : c'est la végétation des plantes », écrit Lavoisier en 1788. Dans l'ordre du vivant, le règne végétal supplée la neutralité du minéral pour réduire les nuisances du règne animal. D'où les plantations le long des boulevards qui parent la ville de « pompes aspirantes et foulantes mues par l'air, régulant ainsi la circulation verticale des vapeurs ».

Il y a pourtant des exceptions : l'oiseau, traité en élément décoratif (volières, canards sur plan d'eau, paons...) et la ménagerie, bâtiment qui conserve son prestige aristocratique dans les parcs et les jardins publics.

Il est probable que la façon dont est pratiqué l'urbanisme, reposant sur la technique du plan, ne permette pas de prendre en compte l'animal : à la différence du végétal, il n'a pas d'étendue, de spatialité, on peut difficilement lui assigner une place puisqu'il est mobile. Bref, sinon enfermé dans les cages des zoos, il n'entre pas dans le cadre de l'urbanisme, au sens du moins qu'Henri Lefebvre lui donne. Par « habitat », cette conception de l'urbanisme entend une somme de contraintes, une rationalité à l'état pur qui s'impose de manière autoritaire. C'est la logique sans habitants des projets d'urbanisme. Henri Lefebvre (1968-1972, p. 25) définit au contraire le terme habiter par la relation tissée entre l'habitant et l'espace urbain, et qu'il nomme « l'urbanité ». De fait, le primat du végétal montre que la ville est vue comme un décor et non comme un univers de relations. La pratique de l'aménagement urbain définit des espaces indépendamment des relations qui s'y opèrent, des récits nés des rencontres y compris avec l'animal qui peuvent y prendre place. Les débats relatifs au « paysage urbain », qui valorisent le végétal comme élément de liaison urbaine, s'inscrivent dans le prolongement de cette idéologie. L'organisation de l'espace est censée contribuer au bien-être social : un milieu sain pour un citadin heureux. Comme l'urbanisme, discipline professionnelle où se retrouvent beaucoup de géographes, la géographie a essentiellement abordé les aspects inertes de la nature, le substrat physique, l'étendue et ses formes, c'est-à-dire les éléments non vivants, terre, air, eau[20]. Les espèces végétales et animales ne font partie de la discipline que dans la mesure où elles participent à structurer l'étendue terrestre, et alors constituent une forme, ou comme ressources (troupeau, pêche...). Ce qui distingue l'animal de la nature géographique, c'est sa locomotion d'une part ; celle-ci est à la source des maux qu'il engendre : déplacement d'un appartement à l'autre, provenance étrangère... D'autre part, l'animal ne structure pas la face de la terre ; il joue un rôle structurant dans les rapports société/nature et dans l'élaboration d'un milieu de vie. L'animal ne fournit pas les mêmes informations sur le milieu que des éléments inertes, qui semblent préexister au construit, comme le relief ou le climat ; par contre, en tant qu'être vivant, l'animal a une histoire, une croissance, un développement. Cette histoire est aussi celle de l'espèce. Elle « s'anastonomose » avec celle de l'être humain. Elle informe donc le milieu autrement qu'une espèce non douée de locomotion, de possibilités d'action, telles les plantes. Enfin, certaines espèces comme la blatte envahissant les milieux urbains perturbent même la lecture des lieux ; de manière générale la présence incongrue des « invasifs » interroge la représentation de la nature des espaces. En effet, si l'activité humaine contribue à ensevelir[21] la naturalité du sol urbain, à le recouvrir, mais aussi à rendre plans des reliefs qui

20. Signalons la parution récente (2004) de l'ouvrage de Xavier de Planhol : *Le paysage animal : l'homme et la grande faune, une zoogéographie historique*, Paris, Fayard.

21. Le sol urbain est une partie souvent oubliée de la ville. De ce fait, depuis le XVIIIe siècle, il s'agit de recouvrir un milieu vivant siège de décompositions morbides. Les modes de représentation de l'espace urbain à travers le plan contribuent également à faire oublier cette épaisseur de la ville. Pourtant la nature du sol participe aussi du paysage urbain.

contribuaient au repérage dans l'espace et donc à la construction de l'espace urbain, la nature vivante resurgit, car elle vit, elle pousse, elle évolue. Elle est difficile à maîtriser et prolifère dans les endroits cachés. Ceci vaut pour les animaux comme pour les végétaux. Mais ces derniers inquiètent moins.

Élément de communication

Revenons aux mouvements qui valorisent la relation entre les hommes et les animaux et militent pour leur présence en ville, en particulier dans l'espace public. Comment expliquer leur puissance ? On peut d'abord invoquer la mode, déjà ancienne, de la figure animale dans la littérature pour enfants, dans les films ou dans les documentaires télévisés[22]. Cette mode a largement précédé le développement de la sensibilité écologique, et les deux histoires sont différentes. Parmi les mouvements pro-animaliers, on peut d'ailleurs faire la distinction entre ceux qui revendiquent un lien avec l'écologie, et les autres. Leur argumentation pour défendre l'intérêt du rapport entre les hommes et les animaux n'est pas la même. Les premiers parlent « biodiversité », les seconds « compagnonnage ». Ces courants ont cependant en commun de contribuer à une profonde transformation de notre perception de la nature, d'un récit commun entre l'homme et la nature et de la frontière entre l'humain et le non humain. Dans les deux courants, on discute de la reconnaissance du « sujet non humain » dans la vie de la cité, de ses droits, de la valeur de citoyenneté qu'il apporte.

Un des enjeux du débat est la communication non verbale, que les militants pro-animaliers valorisent au point de mettre l'homme et l'animal sur un même plan, contrairement à ceux pour lesquels langage et pensée rationnelle sont le privilège des êtres humains. Pour de nombreux chercheurs, l'exercice de la pensée implique la faculté de langage. Dès lors, évidemment, la pensée serait un attribut exclusif de l'homme. La version la plus radicale de cette position pourrait se formuler en ces termes : « l'homme pense sa parole avant de parler sa pensée. » Prise au pied de la lettre, la formule signifierait que la possession du langage n'est pas seulement la condition de pensée mais « sa matière » et, cela, doublement : la pensée penserait en paroles, la pensée penserait sur les paroles.

Pour d'autres, moins nombreux et assurément minoritaires dans le camp des sciences de l'homme, la confusion entre l'activité de pensée et l'activité de langage est inacceptable. Le langage manifeste n'est pas, selon eux, l'abri ou le réceptacle de la pensée. Parmi ces derniers, Frédéric Joulian explore les techniques du corps des chimpanzés dans leur milieu naturel, montrant qu'ils sont capables de conscience réfléchie, ont des intentions, font preuve de savoirs spécialisés et collectifs et ont des traditions. La communication gestuelle est reconnue.

22. Eric Baratay, Elisabeth Hardouin Fugier (1998) p. 215. La volonté de respect et de communion à l'égard des animaux sauvages et de la nature prend naissance au début du siècle : « On peut l'appréhender, sans pouvoir encore l'expliquer, à travers l'immense littérature qui se développe d'abord dans les mondes anglo-saxons et germanique avec les best-sellers que sont *Le livre de la jungle* (1896) et *Kim* (1901) de Kipling. » Après 1945, l'attention pour la nature suscite de nombreux films animaliers, comme ceux de Disney, puis dans les années 1960, *La fête sauvage* de Frédéric Rossif, les multiples réalisations du commandant Cousteau ainsi que récemment l'incroyable succès de *Microcosmos* concernant le monde des insectes pourtant, peu valorisé.

La question de la communication non-verbale a des conséquences multiples: non seulement, elle touche au statut du langage, mais aussi à celui de la pensée et de l'espèce humaine et à la conception de sa relation à d'autres espèces. Cette attitude d'ouverture va de pair avec la revalorisation des contacts humains-animaux: médecins et associations considèrent la compagnie de l'animal salutaire pour les personnes âgées et les enfants malades ou d'autres catégories de personnes « débilitantes ». Le contact de l'animal ouvre la voie de l'expérience partagée. Depuis Uexhull (1956), la tique a un monde et l'être humain fait partie de ce monde; tout animal, aussi « pauvre en monde » soit-il, peut-être considéré comme associé à un environnement doté de qualités.

Cette attitude qui refuse la séparation entre hommes et bêtes se retrouve aussi dans les courants « antispécistes », militants contre la hiérarchie des espèces. Pour ces militants, le projet ultime de l'activité morale est la maximisation de la somme de bonheur dans le monde: or les animaux, quelle que soit leur espèce, sont susceptibles d'éprouver plaisir et souffrance; on ne saurait donc établir de distinction homme-animal, ni de distinction entre un chien et un rat… Cependant ces approches rencontrent de fortes critiques: mettre sur un plan l'homme et d'autres espèces au nom d'une approche naturaliste faisant intervenir les sciences cognitives ne relève pas des sciences de l'homme (Joulian, 2000, p. 51). Valoriser la communauté des vivants au nom d'une souffrance partagée revient à rendre universelle la culpabilité et légitime le droit des victimes.

Cependant, ces mêmes défenseurs de la communication avec l'animal montrent leur partialité. Pour eux, les propriétaires d'animaux souvent issus de milieux populaires sont coupables; ils attribuent une pensée à l'animal familier. « Non seulement l'être adoré est exalté au-delà de tous les autres, mais l'exemple qu'il offre est jugé unique au sein de son espèce ». Ces amoureux des animaux exagéreraient. Cette capacité à attribuer de la pensée à l'animal au point de communiquer avec lui résulte aussi d'un partage de la vie quotidienne. Cet exemple montre qu'au sein de la communauté scientifique notamment on distingue encore une attitude populaire « bête » envers l'animal et une attitude savante qui contribuerait à une prise de distance[23].

Un lien « affectueux »

L'individualisation de l'animal s'opère au travers d'un compagnonnage. L'animal domestique transforme les espaces publics en des lieux de rencontre potentiels avec d'autres propriétaires; il invite à la communication, à développer une sociabilité urbaine. L'étude de la relation à l'animal oblige à traiter de la place de la nature dans l'investissement concret du logement, de l'immeuble, de la ville; du dedans au dehors, des couloirs de l'immeuble à l'espace de la place. La présence de l'animal « déchaîne » du concret, met en relation l'espace privé du logement et l'espace public. L'animal mobilise des relations sociales alors que le végétal n'est que décor; il entre

---

23. Nathalie Blanc, 2000, *Les animaux et la ville*, Paris, Odile Jacob. Je montre à quel point les débats autour de l'animal font le *distinguo* entre attitude populaire et attitude savante vis-à-vis de l'animal. Les pauvres et simples d'esprit tendraient vers la bête, les intellectuels sauraient établir une distance à l'animal avec moins de passion.

dans le besoin de relations des citadins et, à ce titre, peut modifier la qualité sociale de la vie en ville alors que le végétal, élément statique, n'est que l'élément constituant d'un espace où se pratiquent certaines activités des citadins. L'effacement de l'animal des textes des urbanistes témoigne bien de cette différence de statut.

Cependant les représentations des professionnels évoluent et les urbanistes appréhendent la place de l'animal de manière nouvelle. Charles Lambert, président de la Société française des urbanistes (SFU), explique ainsi en 2001 :

> La prise en compte de l'animal urbain participe d'une conception renouvelée de l'urbanisme, plus proche de la vie quotidienne et intégrant le plaisir des habitants. L'animal doit s'inscrire dans les espaces de la ville comme les espaces naturels. Aujourd'hui, la ville ne doit plus être gérée seulement comme un lieu de production, un site de migration domicile-travail, un pôle administratif…, mais aussi comme espace de vie dans tous les sens du terme dans lequel « l'affectueux » répond au fonctionnel[24].

Histoire d'un monde en paix

Un autre récit donne à l'animal sa dimension mythique et justifie sa réinscription au cœur de la ville. Le cadre édénique des « nourrisseuses » d'animaux se réclame d'une vision utopique de la ville, du Paradis, comme l'explique une nourrisseuse du XXe arrondissement parisien :

> L'animal fait partie de la nature ; sans lui notre environnement se réduirait très strictement à une nature morte sertissant le béton. La présence des animaux dans les villes est pour l'homme un facteur indispensable d'équilibre et d'harmonie. Bien sûr, cette présence doit s'inscrire dans des limites raisonnables.

La revendication du paysage urbain va de pair avec un bien-être ; il faut être satisfait de sa vie en ville pour regarder, admirer, contempler les milieux urbains. Pour s'investir réellement, il faut tout d'abord se trouver bien, qu'il y ait une sorte d'équilibre entre désir de vie et cadre de vie, en bref, qu'on ait le sentiment d'une vie de qualité. En outre, valorisant cette place prise par l'animal en ville, les partisans de la biodiversité luttent pour la place de l'animal « sauvage » – et parmi eux ne se trouvent ni le chat, ni le chien, ni aucun des animaux familiers ou même le rat, la blatte. La biodiversité intéresse de plus en plus les villes du Nord (Paris, Stockholm ou, encore, New-York) et du Sud (Cape Town, São Paulo)[25]. La prédominance de l'approche naturaliste est indéniable : les composantes sociales et culturelles sont considérées comme des variables. Dans les villes européennes, les enjeux portent sur

---

24. Enquête exclusive « 93 villes où il fait bon vivre chien », *30 millions d'amis*, février 2001, n° 168, p. 28-36.

25. *Cf.* le colloque « Biodiversité : science et gouvernance » organisé par la France et l'Unesco en 2001 : http://www.unesco.org/mab/index.htm (consulté 06-2008). Comment l'éducation et l'éveil écologique peuvent-ils contribuer à élaborer des stratégies permettant d'éviter le déclin de la biodiversité dans un espace européen de plus en plus urbain ? Le troisième engagement de charte d'Aalborg signé par la ville de Paris en 2007 renvoie à la responsabilité de protéger et d'assurer l'accès équitable aux biens communs dont fait partie la biodiversité. Celle-ci est évaluée notamment en termes de services qu'elle rend à l'espèce humaine (nourriture mais aussi pharmacopées etc.). Le compte à rebours 2010 reconnaît l'importance du travail avec les collectivités et les villes pour assurer cet objectif. La ville de Tilburg en Hollande est la première à avoir signé cet engagement. Voir Countdown2010.net.

le cadre de vie ; dans les villes du Sud, les dimensions sociales et vivrières sont plus présentes. Cette attention correspond aux interrogations suscitées par l'expansion des systèmes urbains et leur impact sur les territoires et la biodiversité qu'elles modifient. Les villes jouent un rôle déterminant dans l'érosion de la biodiversité par la pression qu'elles exercent sur leur environnement direct ou indirect. Oui : dans le contexte de questionnement sur la biodiversité, la biodiversité urbaine est un enjeu mineur. Cependant, un tel questionnement oblige à penser les milieux urbains comme des milieux composites. En outre, l'étalement urbain provoque une hybridation des espaces ainsi que des espèces, la ville devenant un milieu d'accueil pour des espèces provenant d'autres écosystèmes (le cafard est d'origine tropicale). Dans ce domaine, la richesse spécifique de Paris[26] est explicable

> [par la] position biogéographique stratégique de la capitale, la mauvaise qualité des écosystèmes qui l'entourent, le grignotage progressif de la ceinture verte Île-de-France en première couronne, la réduction de l'usage des pesticides par la ville, les sources de nourritures variées et en toutes saisons, une climatologie plus tempérée que dans les campagnes alentour, l'absence de nombreux prédateurs, de nombreux micromilieux, l'apport régulier d'espèces par les voies de communication, les aéroports et le fleuve (Lapp, 2005).

Cette diversité des espèces animales et végétales participe de l'enrichissement du cadre de vie citadin ; plus de végétaux, plus d'animaux, plus d'espaces libres…

En somme et pour finir, les différents rôles donnés au végétal et à l'animal dans la ville européenne témoignent de leurs statuts respectifs dans la société en général. Le végétal est exclu de la loi et sa mort n'est suivie d'aucun rite funéraire comme le montre Dominique Lestel (1998, p. 686) :

> Plus proche de l'objet que de l'être vivant, il n'est pas trivial de noter que le végétal n'a pas ce statut privilégié – ce qui n'exclut pas qu'il puisse avoir une place importante dans l'économie matérielle ou spirituelle de l'homme. Quelques-unes des différences de statut entre l'animal et le végétal sont d'ailleurs éloquentes : le végétal est exclu de la loi (il n'y a pas de délit contre les végétaux comme il en existe contre l'animal), de la médecine (il n'existe pas pour les plantes l'équivalent du vétérinaire), des rituels funéraires (aucune culture n'a jamais enterré ses fleurs). Inversement, la défense d'une nourriture exclusivement carnée n'a jamais été sérieusement défendue.

Ceci explique peut-être qu'il puisse être encore considéré comme un matériau. L'intérêt qu'on manifeste désormais à l'animal, dans la mesure où il tend à participer de plus en plus étroitement aux divers « récits urbains », du compagnonnage à la nature dans la ville, exprime une autre idée de la ville, considérée comme un milieu, accueillant une pluralité d'espèces, même si certains animaux restent exclus, ou mal

---

26. Les plans d'urbanisme intègrent la biodiversité. Le récent Plan local d'urbanisme (PLU) de la ville de Paris, instauré dans le cadre de la mise en œuvre de la loi SRU (La loi relative à la solidarité et au renouvellement urbain n° 2000-1208 du 13 décembre 2000 a modifié le droit de l'urbanisme. Les PLU qui remplacent les POS tendent vers la conception d'un urbanisme de projet. Ils sont en trois parties : 1/ Le diagnostic 2/ Le Plan d'aménagement et de développement durable (PADD). Les exigences de la protection de l'environnement doivent être intégrées dans la définition et la mise en œuvre des politiques et actions des institutions (traité d'Amsterdam, 2 octobre 1997). 3/ Le règlement.) Berlin et Genève disposent aussi d'outils réglementaires.

tolérés. Sans doute, les animaux de l'ombre, blattes, rats etc. sont nécessaires pour qu'on puisse valoriser les animaux sauvages représentants de la biodiversité ou les animaux familiers montrant le lien qui unit l'animal au citadin. Les passions pour l'animal de compagnie et pour l'animal sauvage se conjuguent pour amorcer un nouveau rapport entre l'être humain et l'animal, un recadrage de l'expérience esthétique de la nature et du vivant. Une nature qui serait désormais liée à l'humain et ne lui serait plus opposée, car il se sentirait enfant de la nature et éprouverait à son égard un sentiment d'appartenance et de subordination : l'être humain se verrait dans la nature et verrait la nature en lui.

En somme, l'investissement esthétique vis-à-vis de l'animal est multiple et l'on voit converger à cet égard deux genres de réappropriation du vivant. La première concerne la nature de l'être vivant qu'est l'animal ; proche de l'être humain, sa présence, ainsi que l'observation de son comportement renvoie au caractère singulier du vivant, de chaque bête : or cette présence ou la reconnaissance de la rencontre avec l'animal, rencontre que symbolise le face-à-face (l'animal a-t-il cependant un visage ?), est une expérience esthétique forte. Elle mobilise la sensorialité, la sensibilité, mais aussi l'imagination. La représentation de l'animal a beaucoup évolué depuis quelques siècles comme en témoigne Elisabeth de Fontenay (1998). L'animal a aujourd'hui un monde et un bien-être. Deuxièmement se sentir vivant mobilise l'expérience du corps, sa capacité à sentir, à éprouver des émotions : il s'agit donc bien d'une expérience vive qui invite à ressentir son corps comme un nouveau lieu d'expression de sa subjectivité. C'est le régime esthétique du corps ; de ce point de vue, il existe des convergences entre l'expérience du corps et l'expérience de la nature. Ces convergences ou correspondances participent de la construction de l'individu contemporain. De manière croissante, les rapports au corps (*via* le sport, par exemple), au développement sensoriel (avec le yoga, par exemple) invitent à la redécouverte de soi. L'expérience esthétique semble centrale à ces modes d'affirmation des subjectivités. La maîtrise du corps est donc une des étapes du long processus d'émancipation et de démultiplication des formes de relations possibles, non plus seulement avec la société, mais avec le monde. Avec ce nouveau regard sur son corps, l'être humain se rapproche de l'animal pour qui le corps est le seul instrument (ou du moins l'essentiel) du rapport au monde. Ce processus séculaire d'émancipation sociale nous ramène à une certaine animalité. Comme toute innovation, ce corps représente aussi un marché, une nouvelle ressource pour le capitalisme. Le corps comme instrument de l'autonomie et le corps comme marchandise ne sont en fait que les deux faces d'un même mouvement, par lequel l'être humain s'affirme, en faisant « retour » vers le biologique, comme un nouvel animal. Voici les termes définissant le vitaliste et certains aspects du vitalisme (Canguilhem, 1998, p. 88). S'agit-il d'une nouvelle époque liée au développement de la biologie ? Le sentiment zoophilique et le nouveau statut de l'animal en montreraient le sens. Pour qualifier la place prise par le vivant, et l'idée de vie en général, le philosophe Giorgio Agamben parle de « biopolitique » et cite Michel Foucault (1997). En définitive, animal et homme finissent par être mis sur un même plan.

Chapitre IV

L'air comme ambiance

Dernier exemple de l'engagement esthétique à l'égard du milieu urbain, la pollution atmosphérique n'est pas une catastrophe naturelle, ni même une catastrophe totalement artificielle : elle résulte d'un croisement entre nature et artifice. Il existe des natures « naturelles » comme les orages ou les tremblements de terre, dont l'échelle renvoie à la nature comme sublime, ou encore les saisons, la neige[1], et à l'échelle du vivant, les fourmis ou champignons en ville. Les « natures sociales », produit de l'artificialisation progressive des milieux de vie, échappent partiellement à la maîtrise et renvoient, sur le mode désespéré, à la noirceur de l'humain. Il s'agit, par exemple, du bruit, des blattes et de la pollution. Enfin, il existe une « nature désirée » qui est aussi le fruit d'une introduction volontaire : ce sont les espaces verts, les géraniums, le chien et le chat dans l'espace urbain. Ainsi, il n'y a pas une nature, mais des naturalités en ville. L'exemple de la pollution de l'air, terme commun, ou atmosphérique, terme scientifique, peu abordé par les sciences sociales[2], est le versant négatif du végétal. Il s'agit de deux aspects d'une nature paysagère, l'une désirée et l'autre redoutée.

La pollution de l'air est essentiellement liée en France à la mobilité croissante justifiée par l'étalement urbain, et par les déplacements pendulaires entre domicile et lieu de travail. Sa mesure est une pratique technique, mais qui repose sur une représentation scientifique ignorée du public et parfois des techniciens eux-mêmes. Outre les difficultés relatives à cette ignorance, cela pose également la question de l'interprétation et du destinataire de la mesure, les questions de la diffusion et de la communication sur la pollution atmosphérique n'étant pas des moindres. Les pistes abordées pour traiter synthétiquement de la complexité de cette question mettent en jeu le territoire esthétique dans ses multiples composantes sensorielles.

---

1. L'ethnologue Martin de la Soudière a cherché à appréhender la question de l'atmosphère d'un point de vue plus proche de la météorologie : *cf.* Martin de la Soudière (1987) *L'hiver. À la recherche d'une morte-saison*, Lyon, La manufacture ; Martin de la Soudière (1999) *Au bonheur des saisons. Voyage au pays de la météo*, Paris, Grasset.

2. Peu de chercheurs en sciences humaines, parmi les sociologues, les anthropologues notamment, ont véritablement travaillé sur ce terrain. Des chercheurs se sont intéressés dans les années 1980 et 1990 aux questions des pluies acides, de la disparition de l'ozone stratosphérique ou du changement climatique et pour de plus récents travaux à la pollution atmosphérique sou un angle géographique : *cf.* tous les travaux précieux d'Isabelle Roussel, (2001) et de Philippe Roqueplo (1988) *Pluies acides, menace pour l'Europe*, Paris, Economica ; Philippe Roqueplo (1993) *Climats sous surveillance*, Paris, Economica.

LE TEMPS DE LA MOBILITÉ

Le problème de la mobilité, qui rend compte d'une dilatation de l'espace-temps, est en toile de fond de toute intervention sur le thème de la pollution de l'air. La logique sociale des transformations récentes de la ville n'est plus uniquement une logique de proximité physique, mais une logique d'accès aux réseaux, qui sont également des nœuds d'entrée dans différents espaces/temps. Ainsi, les sociabilités contemporaines façonnées par les temps urbains fonctionnent-elles entre résidence et accessibilité, entre permanence et flux, entre urbanisme et transport. Cette modification, ou bouleversement dans nos habitudes et savoirs pratiques des lieux, dans notre imagination et imaginaire, s'accompagne d'une nouvelle conception de la mobilité. Les notions de transport, de mobilité, de déplacement sont des notions emboîtées qui conduisent des modes de transport aux modes de vie. De l'objet technique à l'appréciation esthétique. Une grande part des temps urbains se déroule dans les transports ; à chaque type de transport correspond une façon de regarder le paysage, un mode d'investissement des lieux traversés. Le marcheur valorise l'immersion corporelle alors que l'automobiliste s'appuie sur la vision, sens prédominant depuis les Grecs, organe d'une spectacularisation où l'œil relègue l'objet à distance, ce qui le rend passif et donne un sens de sécurité. La vitesse, la cadence, le rythme sont des termes qui accompagnent la représentation de l'efficacité, de la vitalité et de l'énergie requise des individus, et valorisent des choix d'existence. Groupes et associations prolifèrent : clubs de randonneurs, de karting, etc. Les différents types de tourisme mobile ont leurs militants. Dès lors, l'urbaniste, l'aménageur ou l'architecte ne peuvent simplement traduire la mobilité en termes d'étalement urbain ou de marée du pavillonnaire. La mobilité est un mode de consommation de l'espace-temps, un choix sur le plan de l'existence qui repose sur une insertion et une perception.

L'automobile est le moyen de transport le plus passionnel. Elle est un mode technique de transport et un véhicule, un objet carapace ou armure. Elle est aussi une maison de nomade, mode d'expression d'un choix de vie et d'une liberté individuelle dans un espace contrôlé et privé. La voiture devient un chez-soi, un prolongement mobile du logement, lieu où l'on est libre d'être soi-même et moyen d'expression de son autonomie, de son indépendance ou de son mode de vie. Elle offre le double potentiel de l'appropriation par ancrage, à défaut d'enracinement, et de l'appropriation par errance (Moles, 1977). Elle combine en un même espace/temps le proche, le contrôlé et le possible, l'inconnu et les lieux imaginaires. La voiture constitue alors un espace/temps privé de transition, une articulation entre ces différents moments de l'habitat. Elle engendre des débordements passionnels : collection de vieilles voitures et pulsions sexuelles et/ou guerrières. La route est un mode de vie et devient une esthétique de la mobilité : il suffit de voir la place importante de l'errance dans l'esthétique contemporaine, que montrent de nombreux films (comme le *road-movie*). L'autonomie est promue comme conquête solitaire, refus du conformisme social ou familial au profit d'un héroïsme individuel. Ce qui explique la place que prennent les paysages d'infrastructures dans lesquels parfois la ville est ramenée à un espace de circulation sans résidents[3]. Inversement, la localité est associée à la notion d'ancrage, souvent taxée de régression symbolique ; elle correspondrait à l'incapacité de quitter le foyer originel pour aller à l'aventure ou à un refus de la modernité, elle-même réduite à de la mobilité. En vérité, l'évolution des métropoles modernes montre une complexité toujours plus grande des formes de la mobilité[4].

Face à ces bouleversements majeurs, comment infléchir l'évolution d'une ville dont le poids en termes de la consommation d'espace, de dégradation des ressources naturelles, l'empreinte écologique, va croissant et pose de graves problèmes en termes d'environnement ? Quels sont les choix à venir sur le plan de l'urbanisme et de la production urbaine ? Pour beaucoup d'urbanistes préoccupés de rationalité écologique des formes urbaines, le débat oppose des dessins de ville. « Ville étalée, éclatée, compacte… » « Urbanisme en bande ou vertical… ». De fait, les discours sont formalistes aussi bien en Europe que dans les pays anglo-saxons (*new urbanism*[5], *friendly urbanism*) et masquent les enjeux réels, idéels et matériels, de l'environnement : la demande sociale de reconnection à la nature en est un.

LA POLLUTION, C'EST QUI, C'EST QUOI ?

La mesure du phénomène

En France[6], le secteur des transports est le plus grand consommateur d'énergie. Il constitue la première source d'émissions de gaz à effet de serre (149 millions de tonnes équivalent CO_2, en 2003). Reflet de la mobilité grandissante des personnes et des marchandises, la part du secteur des transports dépasse le quart des émissions en France (27 % des gaz à effet de serre et 34 % du CO_2). Ce secteur est aussi celui qui montre la plus forte croissance (+ 23 % entre 1990 et 2003). Le transport routier de personnes et de marchandises y concourt de la manière la plus importante

3. Pour David Mangin (2005), les infrastructures disent la vérité concernant le paysage. Le vrai paysage, c'est la soif de mobilité qui le fait ; la ville comme habitation peut donc se voir à l'aune des politiques de transport et l'urbaniste l'imaginer comme pur potentiel de mobilité. Le formalisme des approches paysagères l'oppose souvent au souci des sociologues de relier ce paysage à des forces économiques ou sociales qui le dépassent .

4. Lors de la période moderne notamment, la vie était articulée autour des régimes horaires économiques, industriels (8-17h), institutionnels, religieux qui rythmaient la vie quotidienne. Dans une société de service les citoyens font face à des désynchronisations croissantes de leurs horaires qui se traduisent en temps contraint et en temps subi. Environ 30 % de Français travaillent ainsi avec des horaires décalés. Avec le chômage, le travail à temps partiel, la notion même d'heures « creuses » s'estompe dans les transports. Les « 35 heures » sont venues amplifier ce phénomène, le lundi, le mercredi et le vendredi changent de nature. Les inégalités sociales existantes sont renforcées par des inégalités temporelles d'accès aux droits et à la ville, plus particulièrement pour des populations en difficulté…

5. Pour les prospectivistes américains, l'accroissement de la mobilité virtuelle devrait contribuer, par effet compensatoire, au renforcement du prestige du lieu et de la proximité physique. Version actualisée de la cité jardin, le *new urbanism* poursuit ainsi plusieurs objectifs : structurer les urbanisations de façon à susciter une baisse du trafic automobile, développer des systèmes de transport en commun entre des centres distants de 10 minutes environ et favoriser une périphérie plus rurale (Mangin, 2005, p. 229).

6. Ces informations sont extraites du site de ministère de l'Écologie et du Développement durable http://www.developpement-durable.gouv.fr/ (consulté en juin 2008) du dossier intitulé : l'évolution de la qualité de l'air en France, pour 2004.

(92 %) au regard des émissions des transports, suivi par le transport aérien et le maritime. Les seules voitures particulières sont à l'origine de 60 % des émissions de gaz à effet de serre du mode routier.

Encadré 1

Pour 2004, il suffit de retenir les tendances suivantes. La tendance à la baisse des concentrations de dioxyde de soufre (SO_2) s'explique par l'amélioration des combustibles et carburants et le traitement des fumées des grandes installations de combustion (Edf) ainsi que des usines d'incinération d'ordures ménagères. La situation reste sérieuse dans les agglomérations fortement industrialisées. Il s'agit de l'étang de Berre, du Havre, de la zone industrielle de Basse-Loire (Donges), ainsi que celle de Lacq Lagor. Les concentrations de dioxyde d'azote ont baissé dans la plupart des agglomérations d'environ 20 % ces six dernières années. Les concentrations de monoxyde d'azote mesurées par les capteurs proches du trafic automobile ont baissé d'environ 30 % dans la plupart des agglomérations. Ces évolutions viennent des modifications des véhicules particuliers (pots catalytiques).

La pollution par les particules fines (particules de taille inférieure à 10 et 2,5 micromètres) est certainement l'un des principaux problèmes sur lesquels une grande vigilance est encore nécessaire (transport routier, industries, combustion du bois...). La lutte contre cette forme de pollution est toutefois plus complexe du fait de la diversité des sources à considérer: sources directes comme les transports, l'industrie, la combustion du bois... mais aussi sources indirectes, les particules pouvant se former à partir de gaz émis dans l'atmosphère. L'ozone est un polluant secondaire, produit dans l'atmosphère sous l'effet du rayonnement solaire par des réactions complexes entre les polluants primaires (oxydes d'azote, hydrocarbures, particules...). Les évolutions constatées reposent en grande partie sur les variations climatiques. En 2003, les conditions climatiques exceptionnelles ont conduit à des niveaux de pollution particulièrement élevés dans tout le pays. Cette situation critique a également concerné toute l'Europe de l'Ouest: de forts niveaux de pollution ont été observés au sud du Royaume-Uni, sur la majeure partie de l'Allemagne, au nord de la Suisse et l'Italie du Nord. Au-delà de ces pics saisonniers, il est inquiétant de constater que le niveau de fond en ozone augmente depuis trois ans.

Différents plans et mesures ont été proposés : les actions de ces plans portent sur les technologies utilisées dans les transports, mais aussi sur l'organisation des déplacements; améliorations techniques des véhicules, utilisation renforcée des biocarburants (bien que ceux-ci soient également polluants), prise en compte des coûts environnementaux du transport aérien, fiscalité, étiquetage *Énergie* lors de la vente d'un véhicule, affectation des dividendes des sociétés d'autoroutes au financement d'infrastructures relativement sobres en sont les principales mesures. En outre, les gaz émis par le transport jouent sur la qualité de l'air des villes et de considérables efforts ont été réalisés suite à la loi sur la qualité de l'air (1996) (*cf. encadré 1*). Ces données sont le résultat de la mise en place d'un réseau de capteurs à l'échelle européenne et de mesures fort complexes qui constituent le cœur des recherches liées à la pollution atmosphérique en réponse à la demande sociale en la matière. Les efforts des pouvoirs publics ont consisté à mettre en œuvre un dispositif de surveillance de la qualité de l'air avec un large éventail de structures et d'instruments visant à transformer la qualité de l'air en un bien public plus qu'à véritablement informer le public.

Pour qui la mesure ?

Car mesurer ne va pas de soi (Blanc, 2004). S'il est évident que la mesure nécessite un vaste appareillage technique et la définition d'un objet à mesurer, la « pollution », elle nécessite aussi de s'inscrire dans une perspective plus générale de l'action et réclame en définitive une politique de la qualité de l'air. On constate, aujourd'hui encore, que la mesure ne s'associe pas tout à fait à l'idée de sa fin. Notamment la loi sur la qualité de l'air de 1996 manque d'objectif clairement défini : s'agit-il d'informer les pouvoirs publics ou d'éveiller les consciences quant au problème ? S'agit-il plutôt de diligenter des mesures de réduction du trafic automobile et de justifier ceci par des chiffres concernant la pollution ? Ce qui apparaît, pour l'instant, le plus sûr, est qu'il s'agit de mettre en place un réseau de capteurs et de mesures.

La critique est facile et la pratique difficile en matière de pollution de l'air. Premièrement qui ou quoi est concerné ? L'individu et sa sensation de mal respirer en ville ou son dégoût d'une ville polluée ? La santé publique ? Épidémiologues et toxicologues s'accordent sur l'existence d'un risque collectif. Le risque concernerait essentiellement les personnes sensibles (personnes âgées, enfants, asthmatiques etc.). En revanche, il n'existe pas de définition du risque individuel.

Que faut-il changer ? Transport ou planification des infrastructures ? Individus ou choix sociaux et économiques ? Il existe de très nombreuses et très complexes interactions entre individu et collectif, matérialité de l'espace et représentations comme le montrent les plans de déplacement urbain (PDU[7]) ou les plans de protection de l'atmosphère (PPA[8]). Cette complexité est telle qu'une politique de l'air peut avoir

7. À l'origine, les Plans de déplacements urbains (PDU) ont été créés par la loi d'orientation sur les transports intérieurs (Loti) du 30 décembre 1982 pour rationaliser l'organisation des transports, de la circulation et du stationnement. Par la suite, la Loi sur l'air et l'utilisation rationnelle de l'énergie (Laure) du 30 décembre 1996 a modifié ces plans pour en faire des outils de lutte contre la pollution atmosphérique. Enfin, la loi Solidarité et renouvellement urbain (SRU) du 13 décembre 2000 a modifié une nouvelle fois les PDU afin de les articuler plus fortement avec les documents d'urbanisme. En Île-de-France, le PDU doit être compatible avec les orientations du schéma directeur de la région d'Île-de-France et avec le PRQA (Plan régional de la qualité de l'air). Les plans locaux d'urbanisme doivent quant à eux être compatibles avec le PDU.

8. Le Plan de protection de l'atmosphère (PPA) a été introduit par la loi sur l'air et l'utilisation rationnelle de l'énergie du 30 décembre 1996. Le décret en Conseil d'État du 25 mai 200 en a précisé le contenu. Ce plan s'applique aux agglomérations de plus de 250 000 habitants et aux zones dans lesquelles les valeurs limites de qualité de l'air ne sont pas respectées. Il vise à ramener dans la zone les concentrations en polluants à un niveau inférieur aux valeurs limites. Pour ce faire des prescriptions particulières applicables aux différentes sources d'émission (chaudières, usines, trafic routier, combustion du bois,...) sont prises par arrêté préfectoral. Chaque plan doit faire l'objet d'une enquête publique.

des effets contraires aux objectifs initiaux. C'est vrai pour les transports. Une telle problématique exige donc des efforts interdisciplinaires, et des spécialistes de sciences sociales, de sciences physico-chimiques et de métrologie (domaine de la mesure). Ce sont des démarches peu courantes : la pollution atmosphérique est une question technique qui s'inscrit dans des cadres institutionnels extrêmement cloisonnés. Quand elle concerne les sciences sociales, il s'agit de psychosociologie, ce qui fait de la pollution un phénomène individuel du registre de l'environnement de proximité : elle n'est pas considérée, à tort, comme construction sociale.

Les hiatus sont donc nombreux entre la perception du phénomène et sa mesure. Il semble nécessaire de prendre aussi en considération la profondeur historique du rejet de la ville au profit de la campagne, les problèmes de santé notamment respiratoires ainsi que la perception du *smog* ou même de ces mesures à l'interprétation variée. Ces différents facteurs expliquent le grand décalage avec l'appréhension scientifique. La pollution atmosphérique passe par une métrologie qui répond peu aux questions des habitants : elle fragmente le phénomène, la caractérise polluant par polluant et est souvent réalisée loin de la source, les automobiles.

De fait, la pollution est un phénomène qui soulève trois types de questions : elle concerne le changement climatique et renvoie à l'atmosphère terrestre ; elle porte atteinte à la santé (individuelle et collective) et l'on parle alors de qualité de l'air ; elle joue un rôle dans les perceptions de la ville et modifie la qualité de l'habiter. La pollution de l'air est essentiellement préjudiciable en certains lieux où habitent les personnes socialement exclues ; elle est alors plurifactorielle, c'est-à-dire qu'elle ne peut se comprendre et s'étudier qu'en relation à d'autres facteurs de pollution ou de dégradation des conditions de vie : de l'autoroute à la décharge en passant par le manque de services publics et l'incapacité financière de prendre des vacances etc. Cependant, il n'y a pas de total recouvrement entre la dispersion de la pollution atmosphérique et la catégorisation sociale de l'espace : on observe que les personnes riches habitant le centre-ville, disposant d'une mobilité d'action peuvent fuir le centre pollué ; elles le font généralement, échappant ainsi régulièrement (chaque week-end, chaque vacance) aux conditions urbaines de vie. Ces personnes sont dotées d'un « capital résidentiel ». Ces réflexions montrent l'importance de cette thématique pour renouveler l'interrogation relativement aux liens entre les individus et le collectif. Ce lien est également d'ordre éthique et prescriptif : « Je ne dois pas prendre ma voiture qui pollue ». Cependant, la dynamique atmosphérique étant très complexe, un tel geste ne contribue pas toujours à améliorer la qualité de l'air de proximité. Ces observations montrent également à quel point de nombreux scientifiques font preuve de mépris à l'égard des populations qui ne savent pas interpréter les indicateurs de pollution correctement et qui persistent à penser l'air pollué quand il l'est moins qu'avant. La question de l'éducation « scientifique » des masses est encore d'actualité.

Le sens de la pollution

Comment parvient-on à se représenter un phénomène qui échappe à la vue, sens dominant de la perception humaine? Quels sont les indices de la pollution atmosphérique pour le commun des mortels? Les observations qui suivent sont tirées d'enquêtes conduites par des équipes composées notamment de géographes humains, de sociologues, de chimistes et de microclimatologues à Paris et à Strasbourg concernant les pratiques et représentations à l'égard de la pollution. Il faut d'abord savoir que, pour un grand nombre de gens, il ne s'agit pas de pollution atmosphérique, terme réservé à la communauté scientifique, mais de pollution de l'air que l'on saisit dans son environnement de proximité. Dans ce cas, les couches immédiates et les couches globales de l'atmosphère sont séparées, les unes se référant à une perception, et à un usage quotidien de l'environnement, les autres à un univers scientifique, que l'on se représente pris entre des références scolaires, déjà lointaines, et des revues de vulgarisation, ou *via* les médias. L'imagination a un rôle majeur dans la manière dont on parvient à lier les connaissances issues d'une pratique ordinaire de la ville à des connaissances plus scientifiques.

La pollution pour les habitants n'est pas forcément une mesure du CO ni d'aucun polluant décrit par la mesure de la loi sur la qualité de l'air (1996). L'odeur est plus parlante: « Ça pue ». La saleté est également un précieux indice: « Toute cette poussière noire qui se dépose sur mes dossiers ». Les problèmes de santé – ou de gêne respiratoire « Ça pique » – sont fréquemment évoqués: « Mon fils et mon mari souffrent d'asthme, depuis un ou deux ans ». Cette diversité des représentations accentue l'invisibilité du phénomène.

Pour les personnes âgées, la pollution est d'origine industrielle: ils l'associent aux « cheminées qui fumaient »; pour les jeunes c'est un phénomène associé à la circulation automobile. Cependant, pour de nombreux citadins, elle est inhérente à la vie en ville. Peu de gens évoquent, comme le fait cette habitante du 13e arrondissement parisien, un « empoisonnement », une prise d'« otage ». Dans le centre de Paris, la pollution est considérée comme plus importante, ce que montrent les luttes associatives (dont l'association Lagrange Air Pur) contre la circulation automobile. Le lien entre être propriétaire d'un véhicule et se montrer préoccupé par la pollution est évident: la classe d'âge 20-50, qui est la plus motorisée (que la raison en soit les enfants, la possession d'une maison de campagne: « La maison de campagne, c'est important, on sait qu'on a une réserve d'air pur. C'est rassurant! » ou la distance domicile travail: la voiture évite le « stress », elle constitue un prolongement du foyer) avoue son fatalisme à l'égard du phénomène. Les générations qui associent le plus la circulation automobile et la pollution sont aussi les moins motorisées. Les personnes qui associent automobile et pollution atmosphérique alors qu'elles sont motorisées et utilisent fréquemment leur véhicule rejettent la responsabilité du phénomène sur les pouvoirs publics. Selon eux, ces derniers n'ont ni les moyens, ni la volonté de prendre les mesures draconiennes nécessaires. Les autres automobilistes sont également responsables: « Des gens ont des pots d'échappement qui rejettent des choses absolument abominables ». Ce phénomène invisible dont on peine parfois à trouver les causes, ou à désigner les responsables, est inhérent à la vie urbaine. La pollution lui est irrémédiablement associée au point d'en redoubler les significations. La morphologie de l'habitat joue également dans les représentations : un petit îlot replié sur lui-même, très vert, fait « village » ; pour ses habitants, il est moins pollué que la rue adjacente. La présence d'une sociabilité associative et donc de nombreux liens sociaux, de la végétation et d'une certaine morphologie urbaine tend à renforcer le sentiment d'isolement, de se trouver à l'abri de la vie urbaine et de ses aspects les plus négatifs. Si l'idée que l'on a de la pollution ne joue pas sur le choix d'un véhicule, joue-t-elle un rôle dans les pratiques de l'habiter : modèle-t-elle l'environnement immédiat de l'habitant ? En réponse, un petit nombre de personnes adaptent leur habitat ou leurs pratiques de circulation en fonction de la pollution, qu'il s'agisse d'aménagement du logement ou du choix de ses parcours en ville : ce sont soit des cyclistes, « Je m'arrange en vélo pour prendre des petites rues et pas les grands boulevards », soit des personnes ayant des problèmes respiratoires à la recherche d'une « réserve d'air pur ». Peut-être l'appréhension du phénomène est-elle pondérée par le facteur travail : la pollution a toujours été liée au développement des activités économiques considérées comme essentielles. Pour l'époque passée, on évoque le développement industriel et le travail en usine, pour aujourd'hui la distance domicile-travail et l'automobile. La pratique d'aération du logement illustre le mieux la prise en considération de la pollution dans la gestion de son habitat : elle peut être organisée en fonction des fluctuations imaginaires de l'intensité de la pollution. L'aération peut être une pratique honnie ou c'est une aération devenue totalement artificielle : les habitants installent des filtres à air, des bouchons dans les cheminées pour empêcher l'invasion de poussières. Les enquêtes montrent l'importance de la pollution de l'air dans la représentation des paysages urbains. Les espaces pollués sont rarement dits paysagers. La pollution a un coût immobilier qui est aussi un coût d'investissement esthétique. Une Parisienne l'évoque concernant un boulevard des bords de Seine : « C'est vraiment épouvantable, c'est lugubre, c'est vraiment pollué. Je n'y prends aucun plaisir ». En bref, qu'elle soit réelle ou rêvée, la pollution atmosphérique fait partie de la représentation du milieu urbain. Elle caractérise en quelque sorte l'atmosphère de la ville et engendre les désirs de fuite : « Régulièrement, je trouve que ça sent vraiment dégueulasse… J'ai envie de m'enfuir, de partir à la campagne, ça revient régulièrement cette espèce de ras-le-bol ». D'où la résidence alternée, pratique des classes aisées, ou la fuite vers le pavillonnaire. La pollution de l'air n'est pas seule en cause, mais se trouve au cœur des représentations négatives. Bruit, saleté, nuisances, stress, cafard… Tout est signe d'invasion et de rupture de la « bulle de vie » quotidienne. Et quand le nombre y est, que ce soit de voitures ou de cafards, il y a pollution. Quelque difficulté qu'il y ait à se représenter le phénomène, l'investissement esthétique des milieux de vie est central dans son appréciation. Les habitants les plus sensibles à la pollution et à ses nuisances sont ceux qui marchent régulièrement en ville, ce qui les expose directement aux voitures, principale source de pollution dans l'espace urbain, et ceci d'autant plus qu'ils s'investissent sensiblement au cours des déplacements. D'autres citadins vivent leurs moments de circulation comme des parenthèses sensorielles ;

l'univers urbain est essentiellement social et leur attention est distraite des milieux traversés. D'autres citadins agissent sur le milieu urbain avec leur voiture. Ils participent à leur dégradation et, curieusement, déplorent facilement la pollution à Paris. Ce bref survol des attitudes face à la pollution met en évidence qu'à défaut de représenter une rencontre qui puisse déboucher sur une histoire comme l'animal, qui se trouve vecteur de relations dans l'espace urbain, ou encore de participer positivement à l'élaboration d'un paysage urbain comme le végétal, et surtout à défaut de pouvoir facilement être qualifiée comme phénomène visible, la pollution atmosphérique participe de ce qui fait l'ambiance de la ville, c'est-à-dire de l'ensemble des connexions, des émotions et ressentis qui justifient que l'on parle de l'ambiance urbaine. Ce n'est pas un événement ponctuel, localisé dans l'espace, mais une composante de ce que les citadins respirent. À ce titre, cela envahit l'atmosphère même de nos actes quotidiens, les imprègne de leur couleur négative, progresse de manière diffuse et rampante jusqu'à envahir les représentations urbaines : l'ambiance est une complexité polysensorielle et la pollution atmosphérique se définissant par une pluralité d'indices empruntant aux différents sens de la vue à l'ouïe en passant par l'odeur n'obéit-elle pas au même type d'indexation ? La raison en est-elle qu'il s'agit d'atmosphère ?

De la sorte, la représentation scientifique de la dynamique de l'atmosphère constitue-t-elle une réalité d'un ordre différent de l'univers quotidien et de l'engagement esthétique qui l'anime. En cause le langage : comme tout problème moderne d'environnement, il est difficile de recomposer les relations entre l'univers familier, quotidien, tel qu'il est spontanément élaboré et intériorisé par les individus et les groupes, et les dynamiques plus larges, à des échelles très différentes y compris l'échelle globale de la Terre dont la science rend raison. Sans compter ce que l'on ignore encore complètement, mais dont l'expérience fantasmée ou la peur – la société du risque ne repose-t-elle pas sur la peur qui, elle-même, favorise les pires projections – autorise à imaginer. Ceci montre à quel point une telle problématique qui renvoie à une complexité polysensorielle peut avoir des difficultés à se situer dans une démocratie de la parole : la problématique environnementale peut scientifiquement disqualifier des représentations déjà constituées ; elle peut en même temps induire la formation de représentations nouvelles ; elle génère donc, éventuellement, des conflits de représentations qui s'ajustent dans le cours de l'action quotidienne.

Ces propos d'une rescapée de Tchernobyl en sont la démonstration. Anna Petrovana Badaïeva (Alexeievitch, 1998, p. 65) explique :

> Est-ce la faute de la radiation ? Et comment est-elle ? Vous l'avez peut-être vue au cinéma ? De quelle couleur ? Certains disent qu'elle n'a ni couleur, ni odeur, et d'autres qu'elle est noire. Comme la terre ! Et si elle n'a pas de couleur, alors elle est comme Dieu. Dieu est partout, mais personne ne le voit. On nous a fait peur, mais il y a des pommes sur les branches et des feuilles sur les arbres. Et des pommes de terre dans les champs. Je crois qu'il n'y a pas eu de Tchernobyl, qu'on a tout inventé. On a trompé les gens [...] Et maintenant... Nous pensions que ce qui bouillait dans les marmites était éternel. Je n'aurais jamais cru que cela pouvait changer. Mais c'est ainsi. On ne peut plus boire de lait. Ni cuisiner des haricots. On

nous interdit de cueillir des champignons ou des baies. On nous demande de tremper la viande dans l'eau pendant trois heures. Et de changer l'eau des pommes de terre pendant la cuisson. Mais comment peut-on combattre Dieu ? Il faut vivre ! On nous dit que même l'eau est contaminée. Pourtant, on ne peut pas vivre sans eau. Dans chaque homme, il y a de l'eau. Même dans les pierres, il y a de l'eau. L'eau est éternelle. Toute la vie provient d'elle... Et auprès de qui nous renseigner ? Personne ne dit rien. Quant à Dieu, on lui fait des prières, mais on ne lui demande rien. Il faut vivre.

Ces propos illustrent l'interstice dans lequel doivent se glisser les problèmes d'environnement – qui échappent à la vue – pour trouver une place dans l'arène politique. L'évaluation de leurs impacts réels oblige les associations de défense de l'environnement à mobiliser l'expertise scientifique ou à procéder au nez.

À l'œil et au nez

La place des associations de lutte contre la pollution de l'air, de l'eau ou du sol témoigne de cette difficulté de la représentation du phénomène. À l'échelon local, la constitution d'une association de quartier montre une cristallisation et une radicalisation des comportements. Le président de l'association Lagrange Air Pur, dans le centre de Paris, contrôle les rapports air intérieur/air extérieur. Dans un quartier plus protégé, les moins protégés des habitants sont les plus véhéments. « On a une partie de notre chez soi dehors... J'ai tenté de prendre mon petit-déjeuner le matin et, je sentais et, là j'ai senti que c'est pas très agréable et j'ai arrêté » raconte une habitante. Ces habitants-là sont à l'origine de l'introduction de la thématique dans leur association de quartier. Un des numéros de leur journal titre même : « On en a marre que nos enfants soient malades » ! Les représentants des associations sont convaincus de la nocivité de la pollution. Ce qu'on note de manière plus générale en France est que la plupart de ces associations ne font pas elles-mêmes les mesures : celles-ci demandent un appareillage et une scientificité dont elles ne sont pas toujours dotées. Selon les pays, les pouvoirs publics eux-mêmes en sont plus ou moins pourvus[9]. Les normes européennes contraignantes et qui concernent le droit français de façon descendante ont permis une certaine qualité de l'air pour les polluants identifiés (au nombre de 13). En Russie, en dépit de normes et d'une législation visant à son contrôle, les inspections de l'environnement manquent de moyens humains et matériels pour identifier les pollutions. Faire appel au laboratoire du ministère des ressources naturelles qui est outillé pour mesurer la pollution est trop coûteux. Dans la région de Bryansk, contaminée par les retombées de Tchernobyl, à l'ouest de Moscou, le personnel du département de l'environnement déplore la réduction constante des moyens : « Le problème c'est le contrôle, pas les normes, qui ne sont pas trop hautes. On aurait besoin de laboratoires de contrôle,

9. En ce qui concerne le droit, je renvoie aux travaux d'Ariane Vennin et Frederic Ecolivet (2000), *La qualité de l'air, normes et procédures*, Paris, Imprimerie nationale, ouvrage portant sur l'ordre juridique, ou à celui, plus géographiques de William Dab, Isabelle Roussel (2001), *L'air et la ville, les nouveaux visages de la pollution atmosphériques*, Paris, Hachette Littératures.

nous n'avons pas assez de moyens [...]. Par jour on a beaucoup de plaintes des citoyens ; on doit comprendre ce qu'il y a et on n'a pas assez de personnes ». Un tiers des contrôles est dû à ces plaintes. Le comité fédéral des ressources régionales doit faire face aux mêmes problèmes : « Ici on a un problème de contrôle. On peut mesurer, mais c'est trop cher. Alors on cherche un défaut, un tuyau percé par exemple. On contrôle si on voit une déficience. Le nez et l'œil sont les principaux instruments. Parfois, la pollution est évidente ». En l'absence de moyens techniques, les inspecteurs de l'environnement redécouvrent les capteurs du corps humain pour détecter les pollutions. L'absence de fonds et celle de moyens de mesure sont donc les deux facteurs explicatifs de l'inefficacité du contrôle aux yeux des acteurs publics. Certes, en Russie, la pollution de l'air d'origine industrielle a presque diminué de moitié entre 1994 et 2004, mais cette baisse est imputable aux baisses de production et non aux politiques publiques. En revanche, la pollution due aux transports représente désormais 70 % de la pollution atmosphérique.

Dès lors, seuls les aspects publics de la pollution sont mis en avant et le recours au contrôle civique se développe dans différents pays. En France, des gens sont recrutés comme « nez » dans la région lyonnaise. Il arrive qu'un expert se lance dans le combat associatif au risque de perdre sa crédibilité. D'autres associations insistent pour que l'État ou les collectivités publiques, au sein de leur zone de compétence, puissent diligenter des mesures.

QUESTION D'AMBIANCE

Représentation localisée et située

Ouvrir le débat public sur la pollution suppose d'en donner une représentation qui puisse faire l'objet d'une « appropriation » par les habitants (Blanc *et al.*, 2005). Cette proposition d'une représentation localisée et intelligible, car relative aux lieux de vie tient compte à la fois des représentations qu'en ont les citadins et des mesures très localisées que nous avons pu relever. Non qu'il n'existe rien. Depuis la Loi sur la qualité de l'air de 1996, plusieurs grandes villes et agglomérations se sont dotées d'un réseau de mesures de la qualité de l'air. À Paris, ce réseau est animé par Airparif. L'organisme publie chaque jour l'indice Atmo qui rend compte des concentrations de l'air ambiant en polluants (SO_2, NO_2, O_3 et particules < 10 m). Sa diffusion passe par les différents médias que sont la presse écrite, la télévision, la radio, les panneaux d'affichage municipaux et internet. Cependant, le maillage des stations de mesure sur l'agglomération est peu dense. La localisation d'une grande partie de ces stations se trouve « en hauteur », pour mesurer la pollution dite de fond. Enfin, l'information est exprimée en fonction de normes en vigueur. Ainsi, les mesures actuellement fournies aux habitants restent très globales et ne donnent une image que de la pollution « potentielle », à l'échelle de l'agglomération qui plus est. Les sources polluantes de proximité, ainsi que les effets locaux de diffusion qui peuvent entraîner des concentrations locales très importantes ne sont pas pris en considération. La qualité « réelle » de l'air, tel qu'il est respiré par les citadins dans les rues, l'air de l'habitant en somme, ne peut donc être qu'inférieure à celle qu'affiche l'indice; ce dernier propose une vision synthétique et lissée d'une réalité très difficile à appréhender. Il est difficile, voir impossible de passer de l'échelle de l'agglomération à celle du quartier et de la perception individuelle. Le programme « Heaven » (« *For a Healthier Environment through the Abatement of Vehicle Emissions and Noise* » [Vers un environnement plus sain grâce à la réduction du bruit et des émissions] : *cf.* www.airparif.asso.fr/ consulté en juin 2008) qui s'intéresse aux polluants à l'échelle des individus est déjà un pas en ce sens.

Proximité : le degré maximum d'expression de l'ambiance

Peut-être s'agit-il d'aller plus loin. Plus que la mise au point d'une mesure localisée, il serait possible de construire des plateformes interdisciplinaires d'élaboration collective d'un référentiel habitant : elles feraient intervenir les évaluations des scientifiques et d'autres discours qui prennent en considération la dimension située et esthétique du phénomène. Que cela concerne les couleurs de l'air ou des murs, les odeurs et le sentiment ou non de respirer librement, ou des langages dans la ville, autant de modes d'investissement caractéristique de la pratique ordinaire. Des récits locaux concernant la place de la pollution dans la vie quotidienne[10] permettraient de mieux cerner son rôle et à quel investissement esthétique (et symbolique) des milieux de vie elle correspond. Ces récits permettraient aussi de préciser les différences entre la dynamique de l'atmosphère (correspondant à une représentation scientifique et à la lecture de travaux de vulgarisation) et la dynamique de l'air respiré (correspondant à un sentiment des lieux et à une représentation de la respiration). Un travail collectif peut être aussi engagé concernant les réseaux d'infrastructures routières, ces « paysages de la routine » qui renvoient aussi bien aux questions de mobilité, de pollution atmosphérique que d'esthétique des paysages. Quoi qu'il en soit, la construction d'une plate-forme esthétique – avec la notion d'ambiance – de proximité peut amener à comprendre les multiples facteurs qui interviennent dans la représentation du bien-être environnemental. Par exemple, en confrontant représentations et pratiques, pollution atmosphérique et végétation[11], on comprend que

10. Une telle plate-forme pourrait concerner également l'adaptation au changement climatique tant celui-ci n'engage pas que des dispositifs techniques. Les territoires sont des lieux d'apprentissage. Qu'est-ce que le changement climatique ? C'est une pensée de l'air, de l'eau, de la terre, c'est changer ses habitudes en fonction d'un nouveau référentiel éco-compatible...

11. De récents travaux réalisés à l'échelle de microquartiers, procèdent d'une volonté de prise en compte du local. La définition de la ville comme mi-(lieu) de vie suppose de se pencher sur son fonctionnement écologique et de la place qu'y occupent ses habitants. Seule une étude menée à cette échelle permet une appréhension complexe des rapports des gens à leur milieu, à la fois système concret, matérialité biophysique et système de sens, construction symbolique, de porter un double regard, de nature interdisciplinaire, sur une réalité certes complexe, hétérogène, pleine de « rugosités » mais dont l'étendue est circonscrite ; et surtout d'intégrer l'habitant et ses pratiques dans la mise en place d'une gestion durable de la ville. Cette définition de la ville justifie aussi différents angles d'attaque dans l'étude des sites. Par exemple, si l'on ne s'attachait qu'au niveau des représentations des habitants, nous n'aurions pas eu le même regard sur la diversité floristique prétendue (par exemple). Il fallait une appréciation de cette même diversité floristique par rapport à un système biogéographique, pour l'apprécier dans le cadre d'un « fonctionnement écologique ».

les gens croient s'abriter de la pollution grâce au végétal ou parce qu'ils habitent des bâtiments à l'écart de la circulation. Le choix d'habiter des maisons de ville est lié à la verdure, à la représentation de « la campagne à la ville ». Cette vision s'accompagne d'un verdissement des espaces extérieurs qui est censé protéger les habitants de la dégradation du milieu ambiant, de la pollution atmosphérique, du bruit. Or, la végétation touffue dans le quartier est propice au piégeage des polluants. Cette analyse de cas montre la valeur pour la pollution d'études localisées : il s'agit de mettre en regard la temporalité du vivant au quotidien et un espace souvent accaparé par les architectes et urbanistes sur le plan du contrôle et de l'aménagement[12]. Cette construction d'une représentation localisée du bien-être importe pour dépasser les impasses actuelles observées dans les processus de développement local environnemental. Les normes en matière de qualité de l'air ne rendent pas compte des difficultés scientifiques et techniques à cerner la dispersion du polluant dans l'espace et ne touchent pas les personnes[13]. Sur un autre plan, la question de la pollution renvoie à celle de la santé environnementale qu'elle oblige à construire : cette idée implique la mise à disposition de savoirs aux médecins, les seuls à gérer les rapports d'un milieu (éventuellement) pathogène à l'individu ou/et aux individus *via* la mise au point d'indicateurs permettant d'élaborer un rapport aux données de santé publique.

Tableau du décalage entre la formulation scientifique et la représentation de l'habitant

Pollution	Indice à l'origine	Représentation	Formulation	Pratiques
Habitants	Voitures Odeur	Effet d'empreinte sur les lieux Effet d'empreinte sur les corps	Ville négative	Impuissance individuelle devant l'aspect collectif de la pollution Pratiques de protection
Scientifiques	Qualités chimiques et physiques de l'air (analyse dissociée des facteurs de pollution)	Circulation de l'air Modèles atmosphériques	Mesure	Explicitation : Modèles Cartes

Indicateur social de souillure

Pour conclure, l'usage du terme de pollution pour parler des méfaits de la vie moderne incite à voir la (ou les) pollution(s) comme un phénomène objectif et

12. Canguilhem (1966) montre que le temps est une donnée fondamentale de la relation du malade à sa maladie. L'espace n'est construit en référence à la géographie humaine que comme milieu pathogène : la mise en relation à l'individu ne passe que par le fait statistique.

13. Le cas de Drocourt (3 104 hab), commune de l'ancien bassin minier qui est située dans une zone densément peuplée (environ 950 hab/km²) est exemplaire. Cette commune comprend deux entreprises classées Seveso : Cray-Valley et les cokeries. Une autre entreprise de peinture, Spado, est soumise à la réglementation sur les installations classées. Les entreprises respectent les normes et les plaintes individuelles sont ignorées.

comme un indicateur d'une pensée sociale de la souillure. On parle de « pollution spatiale » évoquant le mitage ; ce mitage concerne l'urbain et vise le rural. Parlerait-on de mitage si l'on évoquait l'emprise croissante des espaces verts en milieu urbain ? Dans ce sens, on peut penser que le végétal et la nature dans la ville ne représentent pas seulement une amélioration concrète du milieu de vie et de l'écosystème urbain, mais un effacement symbolique des agressions que le milieu urbain fait subir à l'être humain, à sa santé, à sa nature d'être vivant. Que cet effacement relève des représentations est montré par les incertitudes liées, par exemple, au rôle des végétaux dans l'espace urbain : il est dit que le végétal remplit, outre une fonction sociale, une fonction urbanistique et paysagère (« les espaces verts créent des discontinuités vertes dans l'urbanisation qui lui donnent « sa respiration ») et une fonction écologique (« la végétation joue un rôle irremplaçable dans le vaste écosystème qu'est la ville : elle fixe l'azote, l'oxyde de carbone et les poussières contenues dans l'air » Lecroart, 1992). Pourtant, ce rôle de « poumon vert » attribué à l'espace végétal urbain ne fait pas l'accord de tous les acteurs de la ville. Ce rôle présumé est affirmé, avec souvent d'autant plus de force, que les connaissances acquises montrent toutes la difficulté du sujet. Même si certains des effets biologiques sont connus, les masses végétales considérées sont insuffisantes pour compenser les nuisances et pollutions produites par l'activité urbaine. Par contre, en ce qui concerne les représentations ordinaires – souvent en décalage avec les résultats scientifiques – l'espace végétal joue un rôle non négligeable dans la qualité de vie en ville et la préservation de celle-ci des agressions urbaines. On voit bien que l'idée de « pollution », loin de se référer uniquement à un constat physique, met en jeu des valeurs qui construisent l'ordre urbain concrètement et symboliquement dans son rapport à la nature : d'une pollution à l'autre il peut y avoir des liens (Douglas, 1992). D'ailleurs, le terme même de pollution renvoie à l'idée d'une souillure à la fois concrète et symbolique en « relation avec la crainte d'une action destructrice sur la planète et aussi d'inconvénients quotidiens compromettant la qualité de vie » (Rey, 1993, article « pollution »). La pollution dans l'espace urbain sanctionne l'infraction symbolique et matérielle de l'ordre urbain au regard de l'ordre naturel. Ainsi, la nature introduite dans l'espace urbain, est un moyen matériel et symbolique de l'effacement du danger représenté par le développement urbain. Elle s'inscrit, ainsi, dans le prolongement de l'idée de purification de l'espace urbain propre à l'hygiénisme du XIXe siècle. La salubrité du milieu urbain étant de ce point de vue assurée, le problème se pose aujourd'hui autrement et trouve une partie de sa source dans l'interaction nature/ville. En effet, le mode d'habiter urbain produit lui-même ses propres nuisances, risques ou pollutions impliquant l'eau, l'air, le sol… à même d'affecter son organisation sociospatiale. Quels modèles d'action proposer pour assurer la prise en compte cohérente de ces phénomènes ? Sur quelle appréhension du phénomène se fonder pour bâtir des politiques publiques « raisonnables » à l'échelle locale tout en reconnaissant l'impact des mesures au niveau global ? Nous entamons maintenant la dernière partie ; les prémices d'une politique territorialisée prenant en compte les formes de vie sont ébauchées.

Troisième partie

De l'artiste à l'habitant : modèles d'action

Introduction

Il s'agit de restituer une dynamique aux politiques de développement durable, qui proposent un cadre statique de compréhension des solutions à offrir aux problèmes environnementaux, déployées autour de piliers mécaniquement introduits (économique, environnemental et social). Ces piliers ont tendance à vouloir ordonner la vie publique et régir tant les mobilisations que les manières d'agir des gens au nom du bien public (évaluation « habitante »). Or toute culture urbaine s'actualise dans l'action et se manifeste, dès lors, comme un ensemble de traits et de valeurs qui définissent une communauté ou une socialité en perpétuel mouvement. En vérité, les politiques de développement durable mettent en évidence que la ville n'est pas (ou plus) un espace clos, mais un mode d'habiter reposant sur l'appropriation des ressources naturelles. Ceci implique de revoir les modalités de développement de la condition citadine, comme mise à l'épreuve et liberté, qui n'en fasse plus le résultat d'une appropriation croissante et déprédatrice des ressources de la planète. C'est, en somme, une révision des cultures. La ville ne se définit pas par ses limites spatiales ou sociales. Il s'agit d'abord du lieu où s'éprouve le mieux, le plus complètement peut-être, la liberté d'action humaine et collective. La ville est aussi le mode technique de mise à l'épreuve de la condition humaine. Elle est, en somme, le mode d'épreuve, par excellence, de la capacité humaine à engendrer ses propres moyens d'action et son histoire proprement humaine. Cette histoire, alors que la ville constituait une force d'arrachement à la nature, est actuellement, brutalement, rappelée à la réalité. L'environnement comme cortèges de problèmes et questionnements figure au premier rang de ce rappel à l'ordre et à la mesure. Ce rappel à l'ordre s'inscrit dans un univers de significations bien établi déjà, où la ville figure comme démesure, comme lieu de perdition, mais aussi comme mesure, rationalité à l'œuvre ordonnée dans une confrontation à la nature qui verrait l'homme vainqueur. En quoi cette histoire nous concerne- t-elle aujourd'hui ? C'est qu'une problématique de l'environnement urbain ne pourra prendre place qu'entre ces deux pôles de l'expressivité urbaine, qu'il s'agira d'une ville construite en « bien commun » entre nature et technique. L'espace urbain est un texte qui se sert de l'imaginaire pour inventer de nouveaux modèles d'actions, références et valeurs (Chap. I). Pourquoi appeler cette partie modèles d'action ? L'environnement urbain, de ce point de vue, se construit comme un bien, un espace qui peut relever de la gestion en « bien commun » auquel des valeurs, des droits d'accès sont donnés, qui possède ses règles de construction et ses acteurs (Chap. II). Comme tout bien, l'environnement invite à regarder les habitants qui en sont les acteurs et les bénéficiaires : ce sera le sujet du chapitre III.

Chapitre I

Mesure et démesure du fait urbain

Le végétal, l'animal, et même la pollution de l'air, sont des prismes par lesquels se représente l'environnement ; un environnement fortement idéalisé dans le sens où la pensée de la ville procède de la rencontre « choc » entre deux utopies environnementales structurant les représentations et pratiques depuis les débuts de l'urbanisme, c'est-à-dire la « ville nature » (ou la cité-jardin) et la « ville technocosme », terme qu'utilise Gilbert Hottois, philosophe (1986). La ville est un univers sensoriel qui renvoie à la démesure esthétique du fait humain. Une politique des formes paysagères et des narrations s'inscrit donc forcément entre ces deux pôles. Ces deux représentations, qui mêlent projections fantasmées et contradictoires d'une nature essentielle à l'homme et d'une raison technique toute puissante, mettent à l'épreuve la raison à l'œuvre dans la production d'un habitat humain, car elles renvoient à des archétypes sources à la fois d'effroi et de jouissance : l'Hypermachine et le Paradis. Ces deux images structurent esthétiquement la manière dont sont perçus la végétation urbaine, l'animal en ville, mais aussi la pollution de l'air.

C'est donc d'elles aussi que procède la normativité toujours à l'œuvre dans les politiques urbaines qui, à travers la mise au point de normes, de règlements justifiant sa production concrète, écrivent la ville. L'urbanisme est jeu d'écriture, la ville est un texte. Cette approche n'est pas nouvelle : des géographes anglo-saxons proposent :

> une lecture du paysage fondée sur la notion d'intertextualité : le paysage comme texte ne peut être lu qu'en rapport à un contexte constitué par d'autres textes, manifestés par d'autres médiums, s'intégrant dans la culture considérée comme un système de significations et participant ainsi de façon constitutive aux processus de reproduction et de contestation des rapports sociaux et politiques (Mondada, Racine, 1995).

Ces approches vont dans le sens de la dénaturalisation – et donc de la démystification – de l'objet géographique : le paysage urbain et toute édification s'inscrivent dans un jeu entre « technocosme » et « ville-nature » ; il s'agit d'inscrire le visible (le matériel et le construit) dans l'optique d'un dépassement ou d'une maîtrise de la nature ou d'un rapport de mesure.

TECHNOCOSME

Les réseaux techniques (gaz, eau, électricité, télécommunications) organisent la ville comme « technocosme » ou « milieu technique » (Hottois, 1986). Selon cet auteur, les véritables et premiers technocosmes sont les utopies urbaines. Ce sont des « espaces construits, techniques, artificiels et autarciques ». Le bonheur des êtres est assuré par le fonctionnement de la « machine ». Cette identification des utopies urbaines aux premiers technocosmes est d'autant plus intéressante qu'elle coïncide avec l'idée de ville laboratoire ; que sont les utopies urbaines sinon des modèles socio-naturels visant la réalisation d'un homme meilleur ?

Les modes d'habiter se plient aux exigences du « technocosme » : la domotique à l'intérieur de l'appartement ou de la maison en est un pilier. Théoriquement, de nombreuses bulles urbaines, sphères d'artificialisation, sont de plus en plus closes et autarciques par rapport à la nature (songeons à l'isolation, au conditionnement thermostatique etc.) ; elles sont aussi de plus en plus intensément reliées à d'autres technocosmes ou éléments de technocosmes plus vastes (du téléphone à l'informatique). Ce n'est plus alors le lieu de la ville qui est perçu, mais un objet technique hypercomplexe et systémique, celui du monde habité réduit à sa sphère technique. Ce milieu technicien que constitue la ville est un véritable casse-tête, que seuls les experts savent produire et entretenir. *A priori*, le milieu naturel n'a pas été produit par l'homme et s'entretient de lui-même ; l'application de la technique à la nature a fait de celle-ci un produit technique qui, lui aussi, a besoin, pour survivre, d'être entretenu et géré par l'être humain. Alors « pour chaque espèce de machine naturelle, il y a des spécialistes qui savent ». La relation à la nature adopte un caractère opératoire avec ses problèmes et ses solutions d'ordre technique ; elle n'est plus seulement symbolique, rêvée. En outre, le caractère opératoire de la relation technique est partiel, car chaque individu expert en détient seulement une partie. La réalité du monde technicien dans lequel s'intègre la nature est d'une complexité non maîtrisable par un individu ou un groupe d'individus. La rationalité de la technique s'impose à l'ensemble des individus non plus alors comme une maîtrise, mais comme un milieu qui a ses lois propres (proche de la machine) et qui exclut, d'après l'auteur, l'être humain, en tant qu'« être du symbole », de culture et de nature.

Cette idée de la ville comme bulle potentiellement autonome est très développée dans le registre de la métaphore biologiste, naturaliste et mécaniste : la ville est un outil « qui se produit et se reproduit lui-même, un peu à la façon dont les biologistes considèrent actuellement la cellule vivante : une machine qui se construit et se reproduit d'elle-même » (Fourquet et Murard, 1973, p. 27-45). L'utilisation de cette métaphore permet de décrire une machine-ville qui comporte une mécanique, c'est-à-dire une chaîne de transformations dont les liens sont de cause à effet :

> Dès les premières civilisations, la ville se présente comme un appareil de transformation de l'énergie naturelle en énergie utile : adjacente au fleuve, elle le transforme en force productive sociale, énergie de l'agriculture, vie de la terre. [...] La ville, dès lors, paraît animer mais aussi dominer la terre de sa puissance productive. La ville transforme tout, rassemble et métabolise toutes sortes de chaînes productives hétérogènes.

En ce sens, la ville se présente comme un équipement collectif. C'est avant tout une structure totalisant les équipements eux-mêmes fabriquant du social. Pourtant, elle est inscrite dans un espace, car elle est au croisement de flux économiques et marchands, de réseaux circulatoires « dont la voirie n'est jamais que l'une des matérialisations, la plus visible et, aujourd'hui, la plus bruyante ». Cette ville n'a d'existence que si son inscription dans le territoire permet de redistribuer des flux sur « l'espace de la distribution sociale ». Selon les termes même de Fourquet et Murard, « la territorialité de la ville devient déterritorialisation de flux » (monnaie, capital, commerce). Dans cette perspective, le territoire de la ville n'est ni un territoire doté d'épaisseur environnementale, ni même une localité autonome, mais une sorte d'écho qui se propage suivant les lignes de flux : Paris est, par exemple, un flux touristique (dont la fréquentation aéroportuaire est la manifestation la plus visible). La ville est dès lors peu vue en rapport avec les lieux de l'inscription matérielle des habitants. Néanmoins, le territoire de la ville n'est pas une « simple projection de flux qui ont leur logique ailleurs », l'inscription de la ville dans l'espace est un moyen de production, « une valeur d'usage pour la production ». En somme, cette représentation de la ville comme un fait à la fois unique, particulier et universel, passe avant tout par sa description comme un nœud dans un réseau qui distribue les flux et les intensités. La question de l'habitabilité urbaine est, dans cette description-là, peu présente. La métaphore naturaliste et la métaphore mécaniste constituent les fondements de cette expression. C'est d'un côté l'organisme, de l'autre la machine. Il semble donc que ce discours trouve sa pertinence dans l'expression abstraite de ses termes et qu'il utilise des notions qui ressortent de l'image. D'ailleurs, ce corps, machine-ville et équipement collectif, renvoie à des textes de science-fiction.

Cette vision de la ville comme machine a des répercussions politiques : la ville en tant qu'organisation socio-spatiale spécifique a disparu, elle n'est plus qu'une caisse de résonance. L'État est le chef d'orchestre de cette série de points et réalise une organisation stratifiée de l'espace : il forme un ensemble vertical et hiérarchisé qui traverse les lignes horizontales en profondeur. « L'État est une zone de récurrence qui s'isole ainsi du reste du réseau, quitte à contrôler d'autant plus strictement les rapports avec ce reste » (Deleuze, Guattari, 1980, p. 93-200). En définitive, l'État est sans territoire puisqu'il les comprend tous. La question n'est donc pas de savoir si ce qui est retenu est naturel ou artificiel (frontières). Dès lors, la ville, dont le lieu propre n'a que peu d'importance pour l'État, n'est pas inscrite dans un espace physique.

Cette vision métaphorique de la ville machine la constitue comme un opérateur de mobilités et de flux. Elle s'opère forcément aux dépens d'autres dimensions urbaines, en particulier de l'art de l'habiter. Le monde de l'habitant dépend des qualités qu'il attribue aux objets. Ainsi lui faut-il sentir et ressentir les relations entre les gestes accomplis avec les différents objets : machine ou maison organisée par la technique. Le sens et la signification de la ville ne peuvent être considérés comme exclusivement machiniques. Il est vrai que les routines renvoient à des vies machiniques ; cependant, la créativité dans la ville dépend de la capacité à investir activement son milieu de vie.

Les faits environnementaux contredisent cette vision urbaine. Le cafard renvoie par sa présence à l'impossibilité d'une ville parfaitement close ou d'un espace absolument maîtrisé, en circuit fermé sur le plan technique, une « bulle ». L'étonnement qu'il provoque renvoie à une pensée de la ville comme milieu technique, mais en montre toutes les failles : c'est une bête non désirée, une nuisance, une saleté urbaine. L'animal est en ville, non pas parce qu'on le désire, mais parce que la ville est un milieu, un milieu de vie qui lui offre opportunités, ressources, abris etc. Il en va ainsi même d'un milieu urbain moderne, ce que nous apprennent les cafards qui vivent très bien dans les niches écologiques que constituent les immeubles bien chauffés, à l'abri des aléas climatiques de nos villes.

DÉMESURE DE LA NATURE

La nature est de l'ordre de la démesure. La ville mélangée à la nature forme un univers susceptible d'inscrire dans l'ordre urbain des horizons inédits associés à la non-maîtrise de la nature. En dépit de son instrumentalisation ou de son rabattement sur des enjeux disciplinaires (la nature serait un objet des sciences de la vie et de la matière ; et encore, convient-il de noter que les sciences écologiques n'emploient pas le terme[1]), la nature échappe à toute tentative de réduction : elle est le cœur des interrogations sur l'avenir. L'une des raisons à cela est qu'elle implique différentes échelles d'espace et de temps et qu'à travers elle, se jouent les enjeux les plus fondamentaux de l'humain, certains étant d'ordre symbolique (ainsi en est-il de la séparation nature/culture) et d'autres plus concrets ainsi en est-il des conditions de survie sur la planète Terre. Comme l'énonce fort clairement Maurice Merleau Ponty (1995, p. 19), « La nature est un objet énigmatique, un objet qui n'est pas tout à fait un objet ; elle n'est pas tout à fait devant nous. Elle est notre sol, non pas ce qui est devant mais ce qui nous porte. » Il lui donne, néanmoins, un sens avant de commencer ses cours :

> Il y a nature partout où il y a une vie qui fait sens, mais où cependant il n'y a pas de pensée ; d'où la parenté avec le végétal : est nature ce qui a un sens, sans que ce sens ait été posé par la pensée. C'est l'autoproduction d'un sens. La nature est donc différente d'une simple chose ; elle a un intérieur, se détermine du dedans ; d'où l'opposition de naturel à accidentel. Et cependant, la Nature est différente de l'homme ; elle n'est pas instituée par lui, elle s'oppose à la coutume, au discours. Est nature le primordial, c'est-à-dire le non construit, le non institué ; d'où l'idée d'une éternité de la nature (éternel retour), d'une solidité.

Dès lors, l'introduction d'une nature en ville est synonyme d'introduction d'un horizon de dépassement, qui associe la terre, sa fragilité et l'ordre symbolique transgressé : la pollution telle que la décrit Mary Douglas met à mal beauté et fragilité naturelle, création divine. C'est l'horizon d'une démesure. De fait la nature, c'est aussi bien du présent, du passé que du futur.

Cette vision de la nature et d'une ville-nature se constitue de plusieurs formes de démesure. La nature est, pour beaucoup des citadins interrogés, synonyme de « sauvage » et associée à ce qui nous échappe. Cette démesure du sauvage incite à la domestication. Qu'il s'agisse de jardinage ou de domestication animale, de toutes

1. Pour les écologues et depuis longtemps pour les biogéographes la référence n'est plus une nature originelle, mais un monde artificialisé, un socio-écosystème. De fait, les écologues ne parlent pas de nature, mais d'écosystème.

les techniques et pratiques concourrant à la domestication d'un élément de nature, la ville est le lieu d'une domestication spécifique. On observe une réduction morphologique des éléments de nature et la création d'espèces adaptées à un univers de contraintes : taille des appartements, règlements d'urbanisme ou encore invention zootechnique ou horticole en réponse aux demandes d'un marché du jardinage et de l'animalerie en pleine expansion. Cette tendance est ambiguë : il s'agit dans le même mouvement d'une domestication qui réduit la taille des animaux et les rend plus artificiels d'aspect, et d'une volonté d'ensauvagement qui consiste à vanter les terrains vagues, à apprécier les « herbes folles » et à créer des jardins sauvages dits naturels. Peut-on considérer un double ensauvagement de l'urbain ? Des formes du vivant sont créées en vue de satisfaire des citadins, pour lesquels la nature et le sauvage ont acquis une valeur mythique ; les citadins, de plus en plus, définissent la nature comme la « Grande nature », les référents extrêmes étant la bête sauvage, le pôle Nord. C'est en ville que se pense, de plus en plus, le sauvage, c'est-à-dire le spontané dans une opposition forcée au géré, et le naturel par rapport à l'artificiel. Cependant, les variétés introduites et la diversité des espaces créés mettent en évidence un marché du jardinage et des animaux de compagnie aussi bien qu'un univers technique proliférant, dont on a peur. Ainsi l'univers de la « domestication » est-il perçu comme aussi « sauvage », incontrôlé (puisqu'il est le produit d'un capitalisme qui passe par le développement technique) que l'univers naturel. D'autres phénomènes – les changements climatiques notamment – participent de ce rapport à la démesure de la nature.

La démesure naturelle est un repère. On peut la voir comme une mesure pour la démesure humaine. L'introduction de la démesure en ville est toujours sujette à gestion améliorée, à la production de nouvelles mesures : c'est une procédure de mise en raison de la démesure, d'arraisonnement sur le mode technique. Si le rapport à la nature est un rapport à la démesure, à la perte d'échelle, le récit humain est au contraire ce qui fournit la mesure, en constitue la valeur en quelque sorte. La couleur verte, par exemple, à laquelle est souvent réduite la nature en ville, est le prétexte à l'élaboration d'utopies urbaines ou de villes imaginaires. Question complexe que la nature en ville, question qu'on ne peut disjoindre de ses origines utopiques ou littéraires[2].

RÉCITS CONTRE NATURE : LES UTOPIES URBAINES

Les premières utopies urbaines ne sont pas « vertes ». L'espace imaginaire de l'utopie n'a pas d'existence réelle, et se veut le lieu du bonheur, comme le marque sa double étymologie (Utopie = *Eu-topia* et *Ou-topos*) désirée par Thomas More (1478-1535), fondateur de l'Utopie. Notons dans la conception qu'il s'en fait[3] la

2. *Cf.* Jacques Rancière (2000) page 64 : « l'utopie est le non-lieu, le point extrême d'une reconfiguration du sensible commun, qui brise les catégories de l'évidence. Mais elle est aussi la configuration d'un bon lieu, d'un partage non polémique de l'univers sensible, où ce qu'on fait, ce qu'on voit et ce qu'on dit s'ajuste exactement. »

3. Thomas More (1478-1535), *L'utopie ou le traité de la meilleure forme de gouvernement,* traduction de M. Delcourt, Flammarion, Paris, 1987, p. 139-141, 141-145, 152-153, 154.

grande importance de la description physique du lieu, réalisée au moyen de termes très précis se référant à différents éléments naturels (source, ruisseau, marée, fleuve...). Ces particularités physiques servent à individualiser la cité, à la rendre unique. Ce texte comporte des descriptions détaillées, que l'on ne va pas retrouver dans toutes les utopies, de la manière dont cette société urbaine utilise la nature environnante extérieure à l'enceinte de la cité. Outre cette nature extérieure qui constitue le milieu naturel de la cité, les habitants possèdent des jardins derrière chacune de leurs maisons, « où ils cultivent des plants de vigne, des fruits, des légumes et des fleurs ». Ces jardins dont l'éclat est l'enjeu d'une compétition entre les différents quartiers de la cité, constituent, selon Thomas More, une « occupation pour donner à la fois du profit et de la joie aux citoyens ». La mise en espace de la ville, qui procède d'un aménagement rationnel, est à mettre en relation avec cette organisation de l'exploitation de la nature dont la finalité est double : joie et profit. L'auteur présente une nature qui n'est pas tant une nature que l'on opposerait à la cité, celle des hommes, qu'une nature qui contribue de diverse manière à l'organisation de la cité. Il s'agit d'une mise en œuvre technique d'éléments naturels afin qu'ils participent à la productivité urbaine. C'est un modèle fourni par le récit d'Utopie ; c'est un modèle de récit aussi, un récit modèle. Les éléments qui composent ce récit urbain d'Utopie –la maison d'habitation, mais aussi le jardin qui représente la nature urbaine– correspondent chacun à une ou des pratiques sociales essentielles pour le fonctionnement de la cité. Issu de l'univers lisse du dessin géométrique, le modèle est transposable partout, dans le champ entier de l'espace naturel (Choay, 1980). Il s'agit de l'énonciation d'un espace théorique qui correspond dans l'histoire à la mise en œuvre de découvertes spatiales de la Renaissance ; planigraphie, perspectives...

Si les premières utopies urbaines ne font pas encore de la nature le contrepoint rhétorique de l'élaboration d'un récit urbain, elles en cernent les prémices réalistes, l'exploitation des campagnes par les villes. Les utopies sociales du XIXe siècle sont, elles, très liées au mouvement hygiéniste ; elles adoptent la verdure comme un élément constitutif. Elles expérimentent une introduction limitée, contrôlée de la nature. L'on exploite la nature comme ingrédient d'un urbanisme expérimental ; on essaye l'air, l'eau, l'espace vert pour aérer, vivifier, rendre salubre... C'est sur elles que se cala l'urbanisme naissant, en particulier, le mouvement moderne. De la nature, ces urbanistes retiennent des éléments destinés au décor comme la pelouse spectacle chez le Corbusier. Critiques de la ville[4], ces penseurs veulent instaurer un espace bonifiant les conditions de l'existence de l'être humain, en mettant en œuvre des principes esthétiques qui tiennent compte de ces nécessités d'hygiène et de l'intérêt pour le confort urbain de rationaliser la production du bâti et de la ville. Il faut classer les bâtiments selon leur apparence et les ordonner selon un esprit de géométrie qui impose la ligne droite et la création de lignes pures. Cubes, ou rectangles simples d'expression, plans de verdure : de ces éléments essentiels pour

4. L'hygiénisme a inauguré une vision unitaire de la ville comme espace de génération de maladies : le territoire urbain apparaît comme une unité sanitaire (Murard, Zylberman, 1985).

faire de la ville un lieu de vie émane l'expression d'une beauté répondant strictement aux besoins de l'être humain. Cette ville nature ou cité jardin est abstraite ; elle bannit l'animal ; il est expulsé aussi du fait d'une mécanisation de la mobilité. Il y a dès le XIXe siècle, pour des raisons économiques et d'hygiène, disparition des fermes et des abattoirs, ainsi que des élevages et de tout un système d'usage des restes animaux.

Ainsi, on peut penser que la ville se construit sous forme d'un récit – du récit de l'élaboration d'une œuvre technique – qui ne cesse de se rapporter à la question de la nature. Les années 1970 et le développement du sentiment écologique remettent en scène le dialogue. Cette fois, la ville est un écosystème et, donc, fait partie de la nature. Elle s'inscrit dans la démesure naturelle dont la description systématique est l'objet des sciences. Ce qu'éludent partiellement ces travaux des années 1970, semble-t-il, c'est que la nature pour les acteurs de l'aménagement urbain est un prétexte à de nouveaux artifices. Or l'aménagement de coins de nature en ville ne se résume pas à la création d'espaces de loisir ; il s'agit d'hybridation entre ville et nature ; car la cité est l'anti-nature.

VILLE/NATURE : UN JEU DE MESURE

Comparons ce qu'enseigne la nature en termes d'environnement physique et ce qu'offre la ville. Cette comparaison permettra d'éclairer la qualité de vie en ville. Qu'en est-il de l'espace et du temps de la nature comparé à celui des villes ? Les forces de la nature sont sans rémission (catastrophes, sécheresses…) et cycliques. La ville, elle, est sans cycle. L'horizon naturel est vaste et renvoie à l'horizontalité de la terre : il n'est qu'à penser au soleil couchant ; la ville, milieu artificiel, renvoie à une verticalité construite, celle des tours et des bâtiments urbains ; elle s'élève dans le ciel en manière de défi. Les villes n'offrent pas la même continuité physique avec l'environnement que la nature. Les deux sphères sont donc bien distinguées : d'un côté, la sphère de la nature avec ses objets (insectes, ciel, torrents…) de l'autre, la ville et ses objets qui sont de notre monde (bâtiments, musées, transports…). Beaucoup de ces objets présents dans la ville opèrent comme des métaphores, des traductions humaines de la nature. L'activité humaine part du donné naturel et le transforme afin d'en extraire la ville. Néanmoins, la ville donne sa mesure à la nature.

En somme, il est une idée de la ville qui inscrit celle-ci comme un dépassement de la nature, une rupture de l'harmonie avec la nature. Les représentations de la ville comme artifice et milieu technique dominent au point que certaines espèces vivantes transportées en ville deviennent déplacées, « dénaturées ». Il y a donc un seuil où s'établit la rupture, marquée par la prééminence des techniques urbaines. On peut penser que la ville en tant que rupture de l'harmonie avec la nature renvoie à l'idée de la crise. Cette rupture de la continuité avec l'ordre naturel met la ville en danger, ce qu'exprime l'idée de pollution. On peut penser aussi que l'idée de ville inscrite dans ce récit mythique renvoie au sublime, une catégorie forgée dans la perspective d'une nature qui nous dépasse. On voit alors que les problèmes d'environnement engendrés par la ville – problèmes qui renvoient à une transgression de la nature – ne peuvent être traités par la simple mise en œuvre de techniques, car ils sont avant tout des problèmes de société, dans le sens où ils renvoient à un ordre socio-spatial, et à l'image d'une mise en forme de la ville au sens d'une appréhension esthétique. Il s'agit de reconnaître les stratégies sensibles d'appropriation de l'espace urbain et les stratégies de fiction qui visent à créer des significations au fait de vivre là. Or, la société s'acharne à vouloir les résoudre de manière technique, au détriment des modalités d'appropriation de l'espace spécifique aux cultures humaines. Que le monde de la connaissance commune soit remplacé de plus en plus par l'univers physique de la science et de la technique ne pose problème que si la fabrication des milieux de vie est pensée uniquement sur le plan technique. À terme, on peut penser alors que le milieu urbain lui-même va se trouver investi d'une naturalité idéelle et probablement technicisée. La ville deviendrait alors une sorte de surnature urbaine.

La ville existe comme un moment d'incarnation bien spécifique. Et c'est d'un rapport à la nature, au sens le plus général du terme, que naît ce moment d'identification d'un espace humain. L'humain devient aujourd'hui de plus en plus urbain au point qu'être urbain et être humain deviennent des termes synonymes, tandis que la nature ou biosphère participe de plus en plus du vivant.

Chapitre II

Les conditions de l'habitat esthétique

Il s'agit donc aujourd'hui de prendre la mesure du fait qu'est la ville : doublement comme lieu de vie et comme lieu de mise à l'épreuve des conditions techniques de développement. C'est en ce sens qu'il s'agit de revenir maintenant sur ce que nous imaginons être les prémices d'une esthétique environnementale. En dépit du passage brutal et récent d'une civilisation rurale à une civilisation urbaine marquée par les très grandes villes et l'expansion « bidonvillaire » qui appelle une réflexion d'envergure, les modes d'intervention urbaine ont peu évolué (ou à la marge). La ville est en crise depuis longtemps (et périodiquement). L'écart de condition entre les habitants des villes et leurs représentants, ainsi qu'avec ceux qui ont pour mission d'assurer l'aménagement et la gestion urbaine, devient perçu comme insurmontable. La destruction de quartiers au profit d'opérations immobilières lucratives, l'expulsion de familles sans abri, ou même la construction de quartiers neufs, ont conduit au divorce entre la production matérielle et la production sociale et politique de la ville : la cité. La matérialité urbaine toujours plus éclatée, aux quartiers (riches ou pauvres) repliés sur eux-mêmes, contribue à un fort sentiment de délitement social. En divisant l'espace urbain entre riches et pauvres, ou en zones obéissant au droit commun et hors du droit, en excluant tout processus d'élaboration globale, on renforce une mentalité de « camp retranché » et on limite, en réalité, le potentiel de croissance et de développement. La ville devient difficile à faire : la métropole, trop étendue et diverse, ne peut s'avérer l'horizon « pratique » d'une communauté politique (Jouve, 2004) alors que la ville (Barcelone, Rio, Paris etc.) demeure un horizon symbolique. La proximité est un facteur important de la prise de responsabilité environnementale. À l'extrême, le quartier court les risques du repli identitaire et protectionniste.

En outre, il existe une injonction croissante incitant à la mobilisation des personnes : consommez mieux, utilisez mieux, participez ! Ces injonctions dissimulent souvent le fait que les acteurs privés et publics interviennent sans coordination, mus par des intérêts divergents et font le lit de nombreux dysfonctionnements sociaux et environnementaux. Elles masquent également la défaillance de l'État Providence, ou de l'intervention des pouvoirs publics. Cela accompagne un processus de montée en puissance de la gestion collective ou « communautaire » des habitants. Il existe un processus de prise en charge des populations par elles-mêmes ou en association avec les pouvoirs locaux. Ce processus est souvent conceptualisé sur un mode négatif (Hamdi, 2004). Bien évidemment, la vision d'un avenir incertain transparaît davantage dans les analyses qui portent sur les pays en développement et incite à conserver, dans ces observations sur les relations entre villes et mondialisation, le clivage entre les pays du Nord et les pays du Sud et, pour ces derniers, entre Afrique, Asie et Amérique Latine. Certes, les mutations économiques récentes se traduisent partout par un renforcement des fonctions des plus grandes villes de chaque pays – et surtout des conurbations, ensemble de capitales et de villes secondaires devenues métropoles[1] – et par une transformation des réseaux urbains intérieurs, mais elles entraînent aussi de nouvelles formes de domination des grandes métropoles internationales des pays développés sur les territoires de pays du Sud. Cette prédominance des villes du Nord sur les territoires du Sud est aujourd'hui dénoncée, en particulier par les économistes, qui construisent l'expression de « dette écologique » (Martinez-Allier, 1991). En somme l'avenir n'est pas gai, mais il n'est pas obligatoirement sombre non plus, comme le montrent de nombreux modèles prospectifs[2]. Notre problématique prend place alors dans le contexte d'une légitimité croissante des pouvoirs locaux et d'une citoyenneté qui prend appui sur la singularité expressive des paysages et cadres de vie pour construire un milieu de vie. Quels sont alors les principaux acteurs d'une politique localisée des formes ?

LÉGITIMITÉ CROISSANTE DES ACTEURS LOCAUX

Régions, départements et municipalités ont acquis de nouvelles compétences et pouvoirs ces dernières années : cette évolution s'inscrit dans le contexte de la déconcentration et de la décentralisation de l'autorité de l'État. Dans le cadre de la mise en œuvre des « politiques de ville durable », le niveau local – la commune, la métropole ou la région urbaine – est devenu primordial. La question de la responsabilité des villes, en tant que collectivités locales dotées d'une capacité d'action et ayant un devoir de gestion de leur territoire face au développement durable, se pose dès la préparation du sommet de Rio (1992). Les villes disposent « de capacité d'initiative politique indéniable qui en font des espaces politiques d'expérimentation » (Jouve, Gagnon, 2006).

À cette échelle notamment, l'un des freins à l'efficacité des politiques en matière de développement durable est sans conteste la conception verticale et sectorielle de l'action publique contraire à la transversalité nécessaire au développement durable et à la mise en relation de ses trois piliers, soit économique, écologique et social[3].

1. Les plus grandes cités des pays en développement, que l'on hésite parfois à qualifier de métropoles – de villes qui commandent – pour garder le terme plus neutre de mégapole, servent de relais aux grandes cités du Nord.

2. *Cf.* les travaux de Gallopin *et al.* (1997). Les auteurs mettent en évidence plusieurs modèles d'avenir : les deux premiers sont fondés sur peu de changements. Le suivant est la barbarisation avec une variante « Monde forteresse » dont rend bien compte l'actuel mouvement de ghettoïsation avec les *gated cities* et une variante « catastrophe ». Les deux derniers sont l'éco-communalisme et un nouveau développement durable. *Cf.* également les travaux du démographe Jean-Claude Chesnais *Le Monde* du 11 janvier 2006 qui montre qu'un Nord riche et vieux et un Sud pauvre et jeune avec une pression migratrice renouvelée peuvent accroître internationalement les tensions sociales.

3. Le principe de linéarité de l'action politique mis en forme par les théoriciens de l'analyse des politiques publiques consiste en deux composantes. D'une part, le principe de découpage technique des problèmes ou des questions qui renvoie à l'organisation ministérielle et bureaucratique d'un État moderne. D'autre part, la logique séquentielle de la construction des politiques publiques selon le schéma idéal : identification d'un problème, formulation d'une solution et d'une action, prise de décision, mise en œuvre, évaluation.

L'innovation de l'action publique repose alors sur la capacité de décloisonnement administratif, entre services et entre communes, aussi bien que sur celle de l'articulation de ceux-ci à la société civile. La société civile est constituée par les acteurs qui pèsent sur le devenir d'une société et travaillent à sa transformation, sans opérer par les canaux classiques du politique institué ou du marché. Le terme recouvre un grand nombre d'associations, de mouvements aux statuts, aux fonctionnements très divers (des associations de quartier aux grandes organisations humanitaires). De plus en plus invoqué, son usage remet à l'honneur des théories politiques associationnistes[4]. De fait, les capacités d'auto-organisation des habitants sont un facteur de démocratisation de la société (et non pas des institutions) ; supplétives ou normales, ces capacités d'auto-organisation peuvent être le point de départ d'alternatives politiques à l'échelon local lorsqu'elles se structurent en mouvement associatif. La multiplicité des formes d'organisation, d'association et de relation entre les habitants, les pouvoirs publics (nationaux et internationaux) et les ONG locales et internationales montrent qu'il existe aujourd'hui une réelle diversité de conceptions du développement. Même si les dérives, voire les impérities, sont nombreuses du fait d'une idéologie et d'une pratique du développement basée sur la corruption et la violence à tous niveaux de l'administration notamment et sur un moindre financement de ce dernier confronté par ailleurs à la suburbanisation massive (Davis, 2006).

Au Sri Lanka, par exemple, dans le cadre du programme « Un million de maisons » lancé en 1984, l'État a abandonné la construction directe de logements. Le choix a été fait d'aider plutôt les familles à construire elles-mêmes leurs habitations grâce à une coopération étroite – technique et financière – entre administrateurs, hommes politiques et population. Cela peut-il déboucher sur la prise en considération d'une esthétique du quotidien ? Les habitants ont dans ce sens acquis ces dernières années de nouveaux pouvoirs politiques. En effet, une des tendances mondiales qui recouvre une réalité multiforme est la participation des habitants (ce qui concourt au pluralisme en politique) ; cela va de l'information à l'action directe, passant par la concertation, la participation etc. La confusion qui règne entre ces différentes formes de recours aux habitants ne facilite pas le débat : il existe essentiellement deux types aux limites floues[5], l'un valorisant le développement communautaire (qui met en exergue

4. Paul Hirst et Veit Bader (2001) font part de ce renouveau à l'échelle européenne.

5. Il s'agit d'acquérir les moyens de renforcer la capacité d'action, d'émancipation… Le premier type considère exclusivement la communauté localisée, le deuxième est plutôt centré sur les personnes et va dans le sens d'une individualisation du politique. De nouvelles tendances se font jour dans ce domaine : par exemple, le développement négocié ou la négociation territoriale. John Abott (1996, p. 99 *et sq.* : jusque dans les années 1980, l'on croyait que le développement communautaire (ou local ?) et l'*empowerment* étaient les deux seules approches aux questions de participation. Puis vinrent les approches par projet et, enfin, en termes de gestion communautaire. De fait la multiplicité des approches aujourd'hui (*Cf.* aussi Sirianni, Friedland, 2001 et Jouve, Booth, 2004) est considérable ; elle implique le renouveau des institutions politiques.

la dimension culturelle des quartiers), l'autre la prise en main par l'individu ou le groupe de son destin, l'*empowerment* [6].

On peut dire qu'en France, en particulier, ce recours du politique à l'habitant procède tout à la fois d'une logique de limitation des pouvoirs locaux, d'une extension du domaine classique des libertés publiques et d'un nouvel instrument d'action collective. S'agissant de la limitation des pouvoirs locaux, l'extension des recours individuels peut être considérée comme une modalité supplémentaire de contrôle instaurée par des pouvoirs centraux face au processus de décentralisation. L'obligation, désormais inscrite dans la loi du 27 février 2002 relative à la démocratie de proximité [7], de création de conseils de quartiers dans les villes de plus de 80 000 habitants ou celle de constitution de « conseils de développement » pour les nouvelles formes de collectivités territoriales (agglomérations ou pays) constitue bien la reconnaissance de l'habitant comme contre-pouvoir et force de proposition face à une démocratie locale supposée être susceptible de dérives [8]. S'agissant de l'extension du domaine des libertés individuelles, l'élargissement des possibilités de recours individuel et collectif (notamment avec la prise en considérations des *class action* ou actions collectives inspirées du droit américain dans les cas d'atteintes à l'environnement) manifeste l'émergence d'un nouveau domaine ; la notion d'atteinte au cadre de vie est reconnue comme pouvant légitimement fonder un droit au recours (convention d'Aarhus).

Dans les pays du Sud, où le choc de la mondialisation sur les villes a aggravé des situations sociales déjà très tendues, le recours croissant à la participation prend toute son importance. Au Brésil, les municipalités où les partis de gauche ont gagné les élections s'engagent dans l'élaboration de « budgets participatifs » dans le cadre d'une gestion qui associe les pouvoirs publics locaux aux autres acteurs de la société civile. D'ailleurs, l'Agenda 21 développé au sommet mondial de Rio (1992) met en avant l'idée selon laquelle le niveau local et la mobilisation de toutes les forces qui y

---

6. L'*empowerment*, chez les auteurs américains, renvoie à la prise en main de son destin par l'individu, ou par la communauté, mais ne préjuge pas de l'octroi ou de la prise d'un pouvoir de décision par l'action ou la parole, ni des orientations prises par ces individus ou communautés *empowered*. L'évolution et les emplois du terme *empowerment* donnent une illustration intéressante des limites de l'analyse en termes de capital social. La plupart des auteurs américains intègrent cette notion comme l'horizon politique des démarches de participation. Pour autant, le terme lui-même est utilisé sans finalité politique et sans lien direct avec l'analyse du pouvoir, alors même qu'il encourage des pratiques d'autonomisation.

7. Les principaux objectifs de cette loi sont : – Associer plus largement les citoyens aux décisions locales, – Renforcer les droits des élus locaux, notamment ceux de l'opposition, – Faciliter l'accès aux mandats locaux, mieux articuler ces mandats avec l'activité professionnelle, renforcer la formation des élus locaux et améliorer les conditions d'exercice des mandats, – Assurer la transparence du processus d'élaboration des projets d'aménagement et d'équipement ainsi que la participation du public à l'élaboration des grands projets.

8. C'est dans les débats sur l'aménagement du territoire, là où les élus sont souvent fortement contestés et où les politiques mises en œuvre envahissent brutalement la vie quotidienne des gens (autoroutes, TGV par exemple), que la singularité française s'est le plus révélée : donner une place à la population dans le « concert » de l'action publique localisée. Cette place est reconnue comme une nécessité par l'ensemble des acteurs de l'aménagement urbain dans une approche de type utilitaire : la concertation doit servir à enrayer les logiques de conflit autour de l'aménagement d'abord, et à garantir ensuite la pérennité des équipements installés. Les instruments d'action publique vont de la circulaire Bianco sur l'enquête publique, loi Bouchardeau dans le domaine de l'environnement, instauration en 1997 de la Commission nationale du débat public (CNDP) etc.

existent sont essentiels au processus de développement durable (Nations-unies, 1992). En Europe, ces affirmations ont été éprouvées dans plus de 6000 communautés locales[9]. De fait, le sommet de Rio (1992) a indiqué le moment où la question du développement – s'éloignant des origines post-coloniales – est devenue une façon de faire de la politique en relation avec les populations. De même, les grandes associations environnementales comme Greenpeace ou World Wide Fund (WWF) ont intégré ces nouveaux modèles et ne se contentent plus de défendre l'environnement, un animal ou une espèce[10].

CITÉ ESTHÉTIQUE

En conséquence, et au-delà des problèmes théoriques, on entend par politique l'impérieux mouvement actuel qui invite à repenser la démocratie urbaine, à trouver des réponses en termes d'échelles de gouvernance, d'association de niveaux d'autorité et d'intérêt (Duchatel et Canet, 2004). Lié à un mouvement général de démocratisation de la démocratie, c'est aussi le fait de nombreuses associations, groupements, entrepreneurs sociaux, artistes etc. Dans ce sens, la mondialisation a ceci de positif qu'elle correspond à une universalisation du problème urbain et, de ce fait, à une globalisation d'un souci pour la Terre. Elle fait voir, sur le plan environnemental, la communauté des problèmes (étalement urbain non contrôlé, crise des banlieues ou quartiers en crise), mais aussi la communauté des solutions, entre les villes des différents pays. Le manifeste de Turin, œuvre du réseau européen « Revitalisation des quartiers en crise » qui paraît en 1994, exprime très clairement que ces quartiers puissent être considérés comme des « laboratoires de la citoyenneté européenne » :

> La pauvreté et l'exclusion sont d'abord des phénomènes urbains. Les villes sont le lieu d'accueil naturel des populations en provenance de zones rurales [...] Quoi qu'on en dise, quoi qu'on fasse, ces migrations vers la Communauté européenne, cet îlot de richesse dans le monde, ne s'arrêteront pas, et les quartiers les moins favorisés de nos villes sont destinés à les accueillir à l'avenir. [...] Les villes secrètent sans cesse des territoires de l'exclusion et concentrent sur ces territoires ceux dont personne ne veut ailleurs.

La ville fait voir, cependant, les différences culturelles d'organisation sociale et politique[11].

---

9. Depuis 1992 (et le « global action program » qui enjoint les autorités locales à développer des agenda 21) plus de 6300 collectivités locales européennes ont initié un processus de développement durable. Evans *et al.* (2004).

10. Cette affirmation mérite d'être nuancée : si dans les années 1990 il est devenu commun pour les grandes ONG's de se préoccuper de participation des populations locales, on assiste actuellement à un retour sur ces sujets. WWF États-Unis préfère, par exemple, se préoccuper de la conservation des espèces ou espaces menacées.

11. Avec la crise de l'État Providence, la valorisation de la « société civile » et l'institutionnalisation de la participation et de la problématique de l'environnement, les associations et collectifs territoriaux sont plus que jamais sur le devant de la scène : or, l'association occupe une place très particulière dans l'espace public de la nation française. Au contraire de la tradition anglo-saxonne qui la place au cœur de l'organisation socio-politique, la République, constituée contre les appartenances primaires et les corps intermédiaires (ordres, églises, corporations, syndicats), a institué idéalement la confrontation directe de la Nation et du citoyen débarrassé de ses appartenances spécifiques, qu'elles soient religieuses, familiales, professionnelles ou géographiques (*Cf.* par exemple, Claire Gillio, Jean-Paul Blais et Jacques Ion (Eds), 2001, *Dynamiques associatives, cadre de vie et environnement,* MELT-PUCA).

Dans ce sens toujours, la mondialisation a ceci de positif qu'elle force le développement de la coopération internationale sur le sujet de l'urbain[12]. La coopération internationale urbaine commence en 1976, avec la conférence des Nations unies sur les établissements humains à Vancouver. On pensait alors pouvoir contrôler l'urbain, et l'accent était mis sur la planification. Une série de pays sans réelle tradition urbanistique, géographique et planificatrice ont entrepris de créer des institutions d'urbanisme. Ces opérations se déroulaient selon un modèle technocratique, sans connaissances de terrain, sans enquête d'aucune sorte. Les Nations unies, à la suite de Vancouver, ont créé une agence spécialisée dans le suivi des établissements humains : le centre de Nairobi, appelé Habitat. Sa mission était de mettre en œuvre le plan d'action de la conférence de Vancouver, désormais appelé Habitat I. En 1996, Habitat II s'est tenue à Istanbul. Comme les six autres grandes conférences des années 1990, elle participe du message que les Nations unies voulaient faire passer au nouveau millénaire, celui de la durabilité. Rappelons qu'en 1987 le rapport Brundtland de la Commission des Nations unies sur l'environnement et le développement a popularisé le concept de développement durable. Vancouver avait sensibilisé l'opinion publique mondiale à la question urbaine, Istanbul a été l'aveu de l'échec de la planification, et symétriquement la reconnaissance des forces de la mondialisation économique et des transformations qu'elle entraîne. C'est à Istanbul qu'on a annoncé que la population mondiale serait bientôt majoritairement urbaine. Depuis, le plan d'action adopté à Istanbul s'est avéré irréaliste. Il était bien trop ambitieux et les moyens trop faibles. Les gouvernements n'ont pas respecté leur engagement (de principe) de consacrer un modique 0,7 % du produit national brut à l'amélioration de la qualité de vie urbaine. C'est à cette réalité, au décalage entre l'ambition démesurée des objectifs et la faiblesse des moyens que doit faire face la coopération multilatérale. Il s'agit donc d'une double évolution. Les villes se « localisent » : elles font appel à la singularité des lieux qui se justifie par la mémoire, les récits de vie, l'invocation de paysages perdus… Cette diversité culturelle est source d'une nouvelle économie et compétitivité territoriale ; elle contribue au renforcement des potentiels économiques locaux. Dans le même temps, les villes s'internationalisent.

Ce qui explique que la ville soit au centre des problèmes de ressources et de consommation environnementale ; elle cumule les problèmes d'immigration, d'exclusion et de quartiers en crise. Là, ces problèmes se présentent de manière vive, incarnée. Ainsi se développent à l'égard de l'espace urbain des attentes qui font l'objet d'un nouvel imaginaire de vie. Cela englobe bien sûr la politique, l'économique, le social, l'environnemental[13]. On peut faire face à ces mégalopoles, à ce surgissement abrupt de l'urbanisation, rempli de peur. N'oublions pas que la peur résulte d'une fiction, celle

12. *Cf.* http://www.courrierdelaplanete.org/66/ : « un agenda mondial » entretien avec Germán Solinís Unesco-MOST. Consulté en janvier 2006.

13. L'étalement urbain (3e Forum urbain mondial organisé par les Nations unies à Vancouver du 19-23 juin) met en évidence un double phénomène : la perte de contrôle du foncier qui contribue à la marchandisation des espaces urbains (expulsion des populations et privatisation de l'espace public) ; le désir d'un « coin de terre » auquel correspond l'extension pavillonnaire.

qui convie au banquet uniquement les catastrophes, alors que les mégalopoles sont des endroits où nichent d'importantes ressources et, probablement, un capital social inédit. Cela ne retire rien à la réalité biologique, physique et chimique de phénomènes, la pollution par exemple, mais aide à leur compréhension.

Dès lors, c'est essentiel de considérer la ville comme un espace de citoyenneté ; un lieu de socialité qui doit donner toute sa mesure à une citoyenneté construite entre nature et culture ; pour cela un contrat doit être passé sur les modes de répartition et d'accès au bien que représente l'environnement urbain. Pour qu'il y ait éco-citoyenneté, faut-il encore que l'on reconnaisse la ville comme environnement dans toutes ses composantes naturelles et construites, sur le plan symbolique et matériel ; qu'un espace public environnemental soit défini, c'est-à-dire qu'un espace de visées communes en termes de valeurs puisse être élaboré, car le juste ne se définit pas séparément du bien, et qu'il soit esthétique, sensible, imaginaire. Cet espace où s'élabore une citoyenneté – sorte d'expérimentation politique en quête du social – concentre sur des distances réduites de fortes inégalités écologiques : il faut donc qu'un mode d'accès à ce bien soit défini politiquement. Quel imaginaire du politique peut-on avoir à son propos, et à quelle échelle ?

Des instruments comme le paysage, le récit et l'ambiance peuvent-ils être les vecteurs collectifs d'un nouvel imaginaire de vie ? Déjà, quelle est leur place dans l'univers de création de l'espace social de la ville[14] ? Marginaux – utopiques dira-t-on à force d'imaginer que l'univers social est uniquement économique – le récit, le paysage ou l'ambiance créent des conflits, légitiment des acteurs, engendrent de nouvelles pratiques. Récits de vie, paysages ordinaires ou ambiances sont les « embrayeurs » d'expériences quotidiennes : les gens se créent des milieux de vie au cours de leur existence, avec force ruses qui s'ajoutent les uns aux autres, se négocient et contribuent à la qualité d'une vie collective, ceux-là même que professionnels et pouvoirs locaux peinent aujourd'hui à gérer. Dès lors quel peut être l'apport d'une problématique esthétique dans l'émergence et la stabilisation de la prise en considération des formes ordinaires, et d'une association du citadin à la (re)production de son milieu – au sens ici social et écologique – de façon à avancer dans l'optique d'un développement durable (ou soutenable) ?

Le point de départ de l'invention de nouvelles perspectives se trouve dans les écologies citadines. Leur expression demande un « espace de transfert » qui ne soit pas seulement coercitif ou permissif (on vous donne un « petit coin » à vous) mais réellement politique et qui résulte de la coordination des pouvoirs publics et de la somme des expressions individuelles, un espace public qui soit pensé comme un paysage, un horizon d'attente pourvu de matérialité, de souffle politique, d'esthétisme, de décorativité même, mais qui soit, pour tous, lié aux trajectoires individuelles se déplaçant dans le temps et l'espace. Le paysage résulte de la « composition » d'un bien environnemental qui incorpore nature et culture pour fonder une étendue collective et singulière tandis

14. L'espace esthétique est pris entre institutions et arrangements individuels ; c'est une somme d'interactions entre l'action consciente et planifiée des gouvernements locaux, des aménageurs ou urbanistes, ou même des artistes, et l'action quotidienne, institutionnalisée (ou non) des habitants.

que le récit est un moment de rencontre avec les autres, le lieu du roman de soi, un espace collectif de fiction. Alors, il sera peut-être possible d'ouvrir le politique sur d'autres modes d'expression que ceux de l'intérêt général.

De nombreux verrous empêchent la prise en considération des enjeux esthétiques dans le débat public. On en repère trois. En France (Négrier, 2006), les politiques culturelles se heurtent à des écueils : celui d'un élitisme effaçant la diversité culturelle sous couvert d'universalisme républicain, ou celui d'un multiculturalisme soucieux de préserver les différences au mépris de la portée générale du message culturel. Tel est le premier verrou. L'expression de la diversité culturelle (grâce à la médiation de nombreux entrepreneurs sociaux ou culturels) a conduit à relativiser l'expression des différences, voire à la péjorer : le terme de « cultures urbaines » servant à masquer l'idée de culture populaire ou d'intégration sociale[15]. Prise entre politique culturelle universaliste (et républicaine) effaçant les différences, au profit de l'excellence artistique, et travail social visant à exprimer les différences culturelles, les politiques culturelles françaises n'ont pas encore réussi à élaborer un dialogue entre expressions différenciées et travail de l'intérêt général. Des expériences conduites dans les quartiers sensibles de la politique de la ville sous l'angle de l'interculturel, opposé à l'élitisme de la politique culturelle d'une part et au multiculturalisme de l'autre, montrent toute la richesse d'une création fondée sur les échanges entre l'art et l'expression de la vie localisée. Les propos tentent de maintenir le dialogue entre l'excellence artistique (à vocation universelle) et la prise en compte des liens au milieu de vie (à la croisée des patrimoines culturels et naturels). La réflexion universaliste s'associe à une exigence de « contextualisation » : ni universaliste, ni différentialiste, une telle démarche se veut avant tout l'occasion d'une exploration et de la mise à plat des référents[16].

À quelle échelle penser une citoyenneté environnementale ? C'est le deuxième verrou. Les métropoles représentent, par excellence, les lieux de réorganisation des rapports entre pouvoirs locaux et nationaux, et les lieux d'un capitalisme avancé ; elles sont aussi, et surtout, les lieux d'expression les plus vifs de la contestation d'un ordre social et politique par les groupes dominés (Jouve, 2004). La métropole renvoie à des processus politiques radicaux qui se traduisent par des dispositifs d'organisation collective, fluctuants et éphémères, mélange d'habitants, d'architectes, d'urbanistes et d'artistes etc. en opposition aux projets de rénovation urbaine, ou encore avec une demande sociale et politique particulière. La citoyenneté métropolitaine existe donc,

15. Négrier (2006) note que l'ensemble des démarches intégrées dans le cadre de la politique de la ville, et qui ont pour cible les quartiers de la relégation sociale (des volets culturels des contrats de ville aux projets culturels de quartier et qui ont pour objet de valoriser une certaine avant-garde artistique, anti-institutionnelle et créatrice..., mais qui a peu à voir avec le courant de contestation présent dans les univers urbains), hésitent en permanence entre un retour socio-culturel comme axe fondateur de l'intervention publique auprès des populations défavorisées et l'intégration culturelle : les premières sont tournées vers l'expression de soi, sensibles à l'identité, aux lieux et aux pratiques, *via* les arts visuels. Les secondes favorisent l'apprentissage de la lecture et de l'écriture dans le prolongement de la tradition française d'intégration par l'école.

16. Cette démarche va dans le sens d'une prise en considération des référents culturels nécessaires à la construction affective et sociale de chacun, sans oublier la nécessité du dialogue et du partage.

mais elle est difficile à organiser sur le mode concret : la participation à l'échelle du quartier reste le mode principal d'exercice de la citoyenneté territorialisée. On imagine donc à quel point il est difficile de relier des préoccupations écologiques globales à des prises de positions éthiques locales.

Enfin, un dernier verrou tient dans le refus de considérer les individus comme des sources de valeur pour l'espace public ; ce n'est que dans la mesure où ils font référence à l'univers abstrait des sciences et techniques, ou aux devoirs moraux que commande l'impératif de solidarité sociale ou de justice, que les individus sont considérés responsables dans la sphère publique. Le jugement esthétique est renvoyé inévitablement à la singularité défaillante.

Quelque soit l'échelle et le mode d'action, l'idée de caractériser la ville et l'habitat urbain par la pluralité des attachements et de faire en sorte que, de ceux-ci, découle une politique des formes axée sur l'ambiance, le paysage, les récits de vie, demeure l'enjeu de la prise en compte du sensible, d'une matière urbaine faite de singularité et de référence à l'universel. De façon certaine, la ville a un rôle à jouer comme bien public territorialisé dans l'expression d'une expérience esthétique. Comment gère-t-on, dans ce contexte, la diversité culturelle, sociale et politique de son appropriation ? Quelles sont les ressources ? C'est une citoyenneté territorialisée, de nouveaux modes d'expression et de construction de l'intérêt général. En somme, il s'agit de faire du local un lieu d'exigence.

Première piste : la citoyenneté territorialisée

Un espace de citoyenneté concret est à reformuler aux côtés de tous les espaces abstraits auxquels la ville des réseaux numériques et de la mobilité donne accès. Cette citoyenneté territorialisée, qui articule dans un espace précis droits d'accès et devoirs d'entretien, permet, tout au moins théoriquement, la reconnaissance des rapports entre les actes et les faits. En France, on met en avant l'idée d'une communauté d'agglomération, élue au suffrage universel, pour donner un caractère démocratique à l'espace intercommunal. Mais il s'agit de bien plus : donner aux habitants des quartiers les droits et la possibilité de contribuer à l'aménagement de leur cadre de vie.

> Pensons aux pouvoirs que leur donnent les *Community Development Corporations* américaines. Structure associative dont le conseil d'administration élu doit comporter au moins 51 % des habitants du quartier, ces corporations louent les services d'équipes techniques qui élaborent les projets, les négocient avec la municipalité et s'emploient à dégager des fonds auprès des banques et des fondations pour les réaliser (Jacques Donzelot, p. 150, 2005).

Pensons aussi aux ateliers d'urbanisme de quartier, aux éco-quartiers, à toutes les formes de démocratie territorialisée de gestion de l'espace urbain.

Deuxième piste : savoirs localisés

Dans cette perspective de transformation des institutions du politique et des canaux d'expressions des habitants, plusieurs observations s'imposent. La première confirme l'importance de la prise en considération des connaissances non-expertes des habitants ; celles-ci s'avèrent aussi pertinentes que les savoirs scientifiques en matière d'environnement[17]. La seconde concerne la conquête ou reconquête par les habitants de moyens d'expression, que ce soit dans l'action ou dans la prise de parole. Elle intéresse tous les habitants, quelle que soient leur communauté d'appartenance ou de référence. Notons l'importance de l'écriture, de la peinture, du conte, du chant, du langage du corps, du jardinage etc. dans cette reconquête. En 1965, l'écrivain américain Budd Schulberg fonde un atelier d'écriture à Watts, ghetto noir de Los Angeles, en vue de participer à la lutte contre la décomposition des quartiers populaires de la ville. Ceux qui travaillent sur la prise de parole ou dans les ateliers d'écriture ont pour but d'aider à la transformation d'un cri en une parole recevable ; le médiateur doit donc être sensible aux processus informels ainsi qu'aux dynamiques institutionnelles. Il s'agit de produire une information que l'on peut rendre publique, diffusant ainsi ce qui avait un caractère privé, singulier. Cela implique de parvenir à s'organiser collectivement tant pour distribuer cette parole que pour donner un caractère légitime à l'action. Comment alors ? Si l'on est médiateur, on colle à la « base », voulant se faire l'expression de la réalité sociale dans toute sa complexité. Mais le travail d'interpellation des pouvoirs publics part aussi de « l'action directe », et sans qu'il y ait forcément concertation. Ainsi, dans le contexte français, dès les années 1980, les « nourrisseurs d'animaux » se sont mobilisés et ont obtenu d'être reconnus comme des partenaires dans la gestion des animaux errants en ville. Le plus souvent, la reconnaissance mutuelle des pouvoirs publics et des populations passe par de la résistance, des conflits et du désaccord organisé : volonté d'imposer un thème sur la scène publique ou conflits autour de projets d'aménagement, manifestations.

Troisième piste : l'expertise associative

À Fribourg, en Allemagne, le Forum Vauban, association de citoyens constituée pour participer à l'aménagement d'un nouveau quartier de la ville a bénéficié du soutien d'une fondation lui permettant de disposer d'experts : économiste, technicien de l'environnement etc. qui ont accompagné pendant plusieurs années le projet des futurs habitants. Celui-ci, ouvert et interactif, favorise la constitution d'une « culture commune ». Comment traduire et valoriser ce travail expérimental et local en un projet plus général ?

Les réseaux forment une voie naturelle de transmission et d'expansion d'une pratique développée en un lieu précis. Des réseaux de lutte à l'échelle locale, métropolitaine ou internationale construisent ainsi les modalités nouvelles de l'action

17. *Cf.* Jason Corburn (2005). L'auteur montre les efforts fait par une communauté pauvre à Brooklyn, confrontée à des problèmes de santé : l'auteur construit un modèle de *street science*, c'est-à-dire d'une science qui tire certaines de ses connaissances de la communauté concernée et contribue à la justice environnementale. Comme beaucoup de communautés pauvres, Greenpoint/Williamsburg à Brooklyn connaît un niveau élevé de pollution. Il s'agit des risques liés à la pêche dans l'East River, d'une épidémie d'asthme, d'empoisonnement au plomb.

politique ; ils empruntent à l'activisme traditionnel de l'échange d'expérience au piquet de grève, mais ont recours aussi à des formes d'expression inédites par le truchement des nouvelles technologies ou par le recours aux artistes et à leur mode d'expression non-violente. Entre Meaux (France) et Campina Grande (Brésil), l'échange d'expériences sur la création de « régies de quartier[18] » dans les zones défavorisées a permis d'envisager l'ensemble des problèmes urbains en coopération (Foret, 2005, p. 81). La confiance joue alors un rôle dans l'existence de ces réseaux. Les scientifiques jouent également un rôle dans leur constitution. Par exemple, en Russie, où ils sont des médiateurs entre pouvoirs publics et contestataires, en appuyant des groupes de jeunes activistes qui s'opposent frontalement à certains projets. De par leur inscription dans des réseaux internationaux, les scientifiques ouvrent ensuite le territoire aux règles du jeu démocratique international. Contribuent à ce jeu des pays, soucieux de sécurisation écologique des territoires post-soviétiques (dans le cas du nucléaire, en particulier), mais aussi d'autres pays visant des transferts de compétences et de débouchés pour le marché de l'ingénierie écologique occidentale. Cette ouverture fait pénétrer en Russie un vocabulaire international : les notions de société civile, de développement durable peuvent très vite y être adoptées s'il ne s'agit que de reprendre ce prêt à penser pour accéder aux devises internationales. À l'inverse, l'internationalisation de la problématique écologique peut aussi produire un sentiment d'ingérence et un repli sur le territoire et l'identité nationale, voire alimenter des causes politiques extrémistes. Au niveau fédéral, en Russie, la place des écologistes dans la démocratie représentative reste très faible au regard de la démocratisation et de la possibilité d'un pluralisme politique. Ainsi, faute de représentation nationale et par la place que les militants écologistes accordent eux-mêmes au rapport entre action locale et globale, autant par pragmatisme politique que par conviction, donc, des scientifiques militants écologistes russes investissent l'action locale. Ils font la preuve alors d'une importante capacité d'articulation des échelles de l'action, entre le financement des besoins locaux des habitants et les ressources internationales disponibles.

Le local comme lieu d'exigence

De manière plus globale, la participation des populations à l'élaboration de politiques urbaines participe au renouveau du jeu démocratique local. Cependant l'approche participationniste peut masquer, si ce n'est contrer, la dimension d'autonomisation, notamment politique, dont est potentiellement porteuse l'action sociale. En outre, l'exigence de départ se réduit le plus souvent à une « grammaire » de la participation, des dispositifs et processus raffinés, au détriment d'une démarche empirique d'amplification de l'action locale. Enfin, et surtout, l'approche participationniste se soucie

18. Les régies de quartier, implantées dans les quartiers en difficulté, se définissent comme des dispositifs localisés qui tentent d'articuler trois fonctions principales : aider au développement économique local à partir de la mise en place de services de proximité ; être un outil de médiation et de dynamisation de la vie sociale ; devenir un interlocuteur qui favorise la territorialisation des services urbains (Anselme, 2000, p.137).

peu de l'environnement pris dans sa globalité (*cf. encadré 1*). Loin d'être considéré comme un ensemble en recomposition, apte à lier des préoccupations à des échelles très locales à un souci plus global, il est relégué au rang de collection d'objets naturels, voire de problèmes sectoriels ou ponctuels. Or l'environnement est le résultat d'interactions matérielles et idéelles, concrètes et imaginatives, symboliques et rêvées, société/nature.

Encadré 1

La possibilité de généraliser se joue dans trois registres. Dans le registre de **l'action**, la question sociale ouvre à des activités de représentation qui fondent (au-delà du citoyen abstrait) le droit de parler « au nom de », dès lors qu'un groupe s'est constitué. Dans le registre de l'action, toujours, la montée en généralité aux États-Unis s'opère aussi par agrégat d'intérêts, de gens et d'argent. Dans le registre du **droit**, la question sociale ouvre au principe d'extension des droits positifs et substantiels et même si l'État social entraîne une multiplication des catégories destinées à serrer les situations au plus près, chacune de ces catégories spécifiques a néanmoins un statut général (par exemple, elles ne sont jamais territoriales mais toujours nationales ce qui leur confère d'emblée une aura de généralité). Dans le registre de la **science**, la question sociale accompagne la transposition du credo des sciences de la nature aux sciences sociales, à savoir celui qui consiste à rechercher des « lois sociales », des récurrences et des modèles.

Source : Blanc et Estèbe, 2003

Cependant, il convient de spécifier pourquoi l'on pense que l'espace de proximité, qui intègre des références à des espaces plus lointains, est un espace spécifique d'investissement ? Autant le débat public est nécessaire, autant concerne-t-il des objets dotés d'une nature matérielle et sociale, des objets qui sont les produits des interactions nature/société ; or cet espace public de proximité forme l'un des nœuds de la formation d'une conscience environnementale ; au temps du numérique, il demeure nécessaire de se doter de lieux précis d'habitation, de vie. Ces milieux de vie sont ceux qui donnent à chacun la possibilité de se forger des moyens d'agir, de se construire une représentation du monde qui pousse à élaborer un point de vue sur l'environnement, sa nécessaire préservation ainsi que les moyens de s'adapter aux bouleversements écologiques de manière créative. Il est nécessaire de construire une politique de proximité et de prendre en considération à quel point celle-ci rencontre de grandes difficultés. Mais il faut aller plus loin. L'ensemble des réseaux et services participent de la vie urbaine et en assurent la base matérielle : les négociations collectives dont ils doivent faire l'objet conduiront à éclairer la multiplicité des langues en usage pour parler de la ville. Si, par exemple, le technicien cherche à assurer un réseau au fonctionnement pérenne, la collectivité, elle, veut savoir si ce réseau peut répondre à ses besoins. En supportera-t-elle le coût financièrement ? Ces questions montrent la nécessité d'un accord préalable. La conception et la gestion d'équipements et d'espaces sont des processus de mise à l'étude des connaissances référencées de la vie en ville. Ce n'est pas l'expression d'une opinion concernant les politiques urbaines. Participer, c'est élaborer un monde référencé à sa vie particulière en ce qu'elle contient du collectif et a comme visée l'habitabilité commune. L'élaboration d'une plate-forme où les paysages, les récits, les ambiances sont aux fondements d'une nouvelle conception urbaine en résonance avec les enjeux écologiques renvoie à une perspective esthétique.

DES ACTEURS ESTHÉTIQUES DE L'ESPACE PUBLIC

L'enrichissement de la vie publique repose sur le fait que l'intervention des collectifs, groupes ou associations n'entre pas *a priori* dans le cadre de l'institution et ses catégories. Le débordement est essentiel à la vie politique ; celle-ci part d'un questionnement qui n'avait pas lieu d'être. *L'homme sans qualités* (Musil, 1957) c'est-à-dire l'homme ordinaire qui livre sa parole et qui, en tant que locuteur, sait tout ce qu'il y a à savoir, une compétence construite dans l'usage de la langue, représente un potentiel inédit pour féconder l'espace public. Le jugement esthétique, à la source d'un débat en relation avec la singularité des expériences, peut aussi être une contribution innovante. On doit simplement faire attention au fait que les jugements de goût ne soient pas la somme d'expressions de citoyens « au rabais » sommés, sous peine de ne pas vouloir leur intégration et de chercher la « guerre », de parler d'objets considérés comme secondaires : la couleur des appartements, les fleurs sur les balcons...

En ce sens, les propositions esthétiques, les fragments et bouts de paysages, les bribes de récit qui prennent part au récit collectif et permettent d'en tisser de nouveaux, participent à l'élaboration d'un espace public, dont les modalités ne reposent plus sur la rationalité en exercice et l'administration de la preuve. Dans ce sens, c'est le « fragment », le jugement de goût limité, qui met en évidence une certaine conscience du monde. Sur le plan politique, concrètement, ce qui compte n'est plus de l'ordre du général et du global, mais du fragmentaire et du parcellaire. De l'ouvert et du déchiré. Le fragment est aussi une manière de penser la relation entre le microcosme et le macrocosme. Le fragment vaut pour le système entier[19]. Le cadre de référence esthétique ou sensible favorise la coalescence de fragments politiques réunis dans une volonté de « plastique sociale ».

19. « La totalité fragmentaire est simultanément dans le tout et dans chaque partie. Chaque fragment vaut pour lui-même et pour ce dont il se détache. La totalité, c'est le fragment lui-même dans son individualité achevée. C'est donc la totalité des fragments qui ne compose pas un tout mais qui réplique le tout en chaque fragment. Que la totalité soit présente elle-même en chaque partie, que le tout soit non pas la somme mais la co-présence des parties en tant que co-présence du tout à lui-même, c'est ce qui découle de l'individualité du fragment : le tout détaché, c'est l'individu » (Lacoue-Labarthe, Nancy, 1978). Les fragments installent « la totalité comme pluralité, et son achèvement comme inachèvement de son infinité » (*idem*). De fait le fragment nous renseigne sur la difficulté de dire.

C'est ainsi qu'une politique des formes – à la différence d'une politique économique du paysage[20] ou écologique[21] – est, en somme, un nouveau contrat. Peut-on sortir du face-à-face entre les protecteurs de l'intégrité paysagère et les développeurs de potentiels économiques ? L'expérience esthétique, *a fortiori* le jugement, renvoie à l'univers relationnel qui constitue l'environnement ; l'approche scientifique, biologique, physique ou chimique, met en évidence sa dimension objective. La politique des formes repose sur la co-élaboration de projets alliant les questions d'habitat et d'habiter qu'ils soient à l'initiative de gouvernements locaux, d'habitants ou d'associations locales. La montée en puissance du thème de la gouvernance montre que les associations ne sont plus la seule source de l'authenticité politique – au sens où leur résistance à l'ordre étatique pourrait donner du sens à ce dernier et ainsi le renouveler. Elle montre aussi que les scientifiques, ou experts, ont perdu le monopole de la vérité : l'objectivité scientifique n'est plus le critère par excellence de la prise de décision. Associations, experts, habitants et élus sont des rouages d'un système politique, qui est considéré comme un processus de négociation permanent : l'incertitude et le risque sont des principes structurant l'action politique. La créativité est comprise comme le mode d'adaptation à ce contexte difficile. L'esthétique en politique redéfinit le « partage du sensible », c'est-à-dire redéfinit le monde sensible qui entre en politique et fait de ce « partage » une question contemporaine. Quels en sont les principaux acteurs ? Ils sont nombreux : l'artiste dans l'espace public et l'habitant artisan du milieu de vie en font partie. Comment ces acteurs-là tissent les liens de ce qui peut apparaître comme une recomposition de l'environnement du local au global, alliant les écologies culturelles et la justice environnementale comme un nouveau référentiel de l'action ?

Les artistes

Il existe une véritable multiplication des interventions d'artistes en relation avec les habitants dans l'espace public. Écrivains, acteurs de théâtre, plasticiens, conteurs ou poètes insérés dans des groupes interdisciplinaires de projet, les artistes s'installent

20. L'intégration par l'économie s'effectue par la mise en commensurabilité des différentes composantes du paysage qui sont monétarisées, c'est-à-dire métamorphosées en capital social, naturel ou économique ; la protection des activités s'appuie essentiellement sur leur contribution à la formation de capital. Cependant, cette protection nous semble toute relative dans la mesure où la monétarisation débouche également sur la substituabilité généralisée des biens, des services et des activités. Plus fondamentalement, cette substituabilité déstabilise l'organisation esthétique du paysage car elle amnésie la contribution déterminante et singulière de l'expérience esthétique dans la production paysagère.

21. Pour les écologues du paysage, le concept de réseau écologique est une base appropriée pour insérer la conservation de la biodiversité dans le développement durable du paysage. Pour que les paysages soient écologiquement durables, les structures du paysage devraient supporter ces processus écologiques requis pour procurer la biodiversité aux générations présentes et futures. Dans un paysage multifonctionnel, dominé par les humains, la conservation de la biodiversité nécessite des écosystèmes dont la structure spatiale est cohérente et de grande taille. La théorie et le savoir empirique des réseaux écologiques fournissent un cadre pour concevoir de telles structures. Deuxièmement, les réseaux écologiques peuvent dépasser le paradoxe entre la conservation au sein d'une réserve (qui fixe la nature dans l'espace et le temps) et le développement qui implique le changement. C'est parce que les réseaux écologiques peuvent changer de structure sans perdre leur potentiel de conservation. Troisièmement, les réseaux écologiques facilitent les prises de décisions des porteurs d'enjeux sur des objectifs réalisables de biodiversité. Ils aident à mettre l'accent sur l'échelle spatiale effective.

sur des friches ou dans des zones ou quartiers déshérités où ils interviennent. Les associations, groupements d'artistes, espaces-projets artistiques procédant de démarches souvent internationales (Lextrait, 2001) sont parfois de véritables laboratoires de la décentralisation, et de l'élaboration d'une parole publique. « Cultures communes » dans le Nord de la France associe une trentaine de communes et articule approche culturelle et développement, favorise la naissance de projets artistiques singuliers, invitant les artistes en résidence. L'intervention de ce type de groupement mélange le plus souvent différents arts et l'histoire locale, comme le produit d'un récit, fabrique des événements où se mêlent les dimensions conviviale, sociétale, culturelle, politique, urbaine etc. ; le projet met en scène les mémoires.

Quels sont les richesses et les enseignements que l'on peut tirer du rapport des artistes à l'espace public ? Que peut-on comprendre de leur action en termes d'amélioration des milieux de vie urbains ? Avant tout, considérons-les comme des illustrations[22] de la manière dont la relation des artistes à l'environnement intègre des règles de comportement. En effet, l'art se localise, c'est-à-dire qu'il investit les lieux comme des éléments expressifs de sa propre qualité. En d'autres termes, il se « contextualise »[23]. Paul Ardenne explique :

> Dès les débuts du XXe siècle, de nombreux artistes délaissent le territoire de l'idéalisme, rejetant en bloc les formes traditionnelles de représentation et désertent les lieux institutionnels pour s'immerger dans l'ordre des choses concrètes. La réalité devient une préoccupation première avec pour conséquence, une refonte du « monde de l'art », de la galerie au musée, du marché au concept d'art lui-même (2002, p. 7).

L'artiste qui devient un acteur social, souvent perturbateur, en appelle à la réalité brute, au monde tel qu'il va. C'est manquer les intentions profondes que penser que c'est une esthétique d'animation de l'espace public : c'est une esthétique qui donne au processus (et non à la raison) le rôle d'éclairer les conduites dans l'espace public. Prenons quelques exemples. Une grille de lecture qui emprunte au « registre esthétique » permet de dégager quelques-unes des conditions de l'action. Ainsi, les artistes fournissent des images aux mots : « Les concepts doivent, pour trouver leur efficace, revêtir les atours de la réalité concrète, se territorialiser sur des images[24] » (Guattari, cité par Bourriaud, 2001).

Entendons-nous bien : le but des essais qui suivent n'est pas de dégager les règles d'une éthique artistique qui conduise à améliorer la gestion de l'environnement, mais d'engager une réflexion sur les formes et leur relation à l'éthique.

---

22. *Cf.* notamment, l'essai d'Andrew Light, spécialiste d'éthique environnementale, dans le catalogue d'exposition, *Grounds Works, Environmental Collaboration in Contemporary Art,* Carnegie Mellon University, 2005 : Environnemental Art and the Recovery of Place, p. 49-57.

23. Le « contexte » désigne pour Le Petit Robert, « l'ensemble des circonstances dans lesquelles s'insère un fait », circonstances elles-mêmes en interaction : il s'agit de tisser avec.

24. Ces réflexions prolongent un travail réalisé dans le cadre du programme de recherche « Environnement, engagement esthétique et espace public » (Blanc, Lolive, 2007) ; il a conduit à réaliser des entretiens avec des artistes qui opèrent dans l'espace public.

Gestation

L'image de la gestation est formulée par une peintre KB (entretien accordé le 25 mars 2005) qui fabrique des tableaux lumineux : « J'essaye de comprendre comment les flux (notamment lumineux) nous parviennent à travers la matière et nous donnent à voir l'espace ». L'artiste s'oppose à la tendance à l'homogénéisation du monde qu'elle ressent en tant que sujet ouvert aux flux du cosmos :

> La réalité, le monde, la perception du monde que j'ai compose un tout extrêmement lié, organique. Quand je vois un arbre, je ne pense pas « un arbre », je pense à la matière de cet arbre, aux flux qui la traversent. Je me suis intéressée au mot latin *per-spicere* qui signifie « voir au travers ». De là, j'ai retravaillé l'idée de perspective. Je suis très sensible à la lumière. Je suis partie de l'idée d'une visualisation interne de mon propre organisme avant de passer au cosmos.

Cette intégration imaginaire de son corps dans le cosmos s'associe à une vision de la complexité, une complexité qui oblige à restituer les fils dans leur enchevêtrement afin de rompre avec l'idée d'ordonnancement de l'univers. C'est alors qu'il est facile de comprendre à quel point la construction du sujet dépend d'une représentation de la totalité cosmique. Dans ce cas, se respecter, c'est aussi respecter la représentation de l'univers que l'on se fait en tant que sujet ; représentation qui passe par l'expression d'une sensibilité :

> C'est tellement lié, ça grouille tellement de choses infimes, que l'idée de vouloir mettre de l'ordre, c'est couper tout lien. Kawamata (un artiste qu'elle aime bien) rend visibles les liens invisibles, avec des éléments d'une fragilité extrême, qui retiennent les espaces ensemble. Ces éléments montrent à quel point les choses sont imbriquées. Cela rejoint ce que je disais par rapport à la gestation : si tout agit sur tout, tu ne peux diriger aucun flux de manière précise. Ce serait comme couper une partie de l'univers.

Dès lors, elle préfère se placer « du côté de la gestation », une posture qui maintient l'idée d'un potentiel en permanence sous la menace d'arriver et le ténu, ce qui est dit de manière équivoque, fine, sans plus de précision.

> Il émane de mon travail un univers en devenir, qui s'associe à une conception du monde non encore arrivée à terme, mais se développant sous des formes déjà existantes dans l'espace. C'est comme si le liant d'un monde (d'un informe) organique mettait çà et là en lumière une totalité pressentie, prête à éclore dans le regard de l'autre. Je tiens à préciser que les formes que je travaille ne s'inspirent pas à proprement parler de cette image fœtale. Un tel rapprochement vient probablement de ces formes que je vais chercher sur une source lumineuse, et donc à l'origine.

Cette réflexion nous invite à reconsidérer les rapports au monde sensible ; pour certains il n'y a pas de réduction possible. Dès lors, si l'on n'oublie pas cette complexité fine, il est difficile de monter en généralité ; ce rapport à l'espace public ne peut procéder que d'un désir reconduit en permanence de tissage de ces liens fins du cosmos et de leur apparition. Les faire apparaître est cependant un risque car la moindre brutalité censée leur donner forme les ferait aussitôt disparaître ou apparaître comme une reconstitution artificielle. Pour l'artiste, il s'agit de ne pas trancher dans la complexité du monde et, au contraire, de faire apparaître le maximum des liens qui existent entre les choses et leur apparence. Le thème de la densité revient aussi sous la plume de critiques de l'art contemporain sans qu'ils la problématisent :

> L'esthétique crée des *modus vivendi* permettant des rapports sociaux plus justes, des modes de vie plus denses, des combinaisons d'existence multiples et fécondes [...] Une œuvre dotée d'une forme définie, d'une certaine densité (Bourriaud, 2001).

Là aussi, il s'agit d'un critère d'appréciation de l'œuvre qui, plus que les notions de profondeur ou d'épaisseur, traduit bien le sentiment de richesse que l'on peut avoir face à un travail jugé réussi. La densité évoque également l'unité, le jaillissement des forces multiples, une certaine organicité du travail présenté, la *Phusis*, l'élan quasi-naturel, car le nombre des relations n'est pas visible. Cette notion s'oppose à l'idée de linéarité ; le dense, c'est le touffu, ce que l'on ne peut démêler sans, là encore, abîmer l'œuvre. Pour l'artiste, la densité de son travail peut être une garantie de sa richesse et de son réalisme : la vie est dense, la retranscrire implique de faire preuve de densité. C'est aussi éventuellement un acte politique qui s'oppose au fait que de nombreuses œuvres jouent sur un seul registre de façon à être cataloguées par les institutions marchandes de l'art. Ainsi, le risque est moins grand de se perdre dans l'oubli. Du côté du spectateur, la densité est une garantie de la vérité de l'œuvre qui contrebalance une conception linéaire et plate des choses, trop artificielle et rationnelle. Il ne suffit pas de proliférer pour donner le sentiment de densité. Un monde juste est probablement un monde qui tisse des liens entre le « sensible » et la signification, qui donne à voir du symbolique ; un monde non seulement doit étonner mais ouvrir des perspectives. Les théories classiques de l'action conjuguent rationalité, volontarisme et linéarité ; ici, c'est plutôt une visée, une sorte d'idéal régulateur qui doit inspirer les actions et les politiques. Peut-être faudrait-il regarder du côté des théories alternatives de l'action : épouser le mouvement spontané des choses, assister le naturel, sélectionner les contraintes pertinentes et y préparer l'acteur humain, prendre en compte la résistance de l'objet, l'action est transformation, etc.

Justesse

Les photographies de S. Amand, documentariste et enseignant dans une école d'urbanisme, associent cadrage et justesse. La bonne distance physique à l'objet photographié donne l'idée d'un rapport au monde qui serait mesuré et empreint de justesse :

> La photographie, c'est un miroir déformant [...] Le document, c'est la prise de conscience qu'un 50 mm, par exemple, est plus proche de votre œil, en termes de focale [...] Finalement, être proche des choses, c'est aussi les respecter. Un format est souvent lié à l'objet que l'on est en train de photographier. Respecter une maison, c'est l'encadrer dans un format qui respecte ses proportions [...] Il s'agit de ne pas toucher aux choses, de mettre une distance [...] La question du sujet est très importante, mais elle est évacuée rapidement, on est dans le sujet, c'est-à-dire on est sur le territoire désigné, tu nous montres des choses qui posent problème etc. OK, maintenant on ne va parler que de la forme et, du coup, on a une espèce d'adéquation entre un sujet qui a besoin d'avoir le support d'une forme et un territoire (entretien accordé le 20 mars 2005).

L'image ici en appelle à une posture éthique, une morale en situation toute imprégnée d'esthétique. D'abord, l'image pointe la relation entre le format de la photographie et l'objet photographié, ici une maison. La maison convoque un cadre qui respecte ses proportions. Il s'agit d'un référentiel qui fait de la distance un rapport aux choses. C'est une relation d'adéquation entre le « sujet » et la forme. La forme permet la rencontre, le dialogue autour de ce qui constitue le lieu de rencontre du sujet et du territoire. Si l'on considère la forme artistique comme une modélisation du monde singulier, cette forme-monde devient le support éthique : « La forme devient visage. Produire une forme, c'est inventer des rencontres possibles ; recevoir une forme, c'est créer les conditions d'un échange » (Bourriaud, 2001). Ainsi transposées aux formes-mondes, ces exigences en appellent au respect de la création singulière, originale.

Recyclage

Le travail de Dan Peterman, artiste américain, dénonce le capitalisme consumériste, déprédateur des ressources naturelles et porteur d'une aliénation de l'autonomie de l'individu. L'« *Experimental building* », enraciné dans la contre-culture des années 1960, lieu d'expérimentation, est utopique au sens où ses modalités de fonctionnement ne sont pas prédéterminées, mais prennent le risque de l'insertion locale :

> C'était un processus ouvert et exploratoire qui a pris du temps [...]. Il y a de la place pour penser à la manière dont vous agissez à l'intérieur d'une culture et ne vous contentez pas d'accepter ce qui est. [...] Quand je suis arrivé au centre de ressources un certain nombre d'activistes géraient probablement la plus grosse flotte de vieux bus en dehors du tiers-monde. Et pourtant, ils étaient engagés dans la pratique la plus hautement raisonnable de recyclage avec une mission écologique très simple, mais qui prenait en compte la complexité sociale de ce quartier avec l'université de Chicago et le voisinage fortement désinvesti de Woodlawn (entretien accordé le 23 mars 2006).

L'artiste investit les lieux de façon conforme à sa position qui ménage éthique et esthétique et construit une réflexion sur la durabilité :

> Je suis intéressé par l'élaboration de propositions utopiques ; cela commence par le simple échange d'objets. L'atelier de vélos est un bon exemple de la manière de construire une petite économie : cet atelier procure des outils, des ressources, et des contacts entre jeunes et adultes, un endroit sûr et de la formation pour les adolescents qui manquent de choses constructives à faire, et c'est alimenté en vieilles bicyclettes qui sont offertes. C'est ainsi que ce genre d'économies très primaires peut devenir une chose très complexe. C'est utopique dans le sens où cette activité rassemble tous les débris de la société et cherche à en tirer le meilleur parti.

À suivre ces artistes et la manière dont ils combinent intériorité et extériorité sur le plan de l'esthétique et du sens pour former une totalité qui dessine une cohérence, on voit se préciser certaines pistes quant à l'ouverture que peut constituer leur regard sur l'espace public (*cf. encadré 2*). Précisons que, par rapport au contexte institutionnel, l'intervention de l'artiste est transgression (*cf. encadré 3*). Dans un espace urbain français saturé d'institutions, de règlements et de culture politiquement correcte, l'artiste est autorisé à contourner la règle. La population admet cette ouverture venant d'un artiste. Les politiques et les administrations lui délèguent également ce pouvoir de transformation de l'espace public. L'artiste paysagiste M. Pouzol (entretien du 21 mars 2004) constate que : « Pour contourner la règle, il fallait changer de casquette. Impossible d'intervenir en tant que paysagiste, il fallait intervenir en tant qu'artiste ». L'émancipation n'est pas totale, la transgression est partielle, elle s'effectue dans des interstices.

Encadré 2. Le projet de *Musée précaire Albinet*

Le projet de Musée précaire Albinet (MPA) proposé par Thomas Hirschhorn aux laboratoires d'Aubervilliers fut installé durant huit semaines durant le printemps et l'été 2004. C'est « un musée », un lieu d'exposition d'œuvres d'art destiné à servir la collectivité de son lieu d'implantation, la cité Albinet située dans le Landy, un quartier d'Aubervilliers majoritairement malien, maghrébin et blanc, de travailleurs et de chômeurs. Le MPA a été construit et supervisé par Hirschhorn et 39 habitants de Landy. Les bâtiments temporaires qui le composent ont été construits en matériaux fragiles (palettes, planches de bois, cartons), et « surtout non intimidants pour n'exclure personne » (Hirschhorn). Il présente un artiste différent chaque semaine – Duchamp, Malévitch, Mondrian, Dali, Beuys, Le Corbusier, Warhol et Léger – au travers d'œuvres originales empruntées aux collections publiques françaises. Dans une logique active, le MPA propose en lien avec chaque exposition des ateliers pour enfants (le mercredi), de ateliers d'écriture (le jeudi), des débats (le vendredi), des conférences (le samedi) des repas communs (le dimanche) ainsi que des sorties.

Cette activisme organisé est justifié par l'auteur : « Son travail doit produire chaque jour quelque chose ». Il remet en question la notion de patrimoine, plus précisément sa conception passive : « Les œuvres sont là pour développer une activité ». Les habitants ne sont pas simplement invités à se réapproprier les œuvres, à aller voir les œuvres dans leur quartier. Ils sont invités à diriger et surveiller une institution dans laquelle ces œuvres sont montrées. Ils ont construit et surveillé le MPA. Ils ont été formés en amont au Centre Pompidou à la sécurité, au transport des œuvres. Le projet affirme par-dessus tout l'autonomie de l'art ; non pas seulement « l'autonomie » qui s'appuie sur l'existence du monde de l'art (ce réseau d'institutions et de politiques publiques) pour justifier l'existence d'un domaine séparé du champ social et le distingue de toute activité politique ou socioculturelle ; mais le maintien par l'art de la richesse de ses significations au travers de ses déplacements temporels et géographiques multiples. Cette autonomie s'appuie sur l'expérience esthétique que chacun, quelque soit son appartenance communautaire ou socio-professionnelle, peut faire. Un projet dans l'espace public doit être en accord avec le quartier, ses habitants, son emplacement. C'est la réalisation utopique d'une pratique artistique concrète.

Source : Blanc et Lolive, séminaire « Art et ville », 2005

Encadré 3

***À l'inverse ?* (Fabrice Hybert, entretien accordé le 30 mars 2004)**

L'éthique peut-elle être un jeu avec le réel ? Il ne suffit pas de proliférer, mais la prolifération qui se définit aussi comme une succession de paris concernant la place de l'action créatrice est une façon d'enrichir le réel, de contribuer, à sa manière, en profitant de multiples possibilités, à la fécondité (donc à la richesse et à la densité) d'un environnement urbano-social. Le caractère spectaculaire de la prolifération (partout se glissent de nouvelles émanations de l'organisme proliférant) ou, à l'inverse, son invisibilité (puisqu'à force de se glisser ces travaux deviennent invisibles, insérés dans le tissu social) lui confèrent un statut particulier. D'un point de vue éthique, c'est un jeu. Ce jeu est – au-delà du calcul qui l'anime avec passion – aussi un amour désintéressé : en effet, le jeu est *hubris*, c'est-à-dire une passion qui n'a d'autre finalité qu'elle-même, mais qui fait son miel dans le cas présent des richesses locales. Non seulement c'est un jeu, mais c'est aussi un désir de déstabilisation : il s'agit de courir plus vite que le loup qui, aux yeux des opposants du « système », assimilé souvent dans le contexte français au libéralisme version anglo-saxonne, finira par vous rattraper… C'est un rire qui s'accompagne de l'idée qu'il est important de créer des situations absurdes qui font entrevoir aux gens d'autres possibilités d'être ou de se comporter. Fabrice Hybert à l'œuvre protéiforme (dessins, vidéos, installations…) à laquelle de nombreux musées et centres d'art ont consacré des expositions personnelles, crée en 1994 la société UR-Sarl- (Unlimited Responsability) afin de favoriser la production et les échanges de projets entre artistes et entreprises. Il en appelle à l'art et au marché, à l'intime et au spectaculaire, combinant et recombinant formes et types d'interventions. Sa forme est la dissémination, le caractère dispersé des objets proposés : « Depuis quelques années, les « POF » (prototypes d'objets en fonctionnement) sont au cœur de ma démarche. J'en ai déjà fabriqué 148. Ce sont des objets nés de mon esprit, inventés, qui n'ont aucun usage défini, mais qui s'inscrivent dans le quotidien des gens et génèrent des comportements. J'en ai utilisé certains pour le premier *c'hybert rallye* qui s'est déroulé à Tokyo en 2001. L'on a utilisé l'ensemble de nos réseaux, des gens que nous connaissions, pour installer ces POF dans la ville. Ainsi, des arbres fruitiers ont été plantés, des bonsaïs ont été libérés et des ballons carrés vendus dans un magasin… Je suis en train d'en préparer un (un c'hybert rallye) pour Shangai. Mille équipes vont aller dans trois ou quatre villes de Chine. Je ne me pense plus désormais comme signataire des œuvres, mais comme responsable de cellules de production voire d'équipes. Avec les POF, ce n'est pas l'objet qui prolifère, ce sont les comportements qui évoluent. Par exemple, j'ai réalisé un ballon carré ; au départ, il n'était pas prévu qu'on joue avec, mais petit à petit les gens ont inventé un jeu. Après, l'on a fait des règles du jeu et il y a maintenant des tournois de ballon carré. Il y a même une fédération de ballons carrés… » Ce jeu procède par accumulations, proliférations d'objets et montre le caractère burlesque de l'objet… Les « POF » envahissent la ville. Véritable hybridation de l'inattendu, chaque POF est un coup de force : la balle carrée, les bonsaïs taillés à la française... Fabrice Hybert parie sur la greffe dans l'espace public et la fécondation des comportements. L'artiste se déplaçant sans cesse, l'hybride peut s'ajouter à l'infini des prothèses. Cette adjonction proliférante évoque la nature. Ce qui confère à la démarche créatrice le caractère nietzschéen d'un processus vital, d'un amour du monde... C'est un refus de l'arrêt : « C'est simple, je me déplace en permanence. La création est un des éléments de transformation du monde. On invente tout en permanence...

Par ailleurs, esthétique et éthique sont si liées que seule une investigation qui prendrait au sérieux la question des formes mettrait en évidence la plénitude ce qui se joue dans les expérimentations sociales, en définitive dans l'élaboration d'un « capital social »[25] et « culturel »[26] et le rôle que jouent les croyances, les fictions, les coutumes, les idées, les traditions dans la durabilité environnementale. Peut-être permettrait-elle également d'instruire la question des attitudes à l'égard du « bien commun collectif » et la gestion de ce dernier (Dietz, Ostrom, Stern, 2005). C'est ainsi que se conçoit la relation de l'habitant à l'espace public, car comme l'artiste, l'habitant puise singulièrement dans le fait d'habiter-là, mettant en œuvre une contingence, et des connaissances de la situation locale, pour construire une relation (concrète et symbolique mais, d'abord, esthétique) à l'environnement. En ce sens, l'habitant en tant que figure politique doit subir un examen détaillé.

Les habitants ou artisans d'un milieu de vie

L'habitant qui serait défini comme un « *everyday maker* » (Bang, Sorensen, 2005 ; Ginsborg, 2005) n'est pas uniquement un consommateur : nombreuses sont les études qui investissent le consommateur d'un pouvoir politique[27]. La question écologique – qui est à la fois une crise sociale et environnementale – valorise les capacités de la société civile et des habitants[28] à inventer une « autolimitation » de la consommation. On la croit impossible à imposer autoritairement dans des pays aux régimes démocratiques. Cependant, même s'ils ne peuvent en être l'unique outil, les choix de consommation ont toute leur place dans la mise en œuvre d'une résistance politique à la sphère marchande. En ce sens, même si pour des raisons historiques il en va différemment dans les pays du Nord et du Sud, l'*everyday maker*

25. Le « capital social » se définit (Putnam, 2000) comme l'ensemble des réseaux sociaux dont découlent les normes de réciprocité et de confiance mutuelle.

26. Le capital culturel est constitué d'habitus, d'institutions et d'objets.

27. Michelle Dobré (2002) bâtit le futur écologique sur l'idée d'une modification profonde des comportements consommateurs.

28. *Cf.* aussi les « *Freegan* » http://freegan.info/ qui emploient des stratégies de vie alternatives. Après des années de « boycott » de différents produits, les *freegan* (*free*=libre et *gan*=vegan, végétariens) boycottent le système tout entier. Ils évitent d'acheter ; leurs principes de vie sont : la récupération (déchets etc.), le transport écologique, le « squat » (*rent-free housing*), le refus de travailler.

fait partie des nouvelles formes d'action politique et de courroie de transmission d'une transformation des rapports à l'environnement en politique (*cf. encadré 4*). Défini comme « force d'existence », l'« artisan du quotidien », s'est « désinvesti » de la sphère politique, au sens traditionnel, et donne sa place à une forme d'engagement de proximité, à l'action irrégulière et sporadique. Comme le montrent Henrik Bang et Eva Sorensen (2005) dans leur travail de recherche « Democracy from below » concernant un quartier de Copenhague (Inner-Norrebro), il existe deux types de sujets politiques : les activistes engagés et l'artisan du quotidien. Ce dernier type n'oriente pas son action en direction de l'État, mais en direction du gouvernement local ; et il veille à ce que les « choses tournent ». De ce fait, ces militants d'un nouveau genre considèrent les institutions présentes à l'échelon local non comme des représentants de l'État, mais comme des outils au service de leurs activités quotidiennes. Ils veulent faire les choses par eux-mêmes, là où ils se trouvent, avec leurs propres moyens et poursuivant leurs propres buts. L'une de ces habitantes dit : « Je suis plus engagée et plus active quand il s'agit de choses concrètes [...] Je suis engagée dans les petits arrangements concrets, des sorties, et des arrangements pour les jeunes qui n'ont pas la chance de voir grand-chose » (p. 153-154). Pour ces artisans du quotidien, leur activité est politique : « Je pense que c'est très important d'être actif où vous êtes, et que c'est très politique. » Cela ne s'énonce pas comme un devoir, mais comme une activité combinant le nécessaire et le plaisir. À la différence des militants professionnels, les artisans du quotidien trouvent nécessaire de nourrir les petites histoires politiques à l'échelle de leur quartier. Ils ne rejettent pas pour autant l'importance des mouvements associatifs ou politiques professionnels; simplement, ce pluralisme sollicite une pensée du politique dans laquelle la gouvernance démocratique ne correspond pas à une seule définition du « bien commun », mais à la construction collective d'un imaginaire fondée sur une destinée commune – et une terre limitée – qui oblige à développer un rapport de confiance mutuel. Ces habitants dont les rapports à l'espace-temps modifient le jeu politique ne peuvent faire l'objet d'analyses uniquement discursives : les pratiques, l'engagement militant, aussi basique soit-il, la construction de milieux de vie, sont alors les objets d'étude[29].

29. *Cf.* David Bornstein, *Comment changer le monde : les entrepreneurs sociaux et le pouvoir des idées nouvelles*, Paris, La Découverte, 2005, 300 p. Au Brésil, Fábio Rosa a créé une technologie d'électrification à moindre coût pour les foyers ruraux qui ouvre l'accès à la réfrigération, l'irrigation, l'eau courante. En Inde, Jeroo Billimoria a lancé Childline, le premier service permanent et gratuit d'assistance téléphonique pour les enfants des rues. En Afrique du Sud, Veronica Khosa a créé Tateni, une société de soins aux malades du Sida dans les bidonvilles... Tous sont des entrepreneurs sociaux d'exception. Mais qu'est-ce qu'un entrepreneur social ? Qui sont ces personnes qui, par leurs innovations, leur charisme et leur ténacité, refusent le *statu quo*, exploitent de nouvelles opportunités et transforment de manière fondamentale la société ? Comment les distinguer ? C'est ce que cherche à comprendre ici David Bornstein, en s'appuyant sur l'expérience d'Ashoka, une organisation internationale à but non lucratif qui repère et soutient des entrepreneurs sociaux. En analysant son histoire, son fonctionnement et son processus de sélection, il dessine le portrait de ces hommes et femmes qui ont décidé de « changer le monde ». Au-delà des récits fascinants d'entrepreneurs sociaux de différents pays, il met ainsi en évidence une transformation majeure au sein de la société : l'incroyable montée en puissance du secteur à but non lucratif et du nombre de gens ordinaires déterminés à résoudre eux-mêmes les problèmes sociaux. Autre type de réflexion, celle du militant Daniel Mothé qui, dans le numéro de la revue d'*Esprit* (07/2006) portant sur *Les forces et faiblesses de la participation*, valorise un type d'investissement plus immédiat et de proximité.

Encadré 4. Requalification écologique du cadre de vie en Russie

Les écologistes russes se situant dans le champ de la démocratie représentative sont rares. Ils ont de plus en plus tendance à se tourner vers l'action directe auprès des populations, voire à devenir acteurs d'un investissement écologique des habitants, les incitant à se réapproprier leurs milieux de vie. À Tver, une ville d'étape entre Moscou et Saint-Pétersbourg, cet investissement habitant a bénéficié d'un programme de recherche russo-néerlandais animé par des sociologues, qui souhaitait appuyer la mise en place d'Agendas 21 locaux en Russie, et du soutien de deux associations locales : le Club écologique de Tver, composé de biologistes, et l'Association du jardin botanique de la vieille ville, dirigée par des historiens. La municipalité qui ne dispose pas de structure en charge de l'environnement n'est pas intéressée par l'Agenda 21.

Les scientifiques, au terme de plusieurs séminaires, décident de développer une action de démonstration qui leur semble répondre à l'articulation des enjeux sociaux, économiques et environnementaux : la requalification d'un îlot d'habitation à travers l'organisation collective d'un jardin, dans un des grands ensembles de la ville accolé à un district industriel. Sollicités par les habitantes de ce quartier qui leur avaient demandé des conseils et un approvisionnement en graines, ils vont bientôt accompagner la requalification. Cette expérience s'appuie donc sur le végétal, pour déboucher sur une prise en charge, par les habitants, de la maintenance des parties communes et des espaces extérieurs abandonnés par l'office de logements.

Aux yeux du Club écologique, qui porte parallèlement un projet de trame verte et le défend devant les pouvoirs publics, il est important de créer des lieux de nature et de récréation dans une ville à l'environnement assez détérioré, des lieux susceptibles d'offrir un agrément comparable au jardin botanique : « il est possible d'avoir un environnement aussi beau partout, pas seulement ici ». Ces plantations doivent avoir une valeur écologique, participer à la valorisation de la biodiversité régionale et au « rayonnement » de l'Agenda 21.

Du côté des femmes, qui font face à un environnement en déshérence, fait de terrains vagues, sans aménagement pour les enfants, sans bancs ni arbres, planter participe d'un processus de réappropriation et d'embellissement du quartier. De fil en aiguille, elles s'impliquent dans des aménagements de plus grande ampleur que le jardin en pied d'immeuble, comme des aires de jeu, des tables incitant aux repas de quartier, des décorations diverses. Ce travail sur les extérieurs s'accompagne d'une réfection tout aussi remarquable des parties communes. En raison de l'importance des travaux, un volontaire est élu dans chaque immeuble pour coordonner les actions. Le groupe d'habitants, qui comprend une quarantaine de personnes, pense que les bénévoles devraient être payés pour cette tâche, et se substituer au service de l'arrondissement en charge de l'entretien du parc, qui n'assure plus aucun entretien. Les charges mensuelles sont en effet extrêmement élevées (la moitié ou les deux tiers du salaire de ces employées), à Tver comme dans le reste de la Russie. Les femmes ont donc initié un procès pour récupérer l'argent des charges, réclamant une gestion en copropriété directe.

Source : Blanc et Emelianoff, 2005

Cette remarque est probablement d'autant plus vraie que l'on traite des rapports à l'environnement, domaine dans lequel les actions concrètes et quotidiennes (comme, par exemple, prendre sa voiture) pèsent d'un poids tout particulier.

VERS UN RÉFÉRENTIEL ESTHÉTIQUE DURABLE

Que ce soit dans la revendication habitante ou dans la pratique artistique, se déploie une dimension collective du rapport à un territoire entendu non plus comme somme de propriétés privées, mais comme ce qui fait lien – qui est, au sens propre et figuré, « commun » ; cela concerne différents types de territoires. Ni bien privés, ni biens publics, ces biens communs collectifs ne peuvent faire l'objet ni d'une gestion privée, ni d'une gestion publique au sens classique. Ces « communaux » d'un nouveau genre fleurissent depuis une trentaine d'années. On a parlé des fleuves et des littoraux, mais on pourrait aussi réfléchir aux villes comme à des biens communs collectifs à venir. Plus largement, la Terre apparaît comme un bien commun collectif d'autant plus présent qu'elle est unique et menacée. Entre le social (et l'économique) et le politique apparaît un enjeu territorial qui n'est autre qu'une nouvelle forme du bien commun.

L'emploi de la notion de bien commun collectif n'est pas innocent, du point de vue de l'action publique. Une telle notion laisse transparaître que le territoire habité est guetté par « la tragédie des communaux[30] » (Hardin, 1968), à savoir l'épuisement, du fait que, appartenant à tous, le territoire et l'environnement ne relèvent de la responsabilité de personne. Elle peut aussi ouvrir à des formes d'action collective dans l'optique d'une exploitation durable du territoire – avec toute l'imprécision de ce terme. Quel rôle joue l'esthétique ? Les termes de « paysage », « patrimoine », par exemple, cadres de référence esthétique à la nature qualifient la dimension collective de cette dernière, et même sa dimension commune, dans la mesure où la préservation des paysages et patrimoines naturels la justifie. L'évolution récente de ces termes montre qu'ils ne sont plus considérés détachés de leur contexte

30. Cette expression renvoie à un type de phénomènes qui inclut le conflit pour la ressource entre intérêts individuels et biens communs. Dans son essai qui a popularisé le terme, Garett Hardin (1968) a donné l'exemple d'habitants qui faisaient paître leurs bêtes sur les « communaux ». Plus récemment, des chercheurs se sont intéressés aux conflits de ressources liés à la croissance de la population mondiale et aux océans.

socio-géographique, ni même de leur perception ordinaire. L'esthétique qui joue dans la valeur affectée aux territoires est donc une entrée possible dans la perspective d'une exploitation durable concertée du territoire.

Le propos de cet ouvrage tient d'ailleurs en l'idée qu'il est possible, repartant des compétences communes des êtres humains – ainsi en est-il de l'attribution d'une valeur esthétique – de revoir les conditions du développement durable. En d'autres termes, l'esthétique permet-elle d'agencer autrement, ce qui s'avère aujourd'hui non-durable, l'exploitation des territoires ? À les considérer sous l'angle de l'esthétique, et en prenant en compte la gamme de sentiments qui l'accompagnent, peut-on attribuer à ces objets ou endroits une valeur qui permette de mieux les protéger ? Si l'exploitation « durable » des territoires doit reposer sur une vision nouvelle de la nature, elle accompagne l'idée d'un renouveau esthétique et éthique des rapports entretenus avec son environnement : la beauté (ou le sentiment esthétique) est une dimension du durable ; l'esthétique peut être un levier d'une nouvelle compréhension de la valeur affectée aux territoires (et de leur usage) en vue d'une exploitation durable ; enfin, l'espace public est esthétique, en ceci qu'il dépend de l'apparition de nouvelles formes pour juger de la valeur du monde produit. Comment construire le référentiel d'une cité esthétique durable ? Une cité esthétique qui fait de l'imagination une ressource majeure, de l'image, du récit, de l'ambiance, du paysage des vecteurs de création d'un espace public sensible partagé ?

Quels sont les apports du sentiment esthétique au référentiel de la durabilité ? À cet égard, on ne peut formuler que des hypothèses : première hypothèse, les objets ou territoires auxquels est conférée une valeur esthétique sont dotés d'une autonomie de sens. L'autonomie de la nature provient du fait que son sens n'est pas pensé par l'être humain (Merleau-Ponty, 1999, p. 19), tandis que l'autonomie de l'art l'associe à une cohérence formelle qui outrepasse la référence à l'origine ; l'œuvre d'art demande à se détacher de son auteur et de son époque pour conquérir sa dimension universelle. À la différence de la nature, l'autonomie de l'art n'invite pas au contrôle, à la maîtrise. L'art, et l'esthétique de manière générale, prennent leur rôle « social » dans cette autonomie, réalité qu'ils sont censés manifester ou innovation qu'ils sont supposés représenter. Le patrimoine est la figure exemplaire d'une Histoire (petite ou grande). L'œuvre de l'artiste montre le génie humain, preuve de la nature humaine. Toutes sortes d'œuvres sont des vecteurs de réflexivité. L'hypothèse est la suivante : reconnaître la valeur esthétique des lieux, objets ou choses est leur attribuer un coefficient de durabilité. La deuxième hypothèse est que la dématérialisation de l'art, c'est-à-dire le fait de privilégier les attitudes sur les formes, le processus sur l'objet, élargit le champ d'objets susceptible d'être affecté par la valeur esthétique ; encore faut-il admettre que l'expérience esthétique est un témoignage de la compétence commune à donner de la valeur, à éprouver le réel[31]. Notons simplement que l'expérience esthétique est un guide dans l'adaptation aux changements environnementaux. L'espace public esthétique naît alors ; c'est une condition de l'échange et de l'établissement d'un partage. On ne se réfère donc pas à un idéal écologique et économique « paysage durable ».

La question de la durabilité

Une première période de l'art insistait sur sa permanence, avec des matériaux et des outils particuliers : les approches contemporaines de l'art insistent davantage sur le processus de création que sur la monumentalisation de l'œuvre d'art. Les travaux de nombreux artistes contemporains incorporent le processus, la durabilité, la pluralité des spectateurs et l'imprédictibilité. Aujourd'hui, l'art tel qu'il s'énonce ressemble fort à la tentative de reformulation de l'espace public par Arendt, comme le montrent les nombreuses expériences « d'art contextuel » liant l'art à l'espace public (Ardenne, 2002). Cette « contextualisation » renforce le poids des coordonnées spatio-temporelles dans l'appréciation esthétique. La valeur de l'opinion, les temporalités de l'instant et le jugement en situation changent les paysages de l'esthétique qui nous poussent à reformuler la durabilité autour de questions nouvelles : quelles sont les nouvelles relations qui s'établissent entre situation et durabilité ? Comment conjuguer durabilité et innovation, transformations paysagères et créativité locale ?

Telles sont les pistes de recherche. L'objet beau, c'est-à-dire l'objet d'art esthétiquement réussi puisqu'il reçoit l'assentiment partagé, trouve grâce aux yeux du grand nombre, dans le temps et dans l'espace, mêle au plus haut degré un sentiment de permanence associant l'idée de la vie qui dure (et se renouvelle), ce que matérialise une œuvre réussie, et le temps qui passe : l'œuvre d'art est le modèle de l'objet qui résiste à l'érosion temporelle. Cette remarque enrichit la compréhension que l'on peut avoir du terme de « durabilité ». Hannah Arendt explique au sujet des œuvres d'art :

> Nulle part, la durabilité pure du monde des objets n'apparaît avec autant de clarté, nulle part, par conséquent, ce monde d'objets ne se révèle de façon aussi spectaculaire comme la patrie non-mortelle d'être mortels (1983, p. 223).

Avec l'art se crée un domaine d'activité où se fabriquent les choses qui résistent à l'usure matérielle et idéelle ; la valeur esthétique serait-elle porteuse d'avenir ?

La question de la dématérialisation

La dématérialisation (de l'art, du travail par une économie de services…) peut être suspecte : l'économie dématérialisée correspond parfois à un surcroît de consommation de matières premières et de ressources énergétiques[32]. Cependant, il semble que ce phénomène contemporain corresponde aussi à un mode d'engagement dans la fabrication des choses, des événements, des lieux. Que ce soit sur un plan individuel ou collectif, au-delà de la question artistique, on observe la renaissance de dispositifs imaginaires[33] qui tendent à rejouer la question de la personne et de la fabrication du

31. Jean-Paul Sartre (1948, p. 46) l'exprime ainsi : « Un des principaux motifs de la création artistique, est certainement le besoin de nous sentir essentiels par rapport au monde. Cet aspect des champs ou de la mer, cet air de visages que j'ai dévoilé, si je les fixe sur une toile, dans un écrit, en resserrant les rapports, en introduisant de l'ordre là où il ne s'en trouvait pas, en imposant l'unité de l'esprit à la diversité de la chose, j'ai conscience de les produire, c'est-à-dire que je me sens essentiel par rapport à ma création. »

32. Par exemple, à Hanovre, les transports s'améliorent, la ville a de plus en plus recours aux énergies renouvelables, mais la demande s'accroît du fait de la décohabitation et donc la consommation énergétique est en hausse, etc.

33. Ainsi une nouvelle transaction est à l'œuvre pour s'approprier l'environnement, l'humaniser (ou le domestiquer).

corps ou même celle des collectifs urbains : la place faite aux hybrides[34], aux mondes virtuels, aux environnements numériques en est un exemple. La dématérialisation de l'environnement, c'est-à-dire la mise en œuvre d'un nouveau référentiel faisant place à l'esthétique, à l'imagination, à la production virtuelle (*via* la technologie) de nouveaux environnements, à une nouvelle sensorialité, montre la voie d'une recomposition des rapports entre engagement individuel et espace public, entre éthique et esthétique. Dans ce sens, l'appréciation esthétique joue là un rôle régulateur et, en outre, constitutif : l'expérience esthétique est une façon de régler son comportement en fonction d'une sensibilité, d'apprécier la créativité environnementale en échappant aux normes en vigueur. De ce point de vue, il ne s'agit pas simplement d'un jugement qui vise à améliorer le confort de la personne : l'esthétique serait alors réservée aux riches. Il s'agit d'un jugement qui ouvre sur la nécessaire inventivité pour favoriser l'adaptation à de nouvelles conditions environnementales.

La question de l'échange

L'expérience esthétique est ce qui nous permet d'être pleinement humain en témoignant de notre compétence commune à donner de la valeur à l'environnement. Ainsi la valeur esthétique peut contrebalancer la valeur économique. Comme l'argent[35], elle a cette fonction d'échange, mais elle s'ouvre sur un espace public esthétique. C'est parce que l'esthétique n'est pas objectivable qu'il lui faut un espace public de discussion. Trois conditions doivent être réunies pour que soit créé un espace collectif qui fasse de la transformation des territoires l'enjeu d'un processus durable : que les formes des lieux et donc leur aménagement, la fabrication durable des paysages, soient soumises au débat : si l'espace public échappe à l'abstraction, c'est parce qu'il est constitué de formes, et non de jugements « décontextualisés » ; ensuite, qu'il entre dans cette négociation une réflexion sur la valeur qui est ainsi produite, c'est-à-dire sur la conversion de la ressource matérielle et immatérielle consommée (foncier, immobilier, air, eau etc.) en sens et significations nouveaux ; qu'enfin, ce soit par la reconnaissance, la mise en scène et la création d'un espace

34. Pour Bruno Latour (2003), sociologue des sciences, l'hybride procède de deux notions clé : la notion de réseau et celle d'attachement. Si, dans un premier temps, avant d'en démentir l'importance ou, du moins, la pertinence, Bruno Latour s'attache à l'idée de réseau, c'est essentiellement pour mettre en évidence les liens divers qui font de nous des êtres humains. Ainsi, que nous soyons produits par des relations sociales, économiques ou affectives, nous dépendons, tout à la fois pour nous connaître et pour nous produire, c'est-à-dire pour vivre, de connexions et de processus de liaisons qui font de nous essentiellement des êtres relationnels. Cette conception de l'individu émerge en même temps que l'esthétique relationnelle, mouvement qui fait de l'art essentiellement un entre-deux. Mais un entre-deux qui ne donne au lieu aucune réalité ; c'est une localisation, tout juste une fonction (Bourriaud, 2001).

35. En quoi la valeur esthétique peut-elle contrebalancer notamment la valeur économique ? L'art est une valeur d'échange au même titre que l'argent, ce sont deux des équivalents généraux. Cependant, il nous semble que les modalités de ces deux opérateurs s'opposent. L'argent tend à déréaliser l'objet, nous venons de le voir avec la déréalisation du paysage opérée par sa monétarisation. Ces mécanismes se renforcent quand ils se couplent avec un programme classique d'aménagement frontal qui tend à amnésier le local, à déterritorialiser. À l'inverse, il nous semble que l'art est un traducteur dont les modalités d'échange et de partage ont tendance à re-concrétiser les choses. L'échange artistique ne se déroule pas dans le marché avec le prix comme seul indicateur de valeur ; il s'effectue dans l'espace public où l'on échange des appréciations sur des formes.

d'apparition (et de dénouement) des tensions propres aux sociétés humaines que celle-ci soit reconnue et non par la monétarisation. Un drame réussi fait de la qualité artistique, et du jugement de goût relatif à ses effets, l'enjeu d'une égalité d'accès aux opportunités de transformation des milieux.

Chapitre III

L'habitant, figure politique

En quoi l'habitant est-il plus précisement un acteur essentiel de cet espace public ? L'habitant est le citadin, citoyen d'un espace politique essentiel, la cité. La cité est de nouveau confrontée à ses limites naturelles que le politique est sommé de prendre en considération. Enfin, l'habitant, citadin et citoyen, est enraciné, c'est-à-dire qu'il prend conscience de son besoin de reconnection à la nature comme à un horizon symbolique et matériel qui fournit une extériorité nécessaire au renouveau environnemental de nos sociétés. Cet habitant, situé et localisé, n'est pas juste le citoyen d'une division administrative, mais représente un territoire, associant un monde humain et non-humain ; il incorpore, de ce fait, une dimension des forces productives occultée ; le citoyen abstrait incarne la nation, le producteur l'industrie, l'habitant, la localité jusqu'ici largement méprisée. Le mouvement est inverse aujourd'hui comme l'indiquent la territorialisation des politiques publiques, la décentralisation ou le regain d'intérêt pour la démocratie locale. Il existe trois nouvelles territorialités : le supranational, l'interrégional et le local (Duchatel et Canet, 2004).

Le renouveau du jeu politique par l'écologique, c'est-à-dire par la mise en évidence d'une interdépendance bio-physico-chimique des sociétés dans l'espace-temps, au point que les politiques publiques aient à intégrer le territoire comme un « milieu de vie », explique que l'écologique soit devenu le lieu « du » politique, au sens métaphorique, (soit l'endroit où se joue le politique), mais aussi d'un point de vue matériel : cet énoncé implique que l'écologique (les lieux et milieux, les échelles, la terre et le monde) est, aujourd'hui, devenu le lieu le plus pertinent pour le politique. L'habitant est, dans ce contexte, la figure politique qui a été niée par la modernité. Elle peut s'avérer une force de renouveau des politiques territoriales. À condition que les droits des habitants soient associés à une nouvelle réflexion sur la citoyenneté politique.

LE PRISME DE LA TERRE

L'habitant a une présence sensorielle forte : elle est esthétique (par le vêtement, la gestuelle, l'habitat...) ; elle crée une atmosphère (par le rire, la beauté...) ; elle s'exprime dans des paysages (quand cet habitant plante...) ; elle est source d'ambiance (ou non) ; elle provoque des récits. C'est aussi cet habitant qui participe aux politiques publiques dans le cadre des procédures de concertation ou par l'interpellation des pouvoirs publics ; son rôle a des conséquences même s'il n'est qu'idéel ou limité sur le plan concret (en particulier dans l'espace urbain où le fait d'habiter se réduit à décorer son logement). Exprimant des préférences en termes de localisation résidentielle ou de décoration de l'habitat ou par des choix de consommateur, il façonne le monde formel des objets[1]. C'est par la qualité des produits que l'on investit le consommateur d'un pouvoir quasi-politique : pensons au slogan, « Choisissez bio ». Les démarches qui se réfèrent à des indicateurs de consommation écologiquement viable définissent une « efficience écologique », elle-même en relation directe avec la qualité de vie :

> Il s'agit principalement de constituer des entités mesurables, qui rendent compte de l'efficacité avec laquelle les gouvernements, les ménages et les collectivités utilisent les ressources environnementales et naturelles pour pourvoir à la qualité de vie (OCDE, 1997).

Ainsi par ses choix en matière d'habitat, ses préférences pour tel ou tel type de logement, tel pavillon à tel autre (le pavillon ne constitue pas pour ceux qui l'habitent juste un évitement de la sphère collective ; il représente essentiellement une possibilité d'investissement), l'habitant a un rôle politique.

Revenons sur la manière dont l'écologique reconfigure l'ordre du politique. La question sociale a engendré à partir du milieu du XIXe siècle un processus de reconfiguration du politique que l'on peut schématiser en trois grands moments (Blanc, Estèbe, 2003) : un moment de prise de conscience d'une menace croissante qui voit l'apparition des « classes dangereuses » (Chevalier, 2002) ; un moment scientifique de mise en forme rationnelle d'une vision et d'une interprétation globale des luttes sociales dans une perspective de transformation politique (Marx et Engels) ; un moment de réponse institutionnelle du politique qui conduit l'État d'une fonction de gendarme libéral aux formes contemporaines de l'État social. Ces piliers du politique se trouvent aujourd'hui confrontés à la question « écologique ». La question écologique comporte un autre principe de représentation du monde : la vision du monde comme espace habité n'est plus contenue dans l'idée de société. La représentation du monde est devenue relative à celle de la Terre comme entité et la prise de conscience du danger environnemental est devenue relative à l'idée de Terre comme milieu habité et limité.

Dans le domaine du droit social, on a assisté à une transformation progressive de la notion de généralisation, au passage d'une généralisation « substantielle » à une généralisation « procédurale » qui se traduit par la multiplication de dispositifs de négociation ou d'animation des débats locaux. C'est une véritable « grammaire » de la démocratie participative qui se dessine. La problématique juridique s'est déplacée du terrain social vers le terrain socio-géographique comme le met en évidence l'entrée du paysage dans le domaine du droit (Makowiak, 2004) : les législations récentes accordent une importance croissante à la question de l'effectivité des droits

1. Pour Michelle Dobré (2002), le contrôle par la consommation de l'individu correspond à une extension de la rationalisation appliquée auparavant au seul monde du travail.

existants et à celle de leur accessibilité pratique. Rendre les droits accessibles suppose un nouveau type de démarche : l'incitation à la création de dispositifs concrets, localisés, d'accès aux droits.

Les logiques d'action politique se modifient en profondeur ; en France, l'importance croissante, encore que difficilement reconnue, accordée à la société civile dans le jeu politique joue un rôle dans cette transformation. Mais le substrat des valeurs se modifie, lui, bien plus lentement que les procédures, ce qui explique notamment la difficile incorporation dans les politiques publiques, mais aussi dans les valeurs communes, des transformations suggérées par les bouleversements écologiques (comme l'effet de serre, par exemple). Un des facteurs expliquant cette difficile incorporation provient du fait que la mise en forme publique de ces enjeux et de ces combats procède, surtout, de la démarche des sciences dites dures. Là encore, l'exemple de l'effet de serre est parlant tant elles pèsent sur sa représentation. Contrairement au début du siècle, ce ne sont plus les sciences sociales ou les sciences médicales qui mettent en forme les enjeux sociétaux. Ceci explique que, face à ces nouveaux enjeux, les institutions politiques semblent lentes à réagir et à en tirer les conséquences.

Ce renouveau du jeu politique par l'écologique, c'est-à-dire l'obligation de prendre en compte l'espace comme un « milieu de vie » doté d'une épaisseur environnementale s'opère suivant trois axes qui correspondent à des tensions que subissent les institutions politiques :

– une tension géographique endogène à la sphère politique et plus particulièrement à la constitution de l'espace démocratique, celle de la territorialisation de l'espace public, y compris au sens le plus matériel du terme, celui du local, du terrain, du territoire. L'espace public démocratique, s'est historiquement construit comme un emboîtement d'échelles selon un principe de production d'un espace abstrait, en références à deux notions elles-mêmes abstraites celles de nation et de citoyenneté. Aujourd'hui, les valeurs du « local » prennent une place croissante dans l'élaboration des politiques publiques et de leurs instruments, en ce qu'elles assument ou représentent les aspects les plus concrets du cadre de vie. En France, la décentralisation de l'autorité publique correspond aussi à une déconcentration des pouvoirs. Simultanément la Terre, espace d'extension limite, devient une échelle de référence croissante pour les gouvernements et l'opinion publique même si celle-ci a du mal à s'articuler avec la mise en œuvre d'un gouvernement à cette échelle ;

– une tension environnementale, exogène celle-ci, dans le sens du retour de « l'éludé », oblige le politique à prendre en charge une responsabilité nouvelle : il ne doit plus se contenter d'envisager les conséquences de son action sur la seule société. Un nouveau référentiel pour l'action publique se constitue qui englobe celle-ci dans un ensemble plus vaste incluant les milieux « naturels » qui en constituent le support. Et ceci, en référence à l'émergence de cette nouvelle entité émergente que les mouvements écologistes appelleront « la Terre ». Dans ce contexte, la référence à la notion d'habitant se développe d'autant plus que l'institutionnalisation de la participation a hâté celle de l'environnement. Grandit alors la notion de risque environnemental ;

– une tension spatiale à laquelle le politique se trouve soumis, celle des échelles de régulation qui montre les limites du système intra et interétatique classique en tant que système de « gouvernement » de la planète. Les états n'ont plus le monopole du pouvoir. D'autres espaces politiques se sont constitués qui interfèrent avec eux, les interpellent et leur font concurrence, par exemple les espaces politiques constitués par les ONG. Malgré la domination d'une superpuissance mondiale, le « monde » n'est plus seulement composé de gouvernements et d'États : une société mondiale apparaît, aussi complexe et antagonique que les sociétés nationales, faite de multinationales, de mouvements sociaux, d'ONG, d'organismes de régulation, d'institutions territoriales de différentes natures (collectivités territoriales, États, organisation de coopérations régionales).

De manière générale, le politique fait face à un processus que l'on peut qualifier « d'atterrissement », c'est-à-dire l'émergence de la Terre dans toutes ses dimensions : celle du monde habité ; celle de la Terre symbolisée par la figure extrême de Gaïa[2] ; celle de la Terre comme territoire unique où se déploient les vies humaines[3].

Ce processus d'atterrissement correspond à un processus d'introduction du « silencieux » dans le champ politique. Par silencieux, l'on désigne tout un registre de choses, d'actions ou de gens qui ne passe par la parole (logos) comme moyen principal d'intervention. Cela renvoie notamment à la nature, aux éléments végétaux, minéraux ou animaux. Cela concerne aussi toute une catégorie de gens dont le silence (du à l'absence de considération pour la parole non-experte ou à une position d'exclusion sociale) pose problème dans l'espace démocratique. Inviter ces gens à participer au débat sur leur environnement, c'est donner aux citoyens exclus qu'ils sont l'opportunité de pénétrer dans l'espace public en tant qu'habitants: c'est étendre d'autant la démocratie.

L'HABITANT UN PHÉNOMÈNE HISTORIQUE

L'apparition de l'habitant et des modes d'habiter dans le jeu politique transforme les lectures classiques du politique et du social : des catégories générales comme l'engagement politique, la démocratie représentative, « la solidarité » ou « l'exploitation »

2. James Lovelock a développé au cours des 25 dernières années la « théorie Gaïa » pour affirmer le rôle du biota, étroitement lié à son milieu physique, en tant que système unique et auto-régulé, ayant permis de créer puis de maintenir les conditions planétaires de température de surface, de composition atmosphérique et de salinité des océans propices à la vie. La terre est vivante comme un arbre et non, comme le croyaient les Anciens, comme une divinité, l'autorégulation de ce « super-organisme » résultant de la sélection naturelle et non, d'une intentionnalité. L'hypothèse Gaïa est une alternative à l'idée d'une « planète-machine », la nature ne peut être traitée comme telle par l'homme, alors qu'il n'est qu'un participant de ce système. Toutefois, la prééminence des micro-organismes dans ce fonctionnement place l'homme dans une situation à la fois périphérique et déresponsabilisée dans la gestion du patrimoine vivant terrestre (N. Charlton, 2002, *Guide to philosophy and the environment*, www.lancs.ac.uk, consulté en juin 2008).

3. L'atterrissement peut être considéré comme un phénomène de fermeture des horizons, l'impossibilité de penser un extérieur. Comme l'écrit Ulrich Beck (2003) p. 308 : « À la différence de toutes les époques qui l'ont précédée, la nôtre se caractérise avant tout par un manque : l'impossibilité d'imputer les situations de menaces à des causes externes. Ce point d'arrêt à l'hémorragie extensive de la société et du politique constitue en même temps un point d'appui pour un développement intensif et fractal des questions politiques. »

doivent être relues en fonction des différences territoriales, mais aussi des échelles. Le thème des relations « Nord-Sud » qui traverse la littérature contemporaine, que cette dernière traite du développement ou de l'environnement, traverse aussi les sociétés développées, où la question sociale, désormais, se déploie non plus selon les canons de la dramaturgie classique mais, de plus en plus comme une topologie, une succession de lieux habités de manière différenciée et, de ce fait, soumis à des formes de domination et d'exploitation différenciées. De même, selon les échelles, de celle du « quartier » pris comme une traditionnelle échelle d'implication ou de participation habitante, jusqu'aux échelles internationales, la thématique de l'habitant modifie les lectures traditionnelles du social.

L'individu qui chemine dans le sensible, situé dans son environnement, engagé esthétiquement dans (et par) sa reproduction, l'habitant, prend une place croissante sur la scène publique, à mesure que le citoyen perd en consistance ou, du moins, se trouve questionné dans son efficacité politique ou même dans sa légitimité démocratique.

L'évitement historique

La figure de l'habitant est, au moins, à double détente. Elle est une réponse au besoin d'émergence d'une nouvelle figure politique et concrète, sur le plan de la participation, ou de l'investissement politique ; elle apparaît donc comme une forme de complément à celle du citoyen et du producteur. Mais elle signale aussi, et surtout, l'apparition d'un nouvel acteur. Les deux plans sont interdépendants, mais procèdent de logiques propres.

Du côté politique, la sollicitation de l'habitant correspond à un besoin croissant d'étendre le champ de la démocratie. Plus fondamentalement, dans les pays du Nord, la constitution de l'habitant comme figure politique correspond à une transformation de longue durée de l'individu et de son environnement, qui se marque notamment par une exigence supplémentaire de qualité de vie et une demande croissante d'un rapport personnalisé et actif au monde. Il semble que, dans les pays du Sud, les mêmes mécanismes aient lieu : il ne s'agit pas d'exiger une qualité de vie, au sens d'une amélioration du rapport à l'environnement, au sens du décor de vie, mais d'une demande d'autonomie plus radicale, et plus contestataire qui va à l'encontre parfois des pouvoirs locaux comme notamment l'autonomie vivrière. La radicale nouveauté de la figure de l'habitant, dans les deux cas, réside dans ceci qu'elle s'appuie sur la conscience et l'affirmation de la dimension politique de ce rapport de l'individu à son environnement. S'agit-il alors, avec le surgissement de l'habitant, d'une rupture du même ordre que celle qui a accompagné la naissance du citoyen puis l'instauration du producteur ? Au contraire, on peut penser que l'émergence de la figure de l'habitant correspond à un désinvestissement politique de la sphère d'engagement civique dans les pays du Nord et à une expansion de la démocratie à l'échelle planétaire.

Le citoyen constitue une première figure politique qui émerge à la fin du XVIIIe siècle. Les révolutionnaires français construisent le citoyen en opposition à l'Ancien régime et notamment à l'attachement à la terre et à l'encadrement des corporations. Cette rupture se manifeste clairement par l'établissement d'un nouveau régime d'administration territoriale, avec la naissance des départements[4] qui vise à instaurer un ordre purement administratif fondé sur l'accessibilité des services publics et des lieux de pouvoir. Le citoyen est émancipé des cadres traditionnels, territoriaux et professionnels. Il déploie sa nouvelle puissance dans un espace nouveau, entièrement façonné selon une logique égalitaire et unifiante, celui de la nation et de ses divisions territoriales.

Le producteur s'institutionnalise comme ouvrier et capitaliste au cours du XIXe siècle et dans les premières années du XXe siècle. Son apparition constitue une critique des limites du citoyen abstrait qui ne prend pas en compte les conditions de vie au sens des moyens de production. La naissance du producteur correspond, avec les syndicats notamment, à celle d'une force d'émancipation et de lutte pour la protection de la force de travail. En outre, elle affirme une responsabilité collective de la classe ouvrière comme agent de transformation sociale et politique. Il est intéressant de noter que la figure du producteur se construit de manière critique par rapport au territoire comme lieu d'attachement, voire d'asservissement. Le producteur est, dans sa version ouvrière et à partir XIXe siècle, une figure internationale fondée sur la condition de travailleur et non sur l'appartenance à un territoire ou à une nation. Le mouvement ouvrier, dès son origine, a une vocation d'universalisme en réponse à l'exploitation matérielle et humaine que constituent les réseaux sociétaux nationaux, parfois internationaux. Le monde alors constitue un espace d'émancipation. Le citoyen et le producteur constituent au XXe siècle les deux principaux piliers de la participation politique : il s'agit, d'un côté, de démocratie représentative et, de l'autre, de démocratie sociale (participation des salariés aux différents aspects de l'État providence : assurances sociales, caisses d'allocations familiales, logement social, etc.). Les deux figures du politique sont en France étanches, ce qui conforte le rôle de l'État comme arbitre entre représentation politique et participation sociale.

L'habitant territoire

En termes de figure politique, l'habitant constitue une réponse originale. Avec l'habitant, le territoire et même l'habitat connaissent une représentation renouvelée, qui enrichit considérablement son importance à l'échelle nationale. Le territoire devient le lieu de multiples ressources tant individuelles que collectives. En France, la figure de l'habitant émerge dans les années 1960 et progresse au cours des années 1970[5], au travers de la notion de démocratie participative, comme critique des limites d'une démocratie représentative, à la fois trop abstraite et trop lointaine. Celle-ci se trouve

4. *Cf.* les travaux de Marie Vic Ozouf-Marignier (1989).

5. À l'époque, cette volonté d'inclure l'habitant dans le processus politique résulte aussi bien d'une contestation de la démocratie représentative que de la volonté de trouver de nouveaux points d'appui pour une contestation ; le cadre de vie et la gestion de l'urbanisation et de l'aménagement du territoire en fourniront l'opportunité dès les années 1960-1970 notamment dans les quartiers d'habitat social.

confrontée à l'incapacité institutionnelle de prendre en considération les manifestations à l'égard du logement et de l'habitat. Ainsi, la loi du 5 décembre 1922 proposait une participation facultative de l'habitant et soulignait par là que le « logement était un bien exigeant une gestion originale ». Cette disposition devenait obligatoire par la loi du 3 décembre 1947. Mais un décret du 19 décembre 1963 a supprimé la représentation des locataires au sein du conseil d'administration des offices d'HLM dans une perspective d'amélioration de la gestion qu'il considérait compromise par un phénomène de politisation. Dans les années 1970, à nouveau les habitants surgissent, dans un contexte social de montée en puissance des associations et des revendications. Ils apparaissent dans ces quartiers neufs des villes nouvelles et des grands ensembles qui vont mal vieillir et où le peuplement, récent, n'est pas encore stabilisé, mélangeant population ouvrière et classes moyennes (qui partiront vers le pavillonnaire). Ces nouveaux habitants s'emparent de la démocratie participative et de l'instrument associatif pour contester les pouvoirs municipaux en place, que certains militants associatifs dénoncent comme notabiliaires et clientélistes. Cette période qui voit fleurir et se stabiliser la mise en place de relations entre pouvoirs locaux et associations est le moment où l'hétérogénéité des quartiers est la plus grande. Cette revendication s'incarne notamment[6] dans les groupes d'action municipale (GAM[7]) qui connaîtront, dans les années 1960, quelques succès électoraux et dont la figure demeure Hubert Dubedout, maire de Grenoble jusqu'en 1983. Sans doute, les années 1980 voient-elles un essoufflement de ce processus : la crise économique et l'irruption du chômage dans la vie quotidienne, le départ régulier des catégories de locataires les plus aisés de ces quartiers, accédant à la propriété ou à des logements localisés dans des zones moins à l'écart, isolent encore des populations en crise, qu'elles soient françaises ou immigrées et auxquelles sont déniées des droits politiques. Aussi, les militants associatifs se voient-ils aspirés par le parti socialiste : en conquérant le pouvoir politique, ce mouvement généraliste du cadre de vie s'étiole et perd sa capacité d'interpellation des pouvoirs en place. Cette fois, la revendication habitante sera portée par les enfants de l'immigration : tout autant habitants des cités qu'enfants de l'immigration. La qualité d'habitant des cités au travers de l'utopie associative, portée par de nombreux militants, correspond à l'exigence de désigner des individus et des groupes dont l'accès à l'espace public n'est pas assuré ou demeure problématique (Anselme, 2000, p. 148). Dès lors, à défaut d'être consommateur et représenté comme tel, l'habitant des cités et les associations particulières (différenciées en ceci des associations généralistes de

6. Il existe des associations de défense, des associations de résidents… À ces structures assez nombreuses, il faut ajouter l'émergence d'un véritable syndicalisme résidentiel notamment avec l'arrivée de la Confédération syndicale du cadre de vie (Sauvage, 1992, p. 35).

7. *Cf.* Gilles Morin, « Les GAM et l'autogestion », *in* F. Georgi (Ed.), *Autogestion. La dernière utopie ?*, Pub. de la Sorbonne, Paris, 2003, p. 309-322 et Michèle Sellier, *Les Groupes d'action municipale*, doctorat de science politique, Univ. Paris I, 1975, 2 tomes, 523 p. Les Groupes d'action municipale commencent dans les années 1960. Jusqu'en 1968, il existe 10 groupes avec peu de lien entre eux. Dans les années 1970, c'est un mouvement politique montant qui se structure : 290 GAM, 3 000 ou 4 000 membres revendiqués entre 1965 et 1973. Puis, c'est le déclin. Leur mot-clé est la « participation ». Ils ont une image d'acteurs « ras-de-terre », apolitiques et centrés sur actions concrètes. Leur approche considérée techniciste plutôt que politique est mal vue par les partenaires politiques, notamment le Parti socialiste unifié (Michel Rocard les soutient néanmoins).

consommateurs, par exemple) qui en assurent la traduction dans l'espace public demeurent l'exemple de ce qui suscite ce type de sujet politique : une représentation défaillante des pouvoirs publics sommés d'investir cette représentation-là. L'habitant représente une sorte d'envers du consommateur.

Aujourd'hui, il existe une double manifestation de cette figure de l'habitant : l'une est celle de la figure de l'habitant des quartiers d'habitat social porteur d'une stigmatisation de la vie sociale, et qui fait l'objet (les émeutes récentes en sont la brûlante démonstration) de représentations extrêmement contradictoires : entre rejet pur et simple et auto-culpabilisation d'une classe moyenne française qui a du mal à abandonner le rêve d'intégration républicaine. L'autre est celle, souvent considérée d'un point de vue très négatif, de l'opposant (le réflexe *Nimby*)[8]. L'habitant qui se dresse devant le chantier d'autoroute, le projet de décharge, d'aéroport ou, plus trivialement, de construction de logements sociaux à proximité de son pavillon, fait figure d'individualiste se dressant contre l'intérêt général. Ces habitants font « sécession » par rapport à la société en en refusant les contraintes et les liens de solidarité. Cette revendication habitante est le plus souvent considérée comme le signe de la désaffection civique. La revendication paysagère – d'une protection des milieux de vie – dont l'habitant s'est fait le porteur est associée, dans l'esprit de beaucoup de chercheurs à ce conservatisme et est vue comme s'opposant au progrès et à l'intérêt général dont sont considérés porteurs, surtout en France, des « grands corps » de savants, d'ingénieurs, d'aménageurs et d'administrateurs.

L'HABITANT RESPONSABLE

La figure de l'habitant se développe également comme figure de la responsabilité individuelle. L'habitant peut être considéré comptable de la mauvaise gestion locale ou de la dégradation des conditions de vie à l'échelle du « quartier » ou du voisinage ; en d'autres termes, l'habitant est comptable de son implication territoriale. Non seulement le recours à l'habitant apparaît comme une garantie du caractère démocratique du processus de négociation, sans que l'on sache en quoi consiste exactement cette garantie, mais la défaillance dans la participation produit également des accusations, celle d'une désaffection civique. Les classes populaires sont accusées de ne pas s'approprier suffisamment le politique[9]. Pourtant, souvent, ces habitants sont à peine consi-

8. « *Not in my back yard* » autrement dit « pas dans mon jardin », slogan désignant les mouvements de défense et de protection de l'intégrité du cadre de vie par ses habitants.

9. L'habitant est convoqué sur l'unique registre de la parole ; il ne s'agit pas d'agir… L'action habitante en politique ressort d'un modèle qui lie social et politique de façon propre à chaque contexte culturel… En France, notamment, l'action habitante est soit conflictuelle (voire violente et ressort alors du droit commun) et se situe en opposition à l'État ou à des décisions des pouvoirs publics : donnons comme exemple l'opposition aux grands projets d'aménagement ferroviaire (TGV). La décision d'État ou du ressort des pouvoirs publics se légitime du fait même des mécanismes de la représentation en démocratie. Dès lors, l'action politique est réservée aux pouvoirs publics tandis que l'action habitante ressort souvent du bien-être social. Aux États-Unis où le contexte socio-politique diffère sensiblement, le « registre de l'action » et de l'action civique, en particulier, ne remet pas en cause l'État et sa définition. Elle peut y être associée (dans le cas des *watersheds*) mais l'intérêt général est garanti par le pluralisme, soit la pluralité des voix s'exprimant dans la sphère publique.

dérés comme des interlocuteurs et l'on parle fréquemment, en ce qui les concerne, d'éducation à la participation : n'est-ce pas faire croire que la légitimité citoyenne est affaire d'apprentissage ? À l'exception des quartiers où « le syndicalisme du cadre de vie » (Anselme, 2000, p. 152) inscrit les habitants dans l'espace public commun, l'injonction qui conduit les habitants à participer ou à cogérer les espaces de proximité, produit une demande croissante de responsabilité au sens « d'avoir le droit à » et non simplement « le devoir de ».

La figure de l'habitant se développe dans le sens, non seulement d'une réappropriation de la gestion de son milieu de vie, mais dans la production de ses conditions de vie. Depuis longtemps existe une tradition critique dénonçant les processus d'asservissement, d'aliénation associé au travail salarié. Ce courant de sensibilité, qui s'inscrit dans une tradition agrarienne, associe appropriation du sol et liberté[10] : l'habitat urbain est synonyme d'isolement et d'abstraction croissante de la force de travail et de production *via* la montée en puissance d'un individu urbain progressivement coupé de ses racines et mis à disposition d'un mode de vie qui favorise son exploitation.

Dans la période récente, en France en particulier où l'État est très centralisé, l'émergence de la figure de l'habitant est considérée comme extrêmement ambiguë. Du côté des sciences de la vie et de la matière, l'intérêt pour l'habitant naît d'une volonté de légitimer leur objet d'étude, l'individu biologique, et d'optimiser la gestion des interactions entre société et environnement. Du côté des sciences de l'homme et de la société, la déconsidération des grandes postures théoriques donne au micro-géographique, à la micro-analyse une nouvelle vigueur. Le postulat est bien sûr celui de la souveraineté du sujet ; pour l'anthropologue, l'individu est considéré comme porteur de l'humanité. Le grand danger de cette démarche est d'oublier que l'individu est déjà un « tout structuré » inséré dans une culture, (une langue, des gestes et des habitudes), dans des rapports sociétaux (familiaux, commerciaux, mondains etc.) et environnementaux (en termes d'habitat, d'exploitation des ressources, de production de son milieu). Il ne doit pas être pris au sens libéral du terme sans lien avec le social sinon en termes d'opportunité et d'intérêt. Pourtant, cette échelle d'analyse, à condition de prudence méthodologique et théorique, ouvre la voie à la question de la singularité[11], des rapports du « nous » et du « je » (Heurgon et Landrieu, 2003) ; rapports que travaille depuis longtemps Alain Touraine, en une écriture conjuguant expression de soi et mouvement social.

Dans le registre politique, le développement de la figure de l'« habitant » participe d'un double souci des responsables politiques : celui de s'assurer de l'adhésion de la population dans un contexte où le risque est devenu prééminent et la décision difficile et celui du souci de retrouver l'intégrité de la décision politique : dans un

10. Les difficultés de la relation entre propriété et appropriation sont importantes : quel est le propre d'une chose ? Quelles sont les conditions de son appropriation et comment donc peut-on être propriétaire ? Cela signifierait-il qu'il y ait un propre de la chose qui vous appartienne ou que la chose vous est en propre c'est-à-dire contribue à vous définir ?

11. Dans ce registre, les récits de vie sont nombreux depuis les années 1970. Notons simplement l'ouvrage essentiel de Pierre Bourdieu, 1998, *La misère du monde*, Paris, Gallimard.

environnement de découpage sectoriel de l'action publique, l'habitant semble la figure clé d'une politique intégrée. Cela semble aussi participer d'une rénovation des cadres démocratiques et inventer des possibilités d'une gestion plus participative et moins destructrice des lieux habités. Par exemple, le recours aux « échelles mineures » (Berque, 1994) apparaît aujourd'hui comme une solution face aux apories de l'urbanisme fonctionnaliste. Pour les adeptes de la gestion communautaire de l'environnement, il s'agit d'une nouvelle utopie sociale où développement et progrès social ne sont pas forcément synonymes de destruction de la nature. Pour ce courant (Bookchin, 1999), c'est, tout autant que le mode de développement industriel, le modèle de vie sociale d'où l'autonomie est absente qui est à la source des atteintes à l'environnement. Il ne s'agit pas uniquement de protéger la nature des atteintes que l'homme lui fait subir, mais plus largement de veiller à développer un nouveau modèle social porté sur la réappropriation par l'individu des moyens de subsistance : participe de ce modèle l'idée de petite communauté, de jardinage aussi bien que d'économie locale échappant aux voies du marché.

L'habitant situé

Ces débats autour de l'habitant esquivent sa propriété essentielle et dans nombre de cas, le terme même d'habitant subsume celui d'usager ou de consommateur d'espace. L'habitant n'est pas simplement un individu « situé », voire localisé : il est situé dans un rapport organique et esthétique à ce qui l'environne. La principale caractéristique de l'habitant est d'être vivant, capable de créer un environnement. Pourquoi l'habitant est-il vivant et en quoi est-il plus vivant que le citoyen ou le producteur ? Ce n'est pas une transformation magique du citoyen ou du producteur, mais bien une représentation politique qui lui confère ce caractère spécifique. Autrement dit, à travers l'habitant, c'est une politique de l'environnement, au sens d'une totalité interdépendante dans le temps et dans l'espace, d'une globalité intégrative, qui se cherche. Autant le citoyen que le producteur témoignent de la relation de séparation ou d'exploitation entre la nature et la société. Le citoyen s'arrache à l'état de nature et suppose donc une coupure radicale entre celle-ci et la société. Le producteur s'affronte à la nature pour la transformer, par le travail, en richesses pour la société. L'habitant, conscient des dégâts causés à la société moderne et se sentant incapable d'y remédier, aspirant à un développement de qualité et plus équitable sur le plan socio-écologique, inquiet pour sa qualité de vie, et même désirant la reproduction à l'identique de son milieu de vie, exprime en se mobilisant une montée en puissance de préoccupations qui, jusqu'ici, étaient peu apparues.

Ces questions environnementales présentaient, jusque récemment, un double caractère au demeurant fort paradoxal : d'une part, les dégradations de l'environnement était subies par les populations pauvres qui n'accédaient pas au confort promis par la société technique ; d'autre part, le souci d'un environnement confortable était un luxe réservé aux riches, aux très riches, avec un caractère superfétatoire. Aujourd'hui, changement de registre : la question de l'environnement met en jeu la survie des sociétés humaines. Avec le développement durable, elle s'est glissée dans tous les domaines de la vie individuelle et sociale (de la santé aux loisirs en passant par le bien-être, l'habitat, les déplacements, le travail). En quoi le recours à l'habitant, en tant qu'il est un être vivant, permet-il d'envisager des réponses à cette question du développement durable ?

Deux possibilités riches en conséquences politiques existent dans cette perspective. Elles ne seront ici qu'esquissées. La première consiste à réintroduire la subjectivité dans le champ politique en matière d'environnement, la seconde à penser l'impensé de l'habiter. Introduire la subjectivité comme un enjeu politique dans le rapport de l'individu à son environnement pose la question de l'individualisme. C'est en partie la question de la subjectivité qui est visée par les critiques formulées à l'endroit de l'individualisme, lorsqu'elles stigmatisent – notamment sous sa forme du phénomène *Nimby* – le refus manifesté par des habitants de se plier aux contraintes collectives. La politisation de la subjectivité peut en fait constituer l'autre facette, plus positive, de l'individualisme comme le montre notamment l'importance croissante prise par les biographies dans les attitudes sociales, politiques et vis-à-vis de l'environnement.

Autrement dit, à travers cette question de la subjectivité, ce n'est pas de refus de la contrainte collective dont il est question, mais d'une manifestation d'un mode d'engagement individuel, plus ou moins conscient et plus ou moins construit, envers l'environnement au sens large. « L'être soi » ne se manifeste pas par la volonté de partir à la recherche d'une vérité et d'une authenticité essentielles, internes à l'être, mais plutôt par celle d'être maître (au sens de conscient) de ses interactions et de ses interdépendances, au rang desquelles on range non seulement les interactions avec les humains et leurs institutions, mais encore les interactions avec les autres êtres vivants, quels qu'ils soient (animaux domestiques ou sauvages, « utiles » ou « nuisibles », végétaux), avec le paysage (« naturel » ou urbain), et encore avec ces entités naturelles et complexes que sont le climat, l'air, l'eau et les fleuves etc. Dans cette perspective, la maîtrise de l'action renvoie à la prise de conscience et à la prise en considération de ce que fait l'individu humain quand il engage sa « sensibilité » pour façonner l'environnement ; il crée des formes qui mettent à l'épreuve sa condition d'habitant et lui donnent une réalité environnementale[12]. Lorsqu'on analyse les comportements des habitants, c'est-à-dire de nous tous, on ne peut qu'être frappé par l'affirmation, plus ou moins consciente mais toujours présente, d'un « fil conducteur » qui relie les composantes de l'environnement qu'on a élues : de l'arrangement de son jardin à celui de son logement. Ce choix d'un environnement compose une façon d'être avec le monde et fait intervenir des registres d'action, des échelles spatiales et des temporalités très diverses.

12. Merleau-Ponty écrit dans *Signes* (p. 67 cité par Bouveresse, 1998, p. 56) que « la perception déjà stylise ». Percevoir n'est pas enregistrer une somme de détails objectifs, c'est choisir parmi les apparences celles qui sont emblématiques d'une personne, d'une situation ou d'une chose, comme lorsque je reconnais quelqu'un à partir d'un de ses gestes. Le style prolonge et systématise le travail de découpage symbolique opéré par la perception. Il est, selon l'expression de Merleau-Ponty dans *Signes*, « l'emblème d'une manière d'habiter le monde ». Ce qu'on appelle le style pour un artiste n'est donc ni une représentation subjective (un parti-pris intellectuel ou une idée du monde), ni une perception brute produisant objectivement les choses. Merleau-Ponty a démontré que cette dernière perception ne pouvait exister. Le style n'est pas une simple manière, il est le sens, il est l'œuvre même.

Le milieu de vie

Peut-être alors la référence n'est-elle plus l'habitant ; ce qui est concerné au travers de ces politiques, c'est le milieu de vie conçu comme un territoire, aux dimensions bio-physiques et sociales, mais investi de sens, tant celui que lui donne l'action collective que celui que lui confère la sensibilité de chaque individu. Il s'agit du milieu où s'organise et se déroule une vie. L'expression de « milieu de vie » se différencie de la notion de milieu, souvent critiquée pour son orientation déterministe, car elle se centre sur l'expérience « d'environnementalisation », c'est-à-dire de construction sensible d'un monde des choses et des faits : elle n'est ni subjective, ni objective ; elle se situe à la charnière des deux univers. Le milieu de vie insiste sur l'idée d'interaction ; le milieu renvoie à l'objectivité de la physique, le suffixe « de vie » oblige à se demander de quelle vie il s'agit, et donc d'en référer au sujet, tout en maintenant l'idée d'environnement. Milieu de vie est un terme neuf en relation avec d'autres comme «médiance»[13]. Il désigne un objet d'étude qui serait entre l'univers bio-physico-chimique et celui du sujet, entre l'univers administratif de la gestion politique territoriale et celui de l'habitant.

Parler de « milieu de vie » oblige également à prendre en considération ce rapport de domestication et d'appropriation qui rend habitables certains lieux. Par exemple, l'étude des « nourrisseurs » d'animaux montre à quel point contribuer à la construction de son milieu, c'est le domestiquer ou fabriquer une possibilité d'y vivre. Comment se fabrique-t-on un milieu de vie ? Le comprendre suppose d'ouvrir la « boîte noire » où cela se passe. N'étant du côté ni de la seule subjectivité de l'habitant, ni de la stricte objectivité du milieu, c'est dans l'univers des pratiques qu'il faut chercher. C'est là que se construit la viabilité des milieux. La compréhension de cette construction et de la viabilité qui en résulte relève de différentes disciplines, le terme de « milieux de vie » étant à la croisée d'enjeux nombreux. On demande à voir comment les jeux d'acteurs sont « incorporés » dans la matière même d'un territoire et composent des milieux.

L'habiter

Revenons à l'habitant : la première piste d'élucidation de la création des milieux de vie est l'habiter. Habiter, c'est départager un monde entre le dedans et le dehors. La maison, le foyer, le logement constituent l'idée même d'habiter. Pour qu'il y ait un bien-être, il faut qu'il y ait la possibilité de se créer une sphère protectrice, qui préserve l'autonomie ; il faut la possibilité de s'inscrire dans la totalité tout en préservant sa singularité : pour qu'il y ait habitat, il faut donc qu'il y ait possibilité de se le créer. L'univers familier, saisi comme une chose, ou un objet qui vous définit, englobe la maison et l'espace de déplacement, la maison et l'espace de projection. C'est un réservoir de formes qui permet de se représenter les lieux, un univers de pratiques qui possède sa force d'inertie et définit, au-delà la saisie individuelle ou collective des choses, un patrimoine, un univers hérité. La subjectivité trace de ce

13. Augustin Berque, théoricien de la relation géographique, caractérise ce rapport au milieu de « médiance »

fait une cartographie qui déborde les limites corporelles (d'après Félix Guattari, cité par Bourriaud, 2001).

Mais, et ceci ouvre la seconde piste à explorer pour donner à l'habitant toute sa place dans la perspective d'un développement durable, parler de « milieu de vie », c'est ouvrir un univers qui dépasse l'horizon même du vécu, et certaines de ses composantes, « naturelles » par exemple, assurent la « part informulée » du monde ; c'est une réserve dans laquelle chacun puise pour s'assurer qu'il y vit. Le sens de l'habiter est dans un rapport constamment renouvelé entre fabrication du monde et dépassement du vécu par le monde ; plus précisément encore, il est dans les significations données à ce rapport. L'idée de dépassement est donc la deuxième piste pour explorer l'habiter. Comment penser la part non-formulée, la « réserve naturelle » de l'habiter ? Et de quelle manière s'agit-il de le penser : est-ce une « réserve d'extase » , ou une réserve d'effroi en perspective, l'imagination étant le mode privilégié d'exploration de ce qui nous dépasse ? En effet, l'habitant participe d'un milieu de vie incorporant des éléments, choses, paysages, animaux, humains, lieux, qui ont une logique propre, une autonomie de sens. Les nourrisseurs d'animaux, par exemple, reconfigurent la ville et fondent leur habiter sur la prolifération des espèces, à l'aune de leur visée protectrice et de l'idée de ville vivante qui les anime. Un milieu de vie est ainsi défini par la familiarité sensible avec une totalité d'objets instrumentaux chargés de significations. Cependant, il comprend aussi une part qui nous étonne, qui nous dépasse, qui est le produit de nos techniques, de nos gestes et qui, parfois, fait figure de réserve. Cette réserve, cette « part informulée » est aussi celle qui fait office de création : par exemple, la prolifération d'un animal en ville – le chat errant – fait surgir de nouveaux enjeux : stérilisation, décret confiant sa gestion à des « mères nourricières ».

L'habitant consommateur

De fait, ce qui est avant tout mis en avant chez l'habitant est la fonction de consommateur[14]. L'importance que cette dernière a prise, au travers notamment de la valorisation de l'économie résidentielle, constitue les premiers signes d'une reconnaissance de la « valeur – habitant ». On reconnaît trois types d'économie en fonction de leur attachement au territoire : une économie productive qui tire parti du territoire pour produire un bien (énergie, produits agricoles, proximité d'un réseau marchand) vendu à l'extérieur ; une économie touristique qui, elle, vend la ressource paysagère ou récréative locale (baignade, promenade, tourisme culturel) à l'extérieur ; une économie résidentielle liée à la fonction d'habiter, génératrice d'une demande de services et de biens. À l'échelle du territoire français, on constate que les territoires qui ont su ou pu bénéficier d'un développement touristique ou résidentiel présentent des indicateurs économiques et sociaux favorables par rapport à ceux qui sont demeurés dans une pure logique productive : du fait de sa position dans l'espace national, la région Île-de-France concentre tourisme et productivité en

14. La fonction productive est située hors de l'habitat, de la sphère domestique réservée aux femmes, lieu d'une production non-reconnue sur le plan du travail ; c'est aussi la cible favorite des stratégies d'une consommation écologiquement correcte.

termes de services. Les politiques d'aménagement du territoire, historiquement fondées sur la recherche de la performance productive, commencent à intégrer la valeur résidentielle comme un levier de développement et de cohésion sociale. Cependant, ces nouvelles catégories ne sont qu'approximatives en ce sens qu'elles font l'impasse sur les différences fondamentales entre ces registres de production de valeur territoriale et les conflits qui peuvent surgir entre eux : par exemple, on peut penser qu'un développement résidentiel n'est pas systématiquement favorable à la croissance d'une activité touristique, par refus, notamment de cohabitation.

On est loin pourtant d'une reconnaissance pleine de l'habitant, dans la mesure où n'est considérée que la dimension économique de sa participation au politique. Car, plus encore que consommateur ou producteur de milieu – ce qu'il est aussi – l'habitant est une nouvelle figure politique. De quelle façon se manifeste-t-il ?

LES DROITS DE L'HABITANT

L'habitant demande des droits à l'environnement et se charge d'une responsabilité nouvelle, celle de sa terre, celle de la Terre, ce dont témoignent de nombreuses mobilisations environnementales. C'est l'exigence en quelque sorte d'une reconnaissance formelle d'un rapport à la Terre, quelle que soit l'échelle. Au niveau du globe, l'expression conceptuelle de dette écologique met en évidence les rapports des habitants des pays du Nord et du Sud : une minorité s'approprie les bases matérielles de l'existence de la totalité des habitants du globe, *via* l'extraction des ressources naturelles terrestres et en fait supporter les conséquences à la majorité de l'humanité, dégradant son milieu de vie. Mais l'exigence de justice environnementale est d'abord apparue aux États-Unis comme une revendication des minorités à propos de leur cadre de vie, dans le prolongement du mouvement des droits civiques des années 1960 (Sirianni, Friedland, 2001) (*cf. encadré 5*). Aidé en ceci par l'Église et certains de ses représentants, ce mouvement, constitué à partir des associations de base (*grass-root*), a élargi le mouvement environnemental essentiellement blanc alors (et encore aujourd'hui) aux minorités ethniques. En 1994, l'administration Clinton donne sa pleine reconnaissance à ce mouvement grâce à l'*Executive order 12898: « Federal actions to adress environnemental justice in minority populations and low-income populations »*. Du côté français et européen, on assiste à un double mouvement : d'une part, en France, universitaires et membres des administrations concernées par les problématiques environnementales mettent en place les outils d'une cartographie des effets spatiaux de politiques d'aménagement inégalitaire et de leurs conséquences écologiques (de type *top-down*). De récents travaux montrent par exemple que les territoires présentent des disparités importantes selon leurs expositions aux risques industriels et naturels, selon leur richesse en milieux naturels ou en services écologiques (Ifen, 2007[15]).

15. L'Institut français de l'environnement (Ifen) a fait en 2007 son premier rapport sur les inégalités environnementales. Il se fonde sur les quatre dimensions des inégalités écologiques : les inégalités territoriales soit les différentes qualités des territoires et la répartition différentielle des populations sur ces territoires, les inégalités d'accès à l'urbanité et au cadre de vie, les inégalités par rapport aux nuisances et aux risques, les inégalités dans les capacités d'action et d'interpellation de la puissance publique pour la transformation du cadre de vie.

Encadré 5. Aux États-Unis

C'est ainsi qu'au milieu des années 1970, des militants et communautés locales commencent à se documenter sur l'exposition aux risques environnementaux[16] – à l'époque aux produits chimiques – sur les lieux de travail. Naît dès la fin des années 1970 un mouvement (en relation avec le mouvement manifestant pour les droits civiques des années 1960) réclamant un droit à être informé au niveau local ou fédéral.

Dans les années 1980, deux réseaux nationaux émergent : le premier « *Citizen's clearinghouse for hazardous wastes* » (CCHW) répond aux sollicitations des associations *grass-roots* de défense des foyers, enfants et voisinages. Le deuxième « *National toxics campaign* » (NTC) insiste sur la démocratie environnementale. Le mouvement, qu'accompagne le sociologue Robert Bullard et d'autres universitaires et membres de l'église impliqués dans la lutte pour la justice raciale, comme Ben Chavis, en relation avec les minorités, met en évidence un racisme environnemental : la localisation des déchets, ainsi que la protection de zones naturelles et la dépollution sont menées de façon discriminatoire.

À la fin des années 1990, le mouvement pour la justice environnementale s'incarne dans une grille de « droits civiques ». Cette prise de conscience donne naissance à un mouvement environnementaliste constitué à partir des associations de « base » et l'élargissement du mouvement environnementaliste classique aux non-blancs. Dès 1991, un sommet a lieu à Washington et les premiers principes sont proclamés[17]. En 1994, l'administration Clinton les entend[18] : des groupes de travail interagences fédérales et des projets modèles, ainsi que le conseil national de justice environnementale, sont établis avec des représentants des associations de groupes « justice environnementale », industriels etc. De là, de nombreux projets se développent avec pour but le renforcement des capacités d'action des communautés.

---

16. *Cf.* David Naguib Pellow (Eds), 2005, *Power, Justice, and the Environment : a critical appraisal of the environmental justice movement (urban and industrial environments)*, MIT Press. Cela fait près de 30 ans que le mouvement pour la justice environnementale (EJM) interroge les inégalités environnementales et de santé qui sont souvent liées aux inégalités sociales, en attirant l'attention sur le fardeau disproportionné de polluants supportée par les minorités et les pauvres. Cet ouvrage fait l'évaluation critique de ce mouvement.

17. Ces principes furent reproduits dans l'appendice A du livre de Mark Doyle, 1995, *Losing ground : american environnementalisme à la fin du XXe siècle*, Cambridge, MA, MIT Press.

18. Executive order 12898 : « *federal actions to adress environmental justice in minority populations and low-income populations* ».

En Europe, la convention d'Aarhus[19] adoptée en application de la déclaration de Rio, se décline selon les axes suivants : le premier vise à développer l'accès du public à l'information détenue par les autorités publiques, en prévoyant notamment une diffusion transparente et accessible des informations fondamentales. Le deuxième a pour but de favoriser la participation du public à la prise de décisions ayant des incidences sur l'environnement. Il est notamment prévu d'encourager la participation du public dès le début d'une procédure d'aménagement, « c'est-à-dire lorsque toutes les options et solutions sont encore possibles et que le public peut exercer une réelle influence ». Le résultat de sa participation doit être pris en considération dans la décision finale, laquelle doit faire également l'objet d'une information. Enfin, il s'agit d'étendre les conditions d'accès à la justice en matière de législation environnementale et d'accès à l'information. Ce droit est fondamental, car il offre la possibilité de recours devant une instance judiciaire ou un autre organe indépendant et impartial établi par la loi, si le droit d'information ou de participation n'est pas respecté. Ce n'est pas une disposition nouvelle en soi. Toutefois, elle ouvre également ce recours quand le droit national de l'environnement n'est pas appliqué. Cette convention qui associe droits de l'environnement et droits de l'homme représente un nouveau pas vers une démocratie participative (*cf. encadré 6*).

Pourquoi y a-t-il eu, en France, de telles réticences au sujet des clauses de la convention qui pouvaient se rattacher au droit général des droits de l'homme ? Il s'agit d'une convention en matière d'environnement. Elle a un champ d'application qu'elle définit et qui se rapporte exclusivement à l'environnement. Or on touche là, à travers un sujet d'environnement, à des questions relevant des droits de l'homme, de la justice, du fonctionnement de la démocratie.

En conclusion, lié organiquement à son environnement en tant qu'être vivant, conscient désormais de la dépendance qui le lie non seulement à un, mais à des territoires, l'habitant prend appui sur la question environnementale, l'expression étant prise dans le sens le plus large du terme et non pas simplement en tant que renvoyant à la catégorie de problèmes considérés comme problèmes d'environnement dans la sphère publique, pour justifier une résistance à certaines injonctions faites au nom de l'intérêt général ou de la rationalité de l'organisation du travail qui émanent des pouvoirs publics ou de la sphère marchande. Et du fait de la diffusion des idées écologiques, l'affirmation de soi comme producteur et défenseur de milieu, apparaît porteuse d'une dimension universelle : à travers la défense de mon environnement, c'est à la défense et à l'illustration d'un bien commun que je participe. Ce nouveau registre de l'action politique oblige donc l'habitant, sollicité sur ce plan-là, à fonder son action, donc sa participation à l'action collective, *via* de nouvelles scènes de débat (débats publics, forums etc.), sur une conception plus large, au sens de l'action, et plus générale, au sens de l'intérêt, de la place de l'individu en société.

---

19. *Cf.* http://www.ecologie.gouv.fr/article.php3?id_article=2467 (consulté 08/2006). Depuis 2003, les dispositions concernant l'information du public ont été confortées, entre autres, par la convention d'Aarhus signée le 25 juin 1998 au Danemark par 39 États. La convention d'Aarhus, approuvée par la loi n° 2002-285 du 28 février 2002 puis annexée au décret de publication du 12 septembre 2002, est donc entrée en vigueur le 6 octobre 2002. La France s'est engagée à double titre dans la transcription des principes d'Aahrus. Tout d'abord, en tant que signataire directe, cette convention internationale a, une fois publiée, une valeur infra-constitutionnelle et supra-législative.

Encadré 6. Un certain niveau de protection

En 1948, la Déclaration universelle des droits de l'homme vient consacrer certains droits, dont celui à la vie. Mais ce n'est que dans les années 1970 que commence à se manifester un intérêt pour un droit à l'environnement. « Les juristes alors n'essaient pas d'atteindre un idéal, explique Melissa De Forte. Ils essaient plutôt d'arriver à un certain niveau de protection, dans le but d'éviter certaines atteintes à l'environnement. » Deux droits parallèles se sont développés autour de cette problématique et leur formulation s'est inspirée de la Déclaration de Stockholm sur l'environnement humain (1972), de la Conférence de Rio sur l'environnement et le développement (1992) et de la Convention d'Aarhus (1998). Si la Déclaration et la Conférence préconisent l'adoption de nouvelles législations, la Convention, elle, insiste davantage sur des aspects procéduraux. Mais tous cherchent à répondre aux demandes sociales pour davantage de démocratie en matière de dégradation de l'environnement.

« Dans une convention comme celle d'Aarhus, dont on parle de plus en plus, la mise en œuvre d'un droit à l'environnement passe clairement par la démocratisation environnementale, indique Melissa De Forte. Cela signifie notamment que le public doit pouvoir participer au processus décisionnel au sujet d'activités qui peuvent avoir un effet important sur l'environnement. » Davantage de démocratie signifie également que les autorités publiques doivent mettre à la disposition du public, qui est touché ou qui risque d'être touché par les décisions prises, les informations sur l'environnement qui leur sont demandées. Enfin, toute personne dont on a refusé la demande d'information doit pouvoir recourir aux tribunaux. Jusqu'à une date récente, les individus qui se sont plaints d'une atteinte environnementale ne l'ont pas fait parce que cela avait des effets sur les espèces vivantes et les écosystèmes. Ils l'ont fait parce qu'ils subissaient directement un préjudice. Un bon exemple de cela est l'affaire Lopez-Ostra qui a opposé une citoyenne de la ville de Lorca au gouvernement espagnol en 1988. Pour résoudre un grave problème de pollution causé par une concentration de tanneries, une station d'épuration d'eaux et de déchets s'était implantée sans permis dans cette ville, et à quelques mètres du domicile de la requérante. En 1994, la Cour européenne des droits de l'homme statuait qu'il y avait eu dans son cas violation du droit à la vie privée. On reconnaissait également qu'elle avait éprouvé un tort moral indéniable. L'État espagnol fut condamné à lui verser une compensation financière. « Depuis l'entrée en vigueur de la Convention d'Aarhus en 2001, une autre dynamique semble se développer, à savoir qu'un droit à l'environnement mieux renforcé par les droits procéduraux serait peut-être reconnu comme un droit en lui-même », souligne Melissa De Forte.

Source : MEDD, 2004

Plusieurs interprétations sont possibles quant à la nature de ce bien commun à la construction duquel participe la protestation individuelle et collective portée au nom de l'environnement. L'habitant serait garant et gardien de la nature, en tant qu'elle représente le patrimoine de l'humanité et la possibilité de survie des générations futures, comme le citoyen a paru garant des valeurs de la démocratie et le producteur porteur du progrès de l'humanité dans son ensemble. La nature et l'environnement seraient le ressort d'une mutation de l'action publique, faite de concertation, de gouvernance et de participation. On peut enfin aller vers une interprétation plus politique, au sens où l'environnement serait le moteur de développement d'une opposition à une tendance du capitalisme à dématérialiser sa production et à ne plus accorder de valeur autre que celle d'une ressource tant à l'emploi qu'aux travailleurs. C'est là ce qui constitue le fond, la plupart du temps implicite, ou revendiqué simplement *a posteriori*, de la revendication habitante. Dans ses formes contemporaines, cette revendication renoue avec une tradition d'autonomie liée à l'appropriation de la terre, mais elle prend une dimension supplémentaire, dans le cadre d'un capitalisme qui tend à nier tout attachement, que ce soit à l'entreprise (finie l'idée d'y être à vie) ou au métier (la demande adressée aux travailleurs n'est plus celle de la qualification, mais celle de l'employabilité, définie à partir de différentes compétences). Désormais l'habitant se charge de toute cette dimension d'attachement à du concret social, d'inscription dans celui-ci qui n'est plus prise en compte dans le registre économique. Habiter, c'est certifier de son identité.

Ainsi, au travers des diverses formes de revendication habitante – protection, sécurité, conservation du patrimoine, souci environnemental – se déploie une diversité d'affirmations identitaires, souvent très fragmentées.

Conclusion

Soulignons, au terme de cette réflexion, deux grandes évolutions, celle de l'urbanisme et celle de l'art, et rappelons brièvement une tendance plus générale qui concerne l'habitant avant de tracer quelques perspectives en matière d'esthétique environnementale.

CONCEPTIONS URBAINES

Les conceptions de la ville se sont globalement transformées. La fin du XVIIIe siècle est le temps « où des changements rapides se dessinent dans la conception de la ville, la manière de comprendre, d'analyser, d'imaginer et donc de modeler le phénomène urbain »[1]. Cette ville est définie comme moderne et sera un préalable à l'âge industriel. Dès lors la ville devient un objet de connaissance. Elle suscite la mesure[2], mais aussi, et la réflexion morale et l'intervention publique. Objet second pour beaucoup de disciplines, et notamment la géographie qui abordera de manière tardive et mesurée le fait urbain, la manière de penser la ville s'inscrit dans la dépendance à l'égard d'autres savoirs en train de se constituer : la médecine, l'histoire naturelle et la biologie. Ces sciences de la nature, « modèles de sciences positives » permettent de faire intervenir les dérèglements urbains et les pathologies dès le XVIIIe siècle. La pensée urbaine paraît s'ordonner dans un premier temps autour de la critique de la ville ancienne, de ses désordres, de sa saleté, de son encombrement. Les solutions recherchées sont diverses du point de vue de la forme urbaine. Ces textes empruntent souvent à l'utopie, c'est-à-dire proposent des modèles de société très spatialisés. Mais ils font intervenir également des préoccupations scientifiques, et des solutions techniques. Certains ingénieurs polytechniciens parmi ses représentants les plus brillants fournissent à

1. Jean-Claude Perrot, « Genèse d'une ville moderne : Caen au XVIIIe siècle », *Annales historiques de la révolution française*, n° 215, janvier-mars 1974 ; « Rapports sociaux et villes au XVIIIe siècle », *Annales ESC*, n° 2, mars-avril 1968.

2. Paul Meuriot (1861-1919) historien, l'un des inventeurs de la statistique sociale, s'attache à décrire et à mesurer les phénomènes d'agglomération, démographie et croissance physique qui caractérisent la fin du XIXe, « Du concept de ville d'autrefois et aujourd'hui », *La vie urbaine* n° 1 et 2, 1919 ; Communication présentée devant l'Académie des sciences morales et politiques. Séance du 28 février 1914. Publiée dans les comptes des séances et travaux de cette Académie en mai 1914.

l'utopie. La circulation notamment devient une préoccupation majeure pour ces auteurs. Le but poursuivi ne semble pas être de faire de la ville un lieu habitable, mais essentiellement un système raisonnable d'un point de vue technique et scientifique et donc organisé suivant les principes de la raison, mais aussi un lieu où l'on peut circuler et donc mettre en scène dans l'espace urbain la puissance d'une politique et d'une raison d'État. Les débuts de l'urbanisme vers 1910 sont marqués par l'émergence d'une réflexion critique[3] par rapport aux modèles urbains en vigueur, mais aussi par des textes qui, en contrepoint de la critique, proposent l'instauration d'un nouvel ordre urbain (Camillo Sitte), un nouveau modèle de ville (Le Corbusier, par exemple), et enfin des méthodes d'élaboration de projets urbains avec pour objectif des changements sociaux (Geddes, entre autres).

En même temps que s'élabore la ville comme un aboutissement de la mise en œuvre technique à partir du XVIIIe siècle, le rapport à la nature évolue, surtout dans la manière dont celle-ci est perçue quand elle est introduite dans la ville ; s'élaborent alors deux rôles de la nature, le premier vecteur de désordre et d'insalubrité, le second bénéfique et vecteur d'hygiène et de pureté. Le versant positif de la nature contribue à l'élaboration de l'idée de la cité, dans le sens d'une organisation sociospatiale exemplaire, d'un modèle de ville. Tandis que le génie urbain construit la ville en la soustrayant au versant négatif de la nature. En fait, ce ne sont pas les habitants qui vont mettre en œuvre les règles d'hygiène. C'est le bâti, la manière dont il est disposé dans l'espace, qui va les y contraindre, mais aussi leur permettre de disposer de possibilités de veiller à l'hygiène de leur domicile. Le rapport nature/ville touche alors l'organisation générale de la ville, la disposition des rues, la densité du bâti et sa hauteur, mais aussi le logement jusque dans l'espace intime[4]. Si l'ouverture de la ville sur la campagne, préconisée dans de nombreux projets d'urbanisme, correspond à la mise en œuvre d'une salubrité urbaine, elle consiste également à concilier les avantages de la vie rurale avec ceux de la vie urbaine. Il s'agit de faire bénéficier les citadins des avantages de la campagne. L'organisation de la cité ouvrière avec la livraison pour chacun, dans le cas des cités-jardins, de coins de nature peut être mise en parallèle avec la mise en place des sites protégés, des réserves naturelles : il s'agit de construire des lieux de paix et de contemplation au cœur même de la ville et de l'affairement citadin. De manière générale, cette politique hygiéniste vise une catégorie d'habitants en particulier, ceux qui ne savent pas

3. Pierre Clerget, 1910, « L'urbanisme », étude historique, géographique et économique, *Bulletin de la société neuchâteloise de géographie*, Neuchâtel ; Camillo Sitte, 1902, « La banalité des aménagements urbains modernes », *L'art de bâtir les villes*, Paris ; Geddes, 1905, « Civics, une sociologie appliquée » conférence prononcée devant la Société de sociologie, le 18 juillet 1904, *Sociological papers*, p. 75-94 ; Ebenezer Howard, 1905, « En réponse à Geddes », « Civics, une sociologie appliquée » conférence prononcée devant la Société de sociologie, le 18 juillet 1904, *Sociological papers* ; Le Corbusier, 1923, « Le centre des grandes villes et le modernisme », *Où en est l'urbanisme en France et à l'étranger*, Société française des urbanistes, colloque de Strasbourg, édité par Léon Eyrolles ; Gaston Bardet, 1941, *Problèmes d'urbanisme*, Dunod ; Françoise Choay, 1970, « L'histoire et la méthode en urbanisme », *Annales ESC*, juillet-août, n° 4, 25e année, p. 1143-1154.

4. *Cf.* le numéro spécial 3 « Machines au foyer » de *Culture technique* publié en septembre 1980 par le Centre de recherche sur la Culture technique.

« habiter proprement », celle des pauvres et des ouvriers. L'ensemble des modèles urbains, qu'ils émanent des utopies industrialistes ou des projets architecturaux du XXe siècle, ceux du CIAM en particulier, veulent apprendre aux gens à habiter à travers l'affirmation d'un espace urbain positif. C'est une matérialité qui va permettre un développement social harmonieux, fructueux du point de vue de la productivité du travailleur. Ces politiques d'hygiène s'inscrivent dans une idéologie du progrès. Il n'est donc pas surprenant que ces textes modélisateurs aient contribué essentiellement à l'élaboration de l'habitat social. La mise en œuvre de la nature dans l'espace urbain s'inscrit dans l'idée d'un ordre moral. Que ce soient les cités-jardins, les utopies industrialistes ou les projets urbains du second empire français, ces projets ou réalisations lient dans un même urbanisme, un ordre social, une hygiène, la nature et la beauté.

Enfin, l'élaboration et la réalisation de ces modèles urbains feront l'objet de la mise en place de normes, plus particulièrement précisées dans la seconde moitié du XXe siècle, notamment dans la construction des ZUP (zones à urbaniser en priorité) dans les années 1970. La mise en œuvre de ces normes implique que l'introduction de la nature dans la cité peut reposer sur une combinaison d'espaces naturels[5] quantifiés en fonction du nombre d'habitants, de leur sexe, de leur âge et de leur activité professionnelle. La délimitation des différentes fonctions par zone permettra de donner une place aux espaces verts qui « avaient autrefois une forte signification visuelle et devaient offrir une image domestiquée de la nature » et « doivent désormais compenser les manques de nature sauvage et d'espaces libres ». La nature est introduite dans l'espace urbain dans une double dimension idéelle et matérielle.

Paradoxalement, la ville comme organisation sociospatiale spécifique tend à effacer le fait qu'elle est liée à la nature pour sa reproduction. La nature des urbanistes n'est qu'un cadre, un emplacement, une localisation et en aucun cas une force agissante du procès de reproduction urbaine, s'intégrant dans l'activité humaine de production et d'habiter. Elle est décor nécessaire pour une certaine qualité de vie et contribue alors indirectement à améliorer le travail de l'ouvrier habitant de ces cités. Le rapport des habitants à la nature n'est pas central à l'organisation de la ville : en effet, il n'intervient pas dans le procès de travail. L'urbanisme de la fin du XIXe siècle jusque récemment, n'a qu'une vision spatiale du développement urbain qui répartit les fonctions dans l'espace. Le milieu naturel dans sa complexité géographique (climat, sol, sous-sol, végétation, eau...) est partiellement éludé.

La théorie et la pratique de l'urbanisme vont connaître un renouveau partiel dans les années 1970. Pour de nombreux urbanistes, l'enjeu est de faire intervenir l'histoire et la géographie urbaine, comme une accumulation, qui donne un sens particulier aux lieux, dans leurs relations aux pratiques urbaines. L'urbanisme moderne a cherché à rompre avec la géographie et l'histoire urbaine. L'enjeu progressivement change en ce qui concerne l'aménagement urbain et n'est plus « dans la production et la consommation d'objets interchangeables et mobiles,

5. Iaurif, *Étude économique des espaces verts*, rapport de synthèse, Paris, janvier 1979.

comme la notion d'industrie le laissait trop simplement entendre. La ville n'est plus le lieu de la production ou même de l'échange physique des biens. Mais le bien à conquérir et à aménager » (Roncayolo, 1985, p. 37). Une réflexion sur la qualité de vie, à l'échelle intra-urbaine, et sur la part de la nature dans le bien-être urbain, s'élabore à partir des années 1970. À l'échelle urbaine, on analyse la ville comme une source de nuisances pour l'ensemble du territoire. Une certaine reconnaissance de la part esthétique de la ville émerge, mais sur le mode négatif : l'urbanisation est la part croissante de la laideur en même temps que celle de la modernité. Les tendances actuelles sont la mise en valeur du passé et du patrimoine construit et naturel. Souvent, ces emprunts à l'histoire sont d'un grand formalisme, dissocié de la pensée d'un usage possible. L'urbanisme devient l'art de prendre en compte la mémoire de la ville, coproduction sociohistorique, géographique et naturelle visant ainsi l'élaboration d'une complexité urbaine et non plus simplement celui d'espaces urbanisés. Cependant, cette prise en considération est essentiellement morphologique.

CONCEPTIONS DE L'ART

Les conceptions de l'art ont profondément évolué. Une grille d'analyse qui s'appuie sur la place de l'artiste dans son rapport à l'institution médiatrice de son travail et à l'espace urbain (Blanc, Lolive, Ramos, communication non-publiée à l'École d'art de Nîmes, 2005) montre un élargissement du champ de l'art hors du tableau, hors du musée et de l'espace traditionnellement dévolu à la contemplation esthétique. Assistant à une sortie de l'art du musée depuis la Révolution française et à un changement de statut de la ville, il est intéressant de voir à quel point cela modifie le jeu entre ces trois termes : artiste/institution/ville. Premièrement, le statut de l'artiste change avec la Révolution française et à l'exemple de David, l'artiste se fait citoyen. L'art sort du musée, est un élément des fêtes révolutionnaires. Il s'agit bien d'art qui se veut éducatif, qui participe de la construction d'un espace public universalisant et non-élitiste. Du point de vue des beaux-arts, un tel mouvement signe la sortie des limites de la toile. Le « spectateur » devient un acteur de l'art. Au XIXe l'artiste saint-simonien guide de la société (avant l'industriel et le savant) éduque les foules ; l'institution vecteur de la diffusion de l'art propose des panoramas, des dioramas, et construit des expositions universelles. La ville est monument à la gloire d'un art public : l'urbanisme. Un nouvel espace urbain se dessine : la « vue à vol d'oiseau » et le regard du flâneur en sont les éléments constitutifs. Avec le Réalisme d'un Courbet, l'artiste devient un artisan dont l'atelier s'ouvre au public. Se pose la question de l'art social reflétant les enjeux de société dont celui du travail. L'impressionnisme est le fait du groupe (l'artiste est collectif), la ville s'envisage selon de nouveaux points de vue, inédits. L'art se détache du réel, va au-delà de la reproduction de la surface de la nature, des apparences : pour Oscar Wilde, la « nature » imite l'art (*Le déclin du mensonge*). L'urbain comme phénomène esthétique est encensé : une telle évolution sera poussée à l'extrême par les avant-gardes futuristes italiennes (Marinetti, par exemple) ou les avant-gardes russes : les villes sont leurs « palettes ». L'Art nouveau fait de l'artiste un décorateur de lieux populaires : par exemple, les bouches de métro parisiennes. La ville devient un ornement de la nature. Pour le mouvement Dada, la ville est le lieu d'une théâtralité inédite ; leurs formes d'action éphémères se refusent à l'incarnation, sont du côté de l'action vive, en lutte contre la pétrification muséographique et bourgeoise. Après la seconde guerre mondiale, en 1957, des militants politiques préoccupés d'une pratique politique innovante, héritiers et critiques des expériences dadaïstes et surréalistes en rupture de ban, fondent l'Internationale situationniste (auto dissoute en 1972) ; celle-ci ne se limite pas à deux livres *La société du spectacle* de Guy Debord et *Le traité de savoir vivre à l'usage des jeunes générations* de Raoul Vanegheim, mais a donné naissance à un vaste mouvement international dans les années 1970. Cette aventure se veut porteuse d'une révolution de la vie quotidienne.

> [Selon Guy Debord (Chollet, 2000)], les situationnistes envisagent l'activité culturelle, du point de vue de la totalité, comme méthode de construction expérimentale de la vie quotidienne, développable en permanence avec l'extension des loisirs et la disparition de la division du travail (à commencer par la division du travail artistique).

En ce qui concerne l'espace urbain, il s'agissait d'inventer une autre pratique et conception de la ville que la conception mise en place par le fonctionnalisme urbain dominant à l'époque. De ce point de vue, c'est une pratique de résistance, mais c'est aussi un guide et une méthode : l'*Essai de description psychogéographique des Halles* le souligne. Un autre membre des situationnistes Ivan Chtcheglov (dit Gilles Ivain) rédige un *Formulaire pour un urbanisme nouveau* et il y prône la « dérive continue ». Plus tard, Guy Debord définit la « psychogéographie » comme :

> l'étude des lois exactes et des effets précis du milieu géographique, consciemment aménagé ou non, agissant directement sur le comportement affectif des individus. L'adjectif « psychogéographique » conservant un assez plaisant vague peut donc s'appliquer aux données établies par ce genre d'investigations, aux résultats de leur influence sur les sentiments humains, et même plus généralement à toute situation ou toute conduite qui paraisse relever du même esprit de découverte.

Ainsi fruit d'incessantes explorations une nouvelle topographie se trouve établie.

Le projet situationniste va plus loin et l'architecture et l'urbanisme lui sont essentiels. Constant, un peintre, élabore avec Debord en 1957 le concept d'urbanisme unitaire. En 1958, ils rédigent la Déclaration d'Amsterdam :

> L'urbanisme unitaire se définit dans l'activité complexe et permanente qui, consciemment, recrée l'environnement de l'homme selon les conceptions les plus évoluées dans tous les domaines. [...] Une situation construite est un moyen d'approche de l'urbanisme unitaire et l'urbanisme unitaire est la base indispensable du développement de la construction des situations, comme jeu et comme sérieux d'une société plus libre.

Essentiellement ces travaux (outre ceux de Constant, qui sont des maquettes de toutes sortes) se limiteront à la critique de l'urbanisme des « grands ensembles » et à l'apologie de l'habitat auto construit.

En outre, une politique d'État instituera également l'art dans l'espace public et la sortie du musée; ce sera la mesure du 1 % instituée le 18 mai 1951. La loi du 1 % décoration stipule que 1 % des crédits d'État attribués aux travaux de construction ou de rénovation sont obligatoirement affectés à des travaux de décoration. C'est aussi 1 % de la subvention attribuée par l'État à la construction d'un bâtiment public qui doit être destiné à la décoration. Sous l'impulsion d'André Malraux en 1959, premier ministre de la culture, le 1 % connaît de nouveaux développements notamment pour s'adapter à une politique générale de décentralisation. En 1980, le 1 % est étendu à toutes les constructions publiques et le 23 juillet 1983 une loi prévoit le calcul du 1 % sur le montant du coût de la construction, mais cette loi n'est jamais appliquée. Parallèlement à cet élargissement du champ d'application, le 1 % s'est ouvert à l'ensemble des formes d'expression dans le domaine des arts visuels, des disciplines les plus traditionnelles, comme la peinture ou la sculpture, aux nouveaux médias, la vidéo, le design, le graphisme, la création sonore, la création paysagère, etc. Redéfinissant l'emploi du 1 %, une véritable politique culturelle des villes nouvelles expérimenta le croisement de l'art, de l'architecture et de l'urbanisme avec l'appui des établissements publics. Il s'agit de dégager l'espace urbain des villes nouvelles des prototypes de la productivité industrielle et de l'ancrer dans l'imaginaire. Dernièrement, le dispositif du 1 % s'est vu modernisé: deux réformes successives engagées en 2002 et en 2005 ont permis, dans un premier temps, d'harmoniser l'application du dispositif à l'ensemble des maîtres d'ouvrage (décret n° 2002-677 du 29 avril 2002) et d'en faciliter l'application (décret n° 2005-90 du 4 février 2005). Les aspects les plus notables de cette modernisation se traduisent notamment par une simplification de la procédure de choix des artistes. Le nouveau dispositif réglementaire porte également une attention particulière au patrimoine artistique constitué grâce au 1 %, en prévoyant des mesures assurant la conservation et l'intégrité des œuvres conçues dans ce cadre. Enfin, il s'adapte aux principes du code des marchés publics en matière de liberté d'accès à la commande, d'égalité de traitement des artistes candidats et de transparence des procédures.

Par ailleurs, des politiques culturelles privées associant habitants et artistes dans une production conjointe des lieux se voient créées (Negrier, 2007)[6]. Aujourd'hui, à défaut d'un renouveau véritable de la place de l'artiste en ville, on observe néanmoins l'émergence de nouveaux lieux et réseaux d'expérimentations artistiques (notamment à l'échelle européenne): des lieux urbains riches mêlant action artistique, action locale et action culturelle se créent: par exemple, les Laboratoires d'Aubervilliers et de multiples friches et squats (*cf. encadré).*

6. L'action des « Nouveaux commanditaires » un programme financé par la Fondation de France depuis plus d'une dizaine d'années est à ce titre un programme très enrichissant: il permet à tous les citoyens qui le désirent de prendre l'initiative d'une commande à des artistes contemporains, en l'enracinant dans des enjeux sociétaux et d'aménagement du territoire. Son originalité repose sur une conjonction nouvelle entre trois acteurs privilégiés: l'artiste, le citoyen commanditaire et le médiateur culturel délégué par la fondation de France, accompagnés des partenaires publics et privés réunis autour du projet. *Cf.* www.nouveauxcommanditaires.org (consulté en mai 08).

Les Laboratoires d'Aubervilliers
(Entretien avec Yvanne Chapuis 16/02/2005)

En 1994, le chorégraphe François Verret cherchait un lieu pour accueillir sa compagnie de danse. Il rencontre Jack Ralite, le maire d'Aubervilliers et, en 1994, la ville met à disposition des artistes une ancienne usine, située 41 rue Lécuyer et donne une subvention pour la compagnie. Puis, le projet de François Verret a grossi pour devenir les Laboratoires d'Aubervilliers première manière : un lieu de création artistique et d'échange transdisciplinaires, ouvert de manière volontariste sur la ville, son histoire et ses habitants. Au fur et à mesure des années et des projets, et tandis qu'un principe de fonctionnement collégial se mettait peu à peu en place, des lignes de travail se sont dessinées dans le sens d'un décloisonnement des pratiques et du développement des rencontres entre les artistes et les habitants. Ainsi, les « chantiers-création » (expériences de création collectives mêlant théâtre, danse et récit), les ateliers de pratiques artistiques (initiation aux arts du cirque, contes pour enfant, chorale), les rencontres mensuelles thématiques sur des questions très diverses (Art Brut, psychiatrie, travail de mémoire sur les massacres d'Algériens du 17 octobre 1961…), les repas linguistiques (on rassemble des gens qui sont intéressés par une langue autour d'un repas avec des locuteurs de la langue concernée) ont, entre autres, rythmé la vie des Laboratoires, à la croisée des sphères artistique, sociale et politique.

Puis en 2001, François Verret est parti avec sa compagnie. Il a confié la direction artistique des Laboratoires d'Aubervilliers à une nouvelle équipe constituée par les critiques Yvane Chapuis et François Piron et le chorégraphe Loïc Touzé, le seul artiste du groupe. Ils sont en place pour six ans et ils ont proposé un nouveau projet aux tutelles financières qui l'ont accepté la même année. Parallèlement au changement de direction, il a été décidé une réhabilitation architecturale du lieu pour qu'il puisse s'adapter au développement des activités des Laboratoires. Les travaux ont duré six mois en 2003.

Le projet de la nouvelle équipe traduit un profond changement d'orientation. Selon Yvane Chapuis, du temps de François Verret :

> Les Laboratoires d'Aubervilliers se définissaient comme un lieu de rencontre entre des artistes (accessoirement de l'art) et des habitants. – avec tous les risques de complaisance à l'égard du public et d'instrumentalisation de l'art que comporte un tel désir de proximité. Le projet de la nouvelle direction (à laquelle notre interlocutrice appartient) part du principe que le rapport que l'art entretient avec le réel ne peut se définir qu'en fonction des œuvres ».

Pour la nouvelle direction, il faut toujours éviter ce qui s'apparenterait à de l'animation culturelle. Il est hors de question de déconnecter la relation au territoire et avec le public des projets. Celle-ci ne se travaille qu'à partir des projets : ils ne font pas d'intervention en direction des scolaires, ils refusent toute politique de quotas institutionnels même si les habitants d'Aubervilliers, le public le plus proche, ne sont pas habitués à fréquenter ce type de lieux.

Les Laboratoires sont désormais un lieu de production artistique. C'est le noyau central de leur activité. Les Laboratoires font l'accompagnement des artistes (chorégraphes, plasticiens et écrivains) dans la mise en œuvre de leurs projets. Les Laboratoires n'ont pas d'obligation de programmation et d'ouverture au public. Ce sont les projets artistiques qui déterminent l'ouverture au public (visites, dates). Ils développent également des activités de formation auprès d'un public professionnel et amateur, d'édition à travers la présentation de spectacles, d'expositions, et de toutes les formes de diffusion du travail des artistes qui y sont accueillis en résidence. Ils donnent le thème de l'émission, écrivent le programme, font le montage grâce à un petit studio d'enregistrement et bénéficient des conseils d'un ingénieur du son bénévole. 48 programmes seront diffusés pendant trois mois sur FM. I

VERS UN ART ENVIRONNEMENTAL ?

En vérité, l'on assiste à un renouveau des procédures de participation des populations à l'art urbain ou, plus simplement, à la production de l'espace urbain. L'habitant est renouvelé, la pensée même de la démocratie change. Dès lors, qu'en est-il des tendances que dessinent ces différentes évolutions, dans le domaine de l'urbanisme, de l'art et de l'habitat, et en quoi enrichissent-elles le développement durable ? Peut-on imaginer que de ce bouillonnement sorte une pensée de l'esthétique qui en fasse un ressort pour un espace public partagé, et surtout un environnement partagé ? Tel est, semble-t-il, le mouvement qu'ébauchent de nombreuses revendications concernant le cadre de vie ; ces mobilisations en appellent à l'intégration d'une sensibilité habitante et à une plus grande liberté des « expressions culturelles » qui résultent de la créativité des individus, des groupes et sociétés et qui renvoient à la dimension symbolique, artistique et axiologique d'une vie « contextualisée ». En somme, un développement durable qui intègre la dimension esthétique est soucieux d'intégrer la culture comme élément constituant : qu'appellerait-on développement alors ?

La perspective culturelle (et la question esthétique qui en est l'axe de rotation) est à mettre au centre du développement durable ; n'intègre-t-elle pas, par sa dimension « contextualisée », les valeurs écologiques systémiques et environnementales de la vie locale ? Ne reprend-t-elle pas la question du développement comme ayant trait aux valeurs contingentes, forcément contingentes dans le temps et l'espace et qui structurent les visions d'avenir d'un groupe sociopolitique ? Les récentes évolutions dans le domaine du droit attestent de cette possibilité ; elles montrent également que l'esthétique participe à la prise en considération des valeurs du local.

Ainsi, l'histoire du droit et l'histoire de l'esthétique peuvent être mises en parallèle (Makowiak, 2004). D'emblée, à l'origine des réflexions antiques sur la beauté, la question essentielle est : le beau est-il objectivement présent dans les choses, ou est-il une qualité que l'on leur attribue ? À l'origine, le terme esthétique (du grec *aisthèsis*) est un sentiment inventé par les Grecs qui désigne une « perception par les sens » ; elle engage une saisie d'un genre particulier : l'*aisthèsis* est une saisie détachée de l'objet ; seul le philosophe, distant du monde sensible, est susceptible de comprendre l'objet de beauté, copie du beau idéal. Pour Platon, l'art est médiation du monde intelligible vers le monde sensible. De la même façon, Aristote saisit l'objet d'art comme une copie de la nature et instaure une esthétique normative, relais de la catharsis collective. La Renaissance reste fidèle à une conception de l'art objectivante : le beau se définit par des conditions normatives qui donnent toute sa place à la question de l'harmonie, dans un rapport de convenance visuelle ou fonctionnelle (Nombre d'or, perspective etc.)

Ce n'est qu'à partir du XVIIIe siècle que l'idée de beau est relayée par un jugement de goût particulier ; ce n'est plus tant le beau qui importe que la manière dont on le conçoit. En 1750, Baumgarten érige l'esthétique en discipline autonome comme une science de la sensibilité[7]. Cette nouvelle acception du terme est systématisée par la critique kantienne : l'esthétique est désormais conçue comme un jugement particulier, à la fois subjectif et universalisable. L'esthétique n'est donc pas une théorie de l'objet beau. L'esthétique est avant tout « la théorie du sentiment » que le beau fait naître en nous. Dès lors, l'expression artistique n'est pas exclue, mais n'englobe pas la totalité de ce qui provoque ce sentiment de plaisir, d'éveil. L'œuvre de la nature aussi bien que l'œuvre humaine sont susceptibles de l'éveiller. Outre le fait que ce sentiment ne renvoie pas simplement aux conceptions traditionnelles du beau, il oblige à revoir la question des sentiments et des qualités mises en jeu dans l'expérience esthétique.

Actuellement, le droit, mais aussi les politiques publiques concernant l'esthétique dépassent la question du beau, trop lié à l'objet et, donc, à une critériologie permettant de déterminer le bel objet ; cette critériologie, passant par l'édiction de standards qui s'appliquent à tous, est réductrice de la pluralité des opinions qui s'expriment dans la démocratie. Elle peut être considérée comme contraire à la démocratisation de la démocratie en cours.

Parallèlement, et de la même façon que l'esthétique jusqu'à l'époque moderne se définit par rapport à l'idée de beau, le droit, idéalisant son concept fondateur, avait comme idéal régulateur et comme finalité le juste. À l'instar de l'esthétique, le droit

7. Marc Jimenez (2004) le dit p. 12 : « C'est effectivement en 1750, au siècle des Lumières, qu'Alexander Gottlieb Baumgarten (1714-1762) professeur de philosophie à Francfort-sur-l'Oder donne la définition d'une nouvelle discipline philosophique : « La science du mode de connaissance et d'exposition sensible est l'esthétique (logique de la faculté et connaissance inférieure, art de la beauté du penser, art de l'analogon de la raison) » (*Esthétique*, par. 533) ».

change à l'époque moderne pour s'ériger en discipline autonome. L'avènement de la pensée positiviste consacrera à l'inverse l'émancipation du droit (posé comme science) par rapport au juste (le juste étant à la fois le sentiment du juste qui émane de l'homme et le juste qui tire son existence d'une conception de la nature). Le positivisme juridique trouve son expression la plus achevée au XXe siècle qui donne au droit, dégagé des conditions morales, sociologiques ou politiques, sa pleine expression normative. C'est un système normatif qui se justifie de lui-même, autonome.

Le droit et l'esthétique subissent donc une évolution que marque la pensée positiviste. Cela conduit-il à leur isolement respectif? Aujourd'hui, semble-t-il, les questions juridique et esthétique s'entremêlent. À défaut d'un concept assuré du beau (et du juste), le droit qui réglemente la beauté est éclaté : il concerne aussi bien le paysage que les sites, la nature que les œuvres etc. Ce droit protecteur et préventif, mais aussi défensif, consacre essentiellement le caractère exceptionnel et historique des objets aux dépens de l'affirmation de leur caractère banal et du temps présent. Cependant, en dépit de constats parfois négatifs, on évolue progressivement en direction de l'idée d'une esthétique partagée. Le droit au paysage, tel qu'il émerge actuellement, manifeste les différentes facettes de sa construction : le paysage permet de dépasser une protection élitiste des espaces (traditionnellement appréhendés, par le droit, en termes de « sites », d'« espaces remarquables », de « perspectives monumentales ») et d'objets fortement « catégorisés », (biens culturels/naturels[8], espaces ruraux/espaces urbains, patrimoine ancien/patrimoine en devenir, patrimoine historique/biens ordinaires…) (Makowiak, 2004).

En définitive, les règles de droit comme les règles esthétiques s'affranchissent aujourd'hui des conceptions idéalistes et positivistes et se dirigent vers une conception du « raisonnable » qui tient compte du phénomène essentiel de la réception de la règle et de la réception de l'œuvre ; c'est avant tout les conditions d'échange qui sont mises en avant, la réception de l'œuvre et de la norme obéissant à des principes sociaux d'établissement d'un sens commun. Il s'agit donc bien de comprendre les critères d'acceptabilité de la norme comme de l'œuvre. En effet, est raisonnable « ce qui répond plus encore qu'aux exigences de la rationalité (de la logique), à celles d'autres aspirations (usage, bon sens etc.) sans exclure la considération de contingences (l'opportunité, le possible…) » (Cornu cité par Makowiak, 2004, p. 65). C'est donc une raison qui ne peut être séparée des dimensions de l'expérience. De même, le jugement de goût est susceptible d'être partagé, non pas en tant que jugement sur une chose particulière (il est difficile de convaincre autrui de la beauté de tel ou tel objet), mais comme ayant pour origine un sentiment dont chacun fait l'expérience.

En somme, l'esthétique est objet de droit, c'est-à-dire construite par le droit, et objet du droit, c'est-à-dire réglée par le droit. À travers les nouveaux objets, qui sont à protéger ou à prendre en considération juridiquement – parce qu'ils sont fondamentaux aux processus d'environnementalisation d'une société –, l'esthétique

8. À cet égard, la Convention de l'Unesco sur la protection du patrimoine mondial, adoptée en 1972, a été amendée pour faire apparaître la notion de « paysage culturel », dans le but d'établir un lien nouveau entre « patrimoine naturel » et « patrimoine culturel ».

pousse le droit à évoluer et, symétriquement, le droit universalise l'esthétique, en appréciant les conditions de sa démocratisation. Grâce à l'esthétique dans le domaine du droit, l'environnement n'est plus regardé uniquement comme une somme de problèmes (par exemple, la laideur des sites pollués), mais comme une source de jouissances, de bien-être, une somme positive et une condition nécessaire à l'existence.

Cette évolution montre l'importance croissante de l'esthétique dans le champ juridique français ; c'est vrai également sur le plan politique. Le paysage est l'objet de politiques publiques ; *La Convention européenne du paysage* signée à Florence en 2000, entrée en vigueur le 1er mars 2004, met en avant le droit au paysage[9] ; en effet outre l'importance des paysages de « qualité », la convention traite du paysage banal, celui qui naît de l'attention ordinaire. C'est un effort d'autant plus notoire que la charte constitutionnelle de l'environnement français n'a pas su intégrer le patrimoine culturel, et encore moins l'esthétique, même si elle a proclamé que l'environnement est le patrimoine commun des êtres humains. On peut penser que la constitution française admet de ce fait (à travers les notions « d'équilibre », « d'humanité », de condition de vie » et « d'épanouissement de la personne »), que la finalité du droit à travers celle de la société répond à des exigences que l'on peut rattacher à l'esthétique, au sens d'une tension qui vise l'harmonie entre des conditions de vie et un environnement. Il y a également l'importance de l'art : c'est un champ essentiel de la propagation d'une nouvelle liberté dans l'espace public.

Dans le domaine des sciences humaines, les recherches environnementales se limitent à l'analyse du champ social en termes d'acceptabilité des mesures prises dans le domaine de l'environnement. On ne peut en rester là : c'est en effet dans ce registre mêlant esthétique et environnement que l'on parviendra à s'extraire de l'impasse des travaux actuellement engagés. Pourquoi ? Le champ social nécessite une pensée des interconnexions société/nature qui ne fasse pas celle-ci la prédatrice de celle-là, mais aussi sa créatrice. Il faut dépasser la conception dualiste des rapports à la nature, et une objectivation de cette dernière et considérer l'environnement comme l'expression des échanges entre l'être humain, qui représente une source et un générateur de perceptions, et les conditions physiques et sociales des sensations et des actions[10]. Cette étude des relations entre individu et environnement conduit à s'intéresser à l'esthétique et aux lieux dans leur contingence. Enfin, les mobilisations environnementales – et leur place dans les mouvements sociaux – provoquent un recadrage esthétique de la nature. L'histoire des luttes environnementales le montre : la laideur de l'industrialisation et de l'urbanisation est un phénomène contre lequel s'érige un environnementalisme au moins au début

9. *La Convention européenne du paysage*, dite convention de Florence, récemment adoptée par le Conseil de l'Europe, vient sanctionner la pluralité des situations du paysage – en distinguant paysages remarquables, paysages du quotidien et paysages dégradés – et la pluralité des stratégies paysagères. « Elle propose des éléments pour une gouvernance du paysage : la participation du public à la définition du paysage dans lequel il veut vivre et l'intégration des objectifs paysagers dans le plus grand nombre de politiques publiques » (Monédiaire, 2005). Cette évolution préfigure le passage d'un droit de l'esthétique à un droit à l'esthétique (Makowiak, 2004).

10. Moser et Weiss (2003) expliquent que l'écologie humaine est un champ de réflexion méconnaissant les psychologies individuelles. L'écologie humaine peut cependant les prendre en considération comme une version anthropocentrée de l'environnement. Ce faisant elle ne doit pas méconnaître l'environnement lui-même.

du XXe siècle[11]. Au-delà de l'esthétique, les mobilisations environnementales en appellent à l'éthique, c'est-à-dire à des règles de conduite qui sont fondées sur une représentation du monde à laquelle participe l'esthétique. En somme, si la forme (idéelle ou concrètement incarnée) que produisent les individus en interaction avec le monde fait sens (sur le plan de l'environnement), c'est qu'elle représente une intégration des diverses représentations du social et de l'écologique. Ces arguments (à élaborer) cherchent à instruire le dossier d'une écologie humaine (et urbaine[12]), ou d'une approche globale, holiste de l'environnement.

En dépit de ces constats, les approches scientifiques de l'environnement se font exclusivement techniques (cherchant à remédier par la technique les défauts d'une environnementalisation à risque croissant) ou naturalistes (et protègent alors de toute dégradation un environnement considéré comme nature) à l'exclusion de l'humain. L'engagement esthétique permettrait-il de revaloriser les relations à l'environnement et, par un lien de cause à effet, de fournir une entrée à l'implication et à la participation des populations à une démocratie locale ? Ces pistes de recherche sont très peu explorées. Quand il est pris en considération l'engagement esthétique complexe et riche est réduit à la contemplation d'un paysage-spectacle, asservi à sa dimension passive. Or l'environnement n'est pas un pur spectacle, mais une production concrète, l'œuvre et le résultat aussi bien de réseaux sociotechniques que de gestes engagés dans la production de formes.

En dépit de ces évolutions dans le champ juridique et politique au niveau national et international (avec notamment la Convention sur la protection et la promotion de la diversité des expressions culturelles de l'Unesco[13], 2005)

---

11. Gilles Tiberghien (2001) montre qu'aux États-Unis, à la fin du XIXe siècle, l'art est devenu le meilleur avocat de la nature : John Muir, célèbre naturaliste, glorifie la beauté de la nature et influence les politiques de parcs naturels : Yosemite fut créé en 1864 et Yellowstone en 1872. Photographies et gravures de ces monuments naturels furent nécessaires pour convaincre les membres du Congrès américain.

12. Cette écologie humaine est ici urbaine. Les théories urbaines de l'écologie représentent la ville comme une somme de migrations, de mobilités et de flux tant à l'échelle métropolitaine qu'entre les métropoles. Les villes sont des lieux dont la valeur repose sur l'attractivité résidentielle, commerciale ou culturelle. Or une véritable écologie urbaine qui prend en considération les composantes bio-physico-chimiques de la ville reconfigure la question urbaine ; elle est celle des ressources matérielles et immatérielles de la ville : la et les formes urbaines pourraient être évaluées selon le type de ressource et la quantité de ressources mobilisées. Quel est le coût de l'habiter à cet endroit ? Qu'est-ce qui est consommé et transformé en valeur d'habitation ? Qu'est-ce qui fait figure de ressource ou de service ?

13. Ce texte représente une avancée historique dans le cadre juridique international, car c'est un texte fondateur sur le droit de la culture qui a recueilli l'assentiment d'un très grand nombre d'États et a mobilisé fortement la société civile de nombreux pays (31) qui s'est organisée en coalition pour la diversité culturelle. Il reprend les principaux objectifs que la France s'est toujours fixés : – la reconnaissance de la nature spécifique des activités, biens et services culturels en tant que porteurs d'identité, de valeurs et de sens (art. 1 § g) ; – la réaffirmation du droit souverain des États de conserver, d'adopter et de mettre en œuvre les politiques et mesures qu'ils jugent appropriées en vue de la protection et de la promotion de la diversité des expressions culturelles sur leur territoire (art. 1 § h) ; – le renforcement de la coopération et de la solidarité internationales dans un esprit de partenariat afin, notamment, d'accroître les capacités des pays en développement de protéger et promouvoir la diversité des expressions culturelles (art. 1 § j). L'article 20 (ex-article 19), concernant l'articulation avec les autres traités internationaux, qui a fait l'objet des plus vives discussions et était à l'origine des principales objections à la convention, est satisfaisant. Tout en reconnaissant les obligations antérieures, il ne subordonne pas la convention aux autres traités et demande aux parties de prendre en compte les dispositions de ladite convention lorsqu'elles souscrivent à d'autres obligations internationales. Source : http://unesdoc.unesco.org/images/0014/001429/142919f.pdf (consulté en avril 2008).

l'esthétique (et la culture) reste cantonnée à une politique de « décor » s'exerçant sur les pourtours d'un patrimoine historique nature et construit ; esthétisme dont périt la réflexion esthétique proprement dite, esthétisme séparant fond et forme, monde de l'esprit et monde frivole et circonscrit des apparences ; un esthétisme qui confère au mot même un statut négatif dans les esprits de ceux qui ont le souci du progrès social et non juste celui de la conservation patrimoniale.

L'expression de « développement durable » est-elle alors justifiée ? Quels sont les termes qui permettraient d'élaborer un avenir commun ? Oui, le développement doit être durable, mais les perspectives actuelles sont-elles à poser en termes de développement ou d'une régression en termes d'accès de tous à la ressource en eau, en énergie, en pharmacopée, en confort de vie ? La crise écologique ne remet-elle pas en perspective la nécessité d'assurer d'autres finalités au développement du genre humain qu'un développement qui s'est avéré synonyme d'accès à des biens matériels et culturels, accès dont la pertinence et la possibilité sont aujourd'hui contestées pour tous. En effet, qui se permettra de nier l'extension des inégalités sociales au regard de l'accès à la ressource : dette écologique, justice environnementale, mais aussi inégalité croissante des revenus ? Tout montre qu'apparemment la visée égalitaire est une utopie qui, si on la maintient comme une finalité du développement, peut s'avérer dangereuse. Mais que proposer alors, comment peuvent s'énoncer les conditions d'existence, de survie et de vie quotidienne, d'une collectivité diverse et multiple à l'échelle d'une planète la Terre ?

Quelques remarques pour finir. Souvent, confronté au développement urbain considéré de manière essentiellement dramatique, on fait intervenir l'idée de décroissance. La « décroissance » présuppose un arrêt (ou un ralentissement) du développement industriel impossible aujourd'hui à imaginer en particulier dans le contexte de pays « émergents » (Chine, Inde etc.). Les discours de la décroissance sont abstraitement pertinents (et, pour certains, économiquement absurdes) : il serait aussi absurde[14] de demander à nos contemporains de renoncer à la technique que de demander aux primitifs de mettre le feu à leur milieu naturel qu'est la forêt (Latouche, 2004, citant Ellul, 1990, p. 178). Cependant, la « décroissance » s'oppose en apparence à l'idée de croissance, mais ce n'est pas tant l'appareil industriel postmoderne qui est visé, qu'une philosophie du travail ; au sujet (moderne) se constituant et arrachant sa liberté (et donc la propriété) au prix de son

14. La théorie économique estime la croissance durable. « Pour les classiques, écrit F.-D. Vivien (2005), l'amélioration des conditions de vie passe par la création d'un surplus économique qui doit être réinvesti afin d'augmenter la quantité de capital disponible et la richesse produite » (p. 11). Pour certains économistes intégrant la question de la nature, « certes la génération présente consomme des services environnementaux et des ressources naturelles, mais elle lègue en contrepartie aux générations futures davantage de capacités de production créées par les hommes » (p. 36). C'est, en définitive, un relais dans le temps et dans l'espace, la mise au point d'un passage de main en main de capitaux et de ressources ; il s'agit de produire autant de bien-être aujourd'hui et demain, de maintenir un potentiel de développement. Cela ne dit rien des objets qui seront préservés, de ce qui sera considéré comme suffisamment important pour faire partie du futur : « Les objets naturels (comme l'eau ou l'air) ne présentent pas encore toutes les caractéristiques des biens économiques, ce qui empêche que les relations marchandes jouent pleinement leur rôle régulateur » (p. 47). La réponse des économistes consiste à internaliser les externalités, c'est-à-dire à faire basculer dans la sphère marchande des biens qui n'y étaient pas représentés.

labeur et de sa sueur succède un autre sujet commun: l'habitant; il participe à l'effort de formalisation du monde commun, mais est aussi la condition de réalisation d'un monde soutenable. Cependant, dire cela reste insuffisant.

Car le travail étant mécanique par sa répétition, son inachèvement, son incapacité à postuler autre chose que l'accompagnement de besoins toujours renouvelés, on peut penser qu'il engendre cette idée, elle-même mécanique, d'une accumulation et d'une croissance définie en ces termes. On a affaire à une philosophie du travail, une philosophie qui, comme l'ont remarqué de nombreux observateurs de la modernité, va de pair avec l'idée d'un accomplissement futur ou d'un monde à venir: l'humanité serait libérée du travail; cette philosophie de l'œuvre future reconduit à jamais l'effort. Ainsi l'idée du travail, consubstantielle à celle de vie, comme l'exprime Hannah Arendt (1983), ne connaît-elle d'autre fin qu'elle-même. Or aujourd'hui, on est face à un paradoxe: l'accumulation même d'objets matériels, de richesses permettant de développer de nouvelles ressources ne suffit pas à justifier le travail, ne constitue pas en définitive une finalité, ni en ce qui concerne les individus, ni en ce qui concerne la possibilité d'un futur humain.

En conséquence, si le développement humain est aujourd'hui synonyme de transformation des ressources et d'humanisation de la nature, les perspectives d'avenir sont du côté de l'investissement des milieux de vie, c'est-à-dire la prise en considération authentique et réelle (en écoutant la nature) des possibilités d'enrichir les relations société/nature d'un point de vue esthétique et éthique. Le développement immatériel est un développement qui repose sur le développement des cultures dans leurs rapports à la nature aux dépens de l'emprise extensive (et ruineuse) des techniques sur les ressources. Dès lors, l'habitant du futur, clé de ce développement car au centre d'un rapport « intensifié » à la nature, doit concevoir le travail comme l'exploration fructueuse de ses frontières avec la nature. En ce sens, il investit l'espace vécu comme le fruit de processus d'environnementalisation dont dépend l'humanité.

Autre conséquence, celle-ci sur le plan de l'aménagement. Cette évolution rend visible le fait que dans l'idée d'aménager la ville, il y a celle de ménager la nature, mais aussi le besoin d'ouvrir le dossier de la production urbaine à laquelle pourraient contribuer de nouveaux acteurs. La fabrication croissante de son milieu par l'humain, le développement de l'urbanisation, rend cet enrichissement nécessaire.

Pourquoi favoriser la participation esthétique des artistes et des habitants? C'est que, plus que d'enrichir l'analyse de la sensibilité à l'environnement, il est urgent de développer un véritable art de l'environnement ; s'il est vrai que le sens de l'environnement est plus complet quand ses dimensions esthétiques sont prises en considération, l'art en ce qu'il constitue soi-disant l'avant-garde pour l'avenir de la perception, peut contribuer à la réflexion: l'environnement est un art, un art éminemment social, l'art collectif, l'art du milieu de vie. C'est à la responsabilité de tous, et pas seulement des femmes souvent gérantes de l'environnement de proximité, que fait appel l'idée de développement d'une relation constructive à l'environnement. Et cela exige un enseignement bien particulier, car le jugement de goût est l'art d'apprendre à juger par soi-même et l'époque qui assiste à la « déconfiture » des cadres dogmatiques ainsi que politiques, oblige à le développer comme le vecteur possible d'une autonomie. En ce sens, l'art urbain est autonomie, apprentissage de soi par détachement de la nature. Comme le précise Kant dès 1790 (1995, p. 344) :

> La propédeutique à tous les beaux-arts, dans la mesure où c'est le suprême degré de leur perfection qui est en jeu, semble consister non dans des préceptes, mais dans la culture de ces facultés de l'âme par l'intermédiaire de ces connaissances préparatoires que l'on nomme *humanoria*, vraisemblablement parce que humanité signifie d'une part le sentiment universel de sympathie, d'autre part le pouvoir de parvenir à se communiquer de manière à la fois très intime et universelle, lesquelles qualités, quand elles se combinent, constituent la sociabilité conforme à l'humanité, par laquelle elle se distingue de ce qu'il y a de borné chez l'animal.

Après avoir, en quelques phrases indiqué qu'un peuple régi par le droit devait apprendre l'art de la communication réciproque des idées en quoi consiste le jugement de goût, Kant insiste sur le fait que l'époque future, qui s'éloigne de la nature, oblige en ce sens, puisqu'il faudra aux peuples de cette époque apprendre à évaluer leur action en réunissant « la contrainte légale requise par la plus haute culture avec la force et la justesse de la libre nature ressentant sa propre valeur. » Bien évidemment un tel développement implique, ajoute Kant, celui du sentiment moral, étant donné que le goût lui est fortement lié.

Cet apprentissage doit passer par l'environnement en ville, dans la mesure où le jugement de goût est mis à l'épreuve d'une fabrication paysagère et d'un bien-être. La reconnaissance d'une telle exigence, philosophique et pragmatique, est un premier pas dans la reconnaissance d'une libéralisation des valeurs. En effet, à défaut d'un cadre dogmatique à partir duquel penser la contrainte (comme le communisme ou un fort républicanisme), et par peur de voir se développer un ordre coercitif naissant de contraintes empilées (sécuritaires, assurantielles) ou de pouvoirs autoritaires, il est important de reconnaître la liberté du goût comme cadre de mise à l'épreuve de la fabrication paysagère et environnementale, de manière plus globale.

Le renouveau de l'écologie urbaine dépend, en conséquence, du renouveau politique des démocraties urbaines. L'élaboration d'images d'avenir doit faire appel à l'art premièrement en tant qu'il constitue un domaine réservé, deuxièmement, au jugement de goût de tous ceux qui, réduits au rôle de spectateurs, sont encore aujourd'hui dépossédés de leur vie. Plus que de la mise en évidence scientifique des interdépendances biologiques, physico-chimiques et sociales venue surdéterminer cette idée que l'humanité partage une seule et même terre, il s'agit de trouver les voies d'un nouveau partage du sensible incluant la diversité culturelle et des approches singulières du milieu avec en perspective la construction idéelle et matérielle de l'environnement.

En somme, faute de pouvoir arborer un discours général, les intuitions particulières semblent plus à même de forger un présent. Aujourd'hui, l'investissement politique remonte de bas en haut, et procède par ajustements successifs, alternatives créées dans le flux de l'action. Se fier à l'engagement esthétique collectif et individuel des habitants permettra-t-il de mettre à l'épreuve de nouvelles capacités créatrices porteuses d'innovation sociale et d'un environnement qui soit à la fois équitable et écologique ? L'engagement esthétique de l'habitant est d'autant plus important pour le développement durable qu'il met en évidence la question de la réappropriation des conséquences environnementales des actes humains et, plus généralement, du fait humain. La personnalisation est, dès lors, une résistance à l'impersonnel de la nature ou de la fatalité humaine : une résistance à l'appel de la catastrophe.

FICTION

Une jeune femme réfléchissait…

« Elle aimait la nature de la ville… Elle se figurait même la nature de la ville comme ce qui lui était le plus cher et le plus proche. Elle aimait la nature de la ville comme on aime son prochain. Qu'appelait-elle, dès lors, nature de la ville ? Elle se la représentait comme une matérialité, chère à sa chair, faite d'interactions complexes entre ce qui est vivant, manifeste son organicité, et ce qui est minéral, immobile et ne dit rien. Se tait. Entre ce qui a une chair et croit de soi-même, gagnant par là une autonomie, et ce que les acteurs de la ville confectionnent.

Seulement, ce sentiment, cette sensation qui venait de la ville devait être examinée avec soin. En détail. Ainsi, la jeune femme ne pensait pas que ce sentiment de nature soit dû à l'assimilation de la ville à un dédale de tours, d'affiches, d'enseignes et de murs. Non. Elle ne se voyait pas, non plus, vivre dans une jungle urbaine aux dangers multiples. Ce sentiment n'était pas associé à une vision guerrière (ou paranoïaque tant on peut croire que derrière chaque bâtiment un ennemi se dissimule) de la ville ou même au fait que celle-ci puisse être décrite comme un camp retranché ou organisme aux origines mystérieuses, et donc impossibles à décrire. Qu'est-ce qui avait mené cette idée de ville à germer ? La nature de la ville allait plus loin que cette vision à la Dédale ne le laissait supposer.

La nature sublime de la ville était, pour elle, à la mesure de l'effort auquel il avait fallu consentir pour l'ériger ; à la mesure également de l'amour que l'on pouvait porter aux êtres humains et aux animaux qui la peuplaient. Ainsi cette femme s'imaginait-elle errante dans un monde fort curieux, peuplé d'hommes et de bêtes qui la regardaient et se mettaient à lui parler. Ce monde n'était en aucun cas chaotique ; il était composé de siècles et de siècles de savoir-faire.

Cependant, la vision de la ville comme un bel objet, ordonnancé, fort d'un héritage de siècles de planification ou encore la représentation de la ville comme un objet pittoresque, susceptible, éventuellement, de surprendre au détour d'une rue, d'un porche de maison, ne suffisait pas à expliquer l'amour qu'elle éprouvait pour l'espace urbain. Cet amour était plutôt lié à l'odeur de bitume ; un bitume odorant dont le parfum se nuançait délicatement l'été ; c'était aussi lié à la beauté du printemps quand, sur fond d'un trottoir, croissaient d'étranges plantes en fleur, mais également aux gueules des urbains durant l'hiver, que l'on affronte dans le métro, voire dans la rue. Ce sentiment était aussi paradoxalement le résultat de l'incivilité quotidienne et s'associait à la mine cadavérique des citadins souvent pris d'urgence à l'idée du grand bol d'air.

Son désir de ville était destiné, finalement et seulement, à alimenter son sentiment de sublime et ce dernier allait de pair avec l'idée que la ville était un grand événement. Comment définir un tel événement ? Quelle est son aube et quels sont ses descendants ? Comment définir l'événement que représente la ville ? Peut-être était-ce que la ville, ses abords, véritables perles de banlieue, fonctionnaient comme des parures pour la nature ? Cela ferait crier sans doute.

Peut-être était-il possible d'envisager la ville, en toute humilité, comme l'effort fait pour accomplir ce qui, raisonnablement, ne pouvait l'être autrement, l'effort pour imaginer quelque chose d'équivalent à la nature et à ses productions ? Il n'était pas question, faisant ce rêve, que la jeune femme se condamne s'imaginant perdue d'orgueil ou pourrie par un défi peu raisonnable ; l'enjeu était plutôt d'activer son imagination ; cette imagination qui la conduisait à penser et à produire de nouveaux raisonnements, aussi bien que la force qui la conduisait, se fiant à son intuition, à se représenter de nouveaux mondes, de nouvelles installations. Il s'agissait d'activer sa capacité à penser. À imaginer et à faire de son imagination le ressort d'une liberté... D'une fantaisie, pour le moins... Ainsi, elle voyait, imaginait, se représentait même la ville comme l'effort fait, le plus parfait, pour ériger et, donc, penser un milieu : une somme d'arrangements qui ne laisserait personne indifférent, provoquant excitation, dégoût et joie de vivre, et procurerait cependant confort et localité.

Dès lors, le sentiment de sublime ainsi que les sensations et l'imagination naissaient de l'extrême dégoût ou dureté de ces lieux-là. Des endroits sans grâce, sans même la grâce que peut conférer la vie et la croissance d'une bestiole ou l'odeur de terre mouillée. Des endroits sans grâce mais directement humains. Si bien que cette idée de sublime ainsi que la nature sublime de la ville reposaient, fondamentalement, dans son esprit sur le sentiment de son corps, de sa naturalité, de ses liaisons organiques et biologiques avec le vivant urbain, le monde qui l'environnait. Que ce monde soit naturel ou construit, notre corps pétri d'organes ne pouvait que vouloir se reposer dans le creuset urbain comme il prenait appui sur la nature elle-même pour son plaisir. »

En réfléchissant ainsi, elle était parvenue à un rond-point au beau milieu de la ville. Celui-ci, bien sûr, l'obligeait à contourner toute la place et contredisait le sens naturel de la marche. Cependant, plus encore, les ronds points lui faisaient tourner la tête, mais comme les rues à angle droit provoquaient le même sentiment, elle haussa les épaules, se réfugia à l'intérieur d'un café. C'est pourquoi, se disait-elle, contemplant les visages des autres consommateurs ou usagers du débit de boissons, l'art est essentiel... Essentiel pour rendre grâce et donner toute sa grâce à la nature de la ville. La ville naît de toutes ces incertitudes, de ce sentiment d'errance perpétuellement renouvelé. C'est son charme, mais aussi sa magie, sa capacité à enchanter. Mais ce peut être également source de stress, d'un anonymat et d'une perte d'identité. La ville est polluée de toutes sortes de façon, parfois négativement vécue, contraignante et atrophiée d'interdits. Ses parcours sont réglés, le sentiment d'y pouvoir respirer, au sens métaphorique, mais aussi concret, n'est pas toujours au rendez-vous. La ville peut s'avérer être un cauchemar et le sentiment de labyrinthe renvoie au rat sur lequel se tente une expérimentation.

Vivre en ville naît de l'agglomération de ces composantes. Vivre en ville, c'est stresser mais aussi jouir de certaines de ces ambiances urbaines, celles-là même qui représentent parfois un véritable cauchemar. Vivre en ville, c'est se rendre comptable de la ville, mais aussi l'aimer.

Références bibliographiques

John ABBOTT, 1996, *Sharing the City: Community Participation in Urban Management*, London, Earthscan.

Willim ADAMS, Dan BROCKIGTON, Jane DYSON, Bhaskar VIRA, 2003, Managing Tragedies: Understanding Conflict over Common Pool Resources, Tragedy of the Commons? *Science*, vol. 302, p. 1915-1916.

Giorgio AGAMBEN, 1997, *Homo sacer. Le pouvoir souverain et la vie nue*, Paris, Seuil.

Giorgio AGAMBEN, 2002, *L'ouvert. De l'homme et de l'animal*, Paris, Payot Rivages.

Maurice AGULHON, 1998, Le sang des bêtes : le problème de la protection des animaux en France au XIXe siècle, *in* Boris CYRULNIK (éds) *Si les lions pouvaient parler*, Paris, Quarto Gallimard, p. 1185-1216.

Svetlana ALEXEIEVITCH, 1998, *La supplication, Tchernobyl, Chroniques du monde après l'apocalypse*, Paris, Jean-Claude Lattès.

Michel ANSELME, 2000, *Du bruit à la parole, La scène politique des cités*, Paris, L'Aube.

Paul ARDENNE, 2002, *Un art contextuel. Création artistique en milieu urbain, en situation d'intervention et de participation*, Paris, Flammarion.

Paul ARDENNE, 2004, La ville objet d'art, matériau et medium, L'observatoire des politiques culturelles, *Ce que les artistes font à la ville* 26, p. 26-28.

Hannah ARENDT, 1978, *The Life of the Mind*, New York, Harcourt.

Hannah ARENDT, 1983, *Condition de l'homme moderne*, Paris, Calmann-Levy.

Hannah ARENDT, 1991 (éd. orig. 1982), *Juger. Sur la philosophie politique de Kant*, trad. Myriam Revault d'Allonnes, suivi de deux essais interprétatifs par Ronald Beiner et Myriam Revault d'Allonnes, Paris, Seuil, coll. Libre examen.

François ASCHER, 1995, *Dynamiques métropolitaines et enjeux socio-politiques*, http://multitudes.samizdat.net/article.php3?id_article=783

François ASCHER, 1997, Métapole et métapolisation : au-delà des mots, *Urbanisme*, n° 296.

Jean-François AUGOYARD, 1979, *Pas à pas. Essai sur le cheminement quotidien en milieu urbain*, Paris, Seuil, coll. espacements.

Isabelle AURICOSTE, 2003, Urbanisme moderne et symbolique du gazon, Bienfaisante nature, *Communication* 74, p. 19-33.

Gaston BACHELARD, 2004, *Poétique de l'espace*, Paris, PUF Quadrige Grands textes.

Arnoldo BAGNASCO, Patrick LE GALES (éds), 1997, *Villes en Europe*, Paris, La Découverte, coll. recherches.

Antoine BAILLY, 1985, Distances et espaces : 20 ans de géographie des représentations, *L'espace géographique* 3, p. 197-205.

Etienne BALIBAR, 2004, Le renversement de l'individualisme possessif, *in* Hervé GUINERET, Arnaud MILANESE (éds), *La propriété, le propre, l'appropriation*, Paris, Ellipses coll. Philo.

Cécile BANDO, 2003, *Publics à l'œuvre: appropriation et enjeux des dispositifs artistiques participatifs, thèse de doctorat en sciences de l'information et de la communication*, Grenoble, université Stendhal.

Henrik BANG et Eva SORENSEN, 2005, The Everyday Maker, Building Political rather than Social Capital, *in* Paul DEKKER and Eric M. USALNER (Eds), *Social Capital and Participation in Everyday Life*, London, Routledge.

Eric BARATAY, Elisabeth HARDOUIN FUGIER, 1998, *Zoos, histoire des jardins zoologiques en occident (XVIe-XXe siècle)*, Paris, La Découverte, coll. textes à l'appui.

Eric BARATAY, 2003, *Et l'homme créa l'animal*, Paris, Odile Jacob.

Yves BAREL, 1984, *La société du vide*, Paris, Seuil.

Sabine BARLES, 1999, *La ville délétère. Médecins et ingénieurs dans l'espace urbain, XVIIIe-XIXXe siècle*, Seyssel, Champ Vallon.

Francis BEAUCIRE, 1985, *Enquête sur la notion et les pratiques de l'écologie urbaine*, Paris, PIREN/CNRS.

Ulrich BECK, 2003, *La Société du risque: sur la voie d'une autre modernité*, Paris, Champs, Flammarion.

Ulrich BECK, 2005, *Pouvoir et contre-pouvoir à l'ère de la mondialisation*, Paris, Alto Aubier.

Walter BENJAMIN, 1986, *Le concept de critique esthétique dans le romantisme allemand*, Paris, Champs/Flammarion.

Vincent BERDOULAY, Nicholas Entrikin, 1998, Lieu et sujet. Perspectives théoriques, *Espace géographique* 2, p. 75-89.

Vincent BERDOULAY, Olivier SOUBEYRAN, 2002, *L'écologie urbaine et urbanisme*, Paris, La Découverte.

Vincent BERDOULAY, Paolo da COSTA GOMES, Jacques LOLIVE (Eds), 2004, *L'espace public à l'épreuve: régressions et renaissances*, Bordeaux, Presses de la MSHA.

Arnold BERLEANT, 1992, *The Aesthetics of Environment*, Philadelphia, Temple University Press.

Arnold BERLEANT, 2004, *Beauty and the Way of Modern Life*, http://www.autograff.com/berleant/pages/recentart3.html

Augustin BERQUE, 2000, *Ecoumène, introduction à l'étude des milieux humains*, Paris, Belin, coll. Mappemonde.

Nathalie BLANC, 1996, *La nature dans la cité*, Thèse de doctorat. Paris 1.

Nathalie BLANC, 1999, L'écologie urbaine et le rapport ville/nature: 1925-1990, *Espace géographique* 4, p. 289-299.

Nathalie BLANC, 2000, *Les animaux et la ville*, Paris, Odile Jacob.

Nathalie BLANC, Marcel JOLLIVET, 2002, *Communication « environnement rural-environnement urbain: une liaison durable? »*, Observatoire du rural et de l'urbain, Paris X LADYSS.

Nathalie BLANC *et al.*, 2003, Des paysages pour vivre la ville de demain, *Programme Politiques de l'environnement*, Medad.

Nathalie BLANC, Philippe ESTÈBE, 2003, Géographie et politique: le face à face, *Écologie politique* 27, p. 79-89.

Nathalie BLANC, 2003, L'animal dans les politiques urbaines, Bienfaisante nature, *Communication* 74, p. 159-175.

Nathalie BLANC, 2003, Évaluation et perception de l'exposition à la pollution atmosphérique : une interrogation sociétale, *Natures Sciences Sociétés*, 4, p. 432-434.

Nathalie BLANC, Jacques LOLIVE, 2004, La part esthétique de la ville, *in* Nathalie BLANC, Dominique BOULLIER, Jacques LOLIVE (Eds) *Cosmopolitiques « Aimons la ville »*, p. 68-74.

Nathalie BLANC, Marianne COHEN, 2005, Les Parisiens et la nature, *in* Nicolas MICHELIN (éds) « *Nouveaux Paris* », catalogue de l'exposition, éd. Pavillon de l'Arsenal, p. 58-65.

Nathalie BLANC, Cyria ÉMELIANOFF, 2005, *La ville durable face à l'écologie des pratiques : politiques et cultures de l'environnement urbain dans les villes russes*, Paris, « Programme interdisciplinaire développement urbain durable », CNRS/SHS.

Nathalie BLANC *et al.*, 2005, *Appréhender la ville comme (mi)ieu de vie. L'apport d'un dispositif interdisciplinaire de recherche*, *in* Nicole Mathieu, Yves Guermond (éds), La ville durable, du politique au scientifique, coéd. NSS/Cemagref, Cirad, Ifremer et Inra, p. 261-283.

Nathalie BLANC, 2006, *Mobilité et changements urbains, Mutations urbaines*, 8e biennale Art grandeur nature, 128 pages, Synesthésie éditions.

Nathalie BLANC, Jacques LOLIVE, 2007, Les subjectivités cosmopolitiques et la question esthétique, *in* Jacques LOLIVE, Olivier SOUBEYRAN (Eds) : *Émergence des cosmopolitiques et mutation de la pensée aménagiste*, Paris, La Découverte, p. 352-382.

Nathalie BLANC, Cyria ÉMELIANOFF, 2007, *Réappropriation du sol et société civile dans deux villes russes.* Environnement urbain/Urban Environment, volume I. p.a31-a41.www.vrm.ca/cyber-revues.asp <http://www.vrm.ca/cyber-revues.asp>.

Nathalie BLANC, Marianne COHEN, Sandrine GLATRON, 2007, Quel rôle jouent les paysages végétaux dans les politiques urbaines ?, *in* Martine BERLAN DARQUÉ, Yves LUGINBÜHL, Daniel TERRASSON (éds), *Paysages : de la connaissance à l'action*, Éditions Quae, p. 85-100. Version anglaise, What Role does Plant Landscape play in Urban Policy ? *in* Martine BERLAN DARQUE, Yves LUGINBÜHL, Daniel TERRASSON (eds), *Landscape: from Knowledge to Action*, Éditions Quae, p. 83-99.

Nathalie BLANC, Jacques LOLIVE, 2007, L'écologie, l'artiste et le public, *in* Nathalie BLANC, Jacques LOLIVE (éds), *Esthétique et espace public*, Paris, éditions Apogée/Cosmopolitiques, p. 18-25.

Nathalie BLANC, Sophie BONIN (éds), 2008, *Grands barrages et habitants*, Paris, MSH/QUAE.

Nathalie BLANC, Denis CHARTIER, 2008, Les développements durables de l'Amazonie, *in* Nathalie BLANC, Sophie BONIN (éds), *Grands barrages et habitants*, Paris, MSH/QUAE, p. 169-189.

Nathalie BLANC, Jacques LOLIVE, 2008, *Art, écologie, paysage*, Paris, programme « Paysage Développement durable », MEDD.

Cécile BLATRIX, 1999, Le maire, le commissaire enquêteur et leur « public ». La pratique politique de l'enquête publique, *in* CRAPS/CURAPP, La démocratie locale. *Représentation, participation et espace public*, Paris, PUF, p. 161-176.

Augustin BERQUE, 1991, La transition paysagère comme hypothèse de projection pour l'avenir de la Nature, *in* Alain ROGER, François GUÉRY (éds), *Maîtres et protecteurs de la Nature*, Champ Vallon, coll. Milieux.

Augustin BERQUE (éds), 1994, Nature et simulacres à Tokyo, *in* Augustin BERQUE (éds), *La maîtrise de la ville. Urbanité française, urbanité nippone.* Paris, EHESS, p. 45-53.

Augustin BERQUE, 2002, L'habitat insoutenable. Recherche sur l'histoire de la désurbanité, *Espace géographique* 3, p. 241-251.

Ernst BLOCH, 1982, *Le principe espérance – les épures d'un monde meilleur*, Paris, NRF Gallimard.

Luc BOLTANSKI et Laurent THÉVENOT, 1991, *De la justification (Les économies de la grandeur)*, Paris, Gallimard.

Luc BOLTANSKI, Eve CHIAPELLO, 1998, *Le nouvel esprit du capitalisme*, Paris, Gallimard NRF.

Pauline von BONSDORFF, 1998, *The Human Habitat, Aesthetic and Axiological Perpectives*, Jyvaskyla, Gummerus Kirjapaino oy.

Murray BOOKCHIN, 1999, *Qu'est-ce que l'écologie sociale*, Lyon, Atelier de création libertaire.

Nicolas BOURRIAUD, 2001, *Esthétique relationnelle*, Dijon, Les presses du réel.

Renée BOUVERESSE, 1998, *L'expérience esthétique*, Paris, Armand Colin.

Stephen BOYDEN, 1980, Étude écologique des établissements humains, *Nature et ressources* 3, vol. 16, p. 2-10.

Stephen BOYDEN, 1981, *The Ecology of a City and its People: the Case of Hong-Kong*, Canberra, Australian university press.

Emily BRADY, 2003, *Aesthetics of the Natural Environment*, Edinburgh, Edinburgh university press.

Anne-Marie BRISEBARRE, 1995, Regards croisés sur « la fête du mouton » en France, *Des bêtes et des hommes, le rapport à l'animal, un jeu sur la distance*, Paris, CTHS.

Frederick BUTTEL, 1987, New Directions in Environmental Sociology, *Annual review of sociology* 13, p. 465-488.

Christian CALLENGE, 2003, Idéologie verte et rhétorique paysagère, Bienfaisante nature, *Communication* 74, p. 33-49.

Michel CALLON, Pierre LASCOUMES, Yannick BARTHE, 2001, *Agir dans un monde incertain. Essai sur la démocratie technique*, Paris, Seuil.

Georges CANGUILHEM, 1998, *La connaissance de la vie*, Paris, Vrin.

Georges CANGUILHEM, 2005 (rééd.), *Le normal et le pathologique*, Paris, PUF/Quadrige.

Allen CARLSON, Arnold BERLEANT, 2004, *The Aesthetics of Natural Environments*, New York, Broadview Press.

CÉLINE, 1952, *Mort a crédit*, Paris, Gallimard.

Yves CHALAS, 2000, La ville inhabitable, *in* Yves CHALAS, *L'invention de la ville*, Anthropos/Economica, p. 57-72.

Yves CHALAS, 2005, *Quelle ville pour demain? Villes en évolution*, Paris, Documentation française, p. 11-31.

Simon CHARBONNEAU, 1995, De l'inexistence des principes juridiques en droit de l'environnement, *Commentaires législatifs*, *Actualités législatives*, Dalloz, 1995, p. 146 sq.

Louis CHEVALIER, 2002, *Classes laborieuses, classes dangereuses*, Paris, Éditions académiques Perrin.

Françoise CHOAY, 1979, *L'urbanisme, utopies et réalités. Une anthologie*, Paris, coll. Points, Seuil.

Françoise CHOAY, 1980, *La règle et le modèle, sur la théorie de l'architecture et de l'urbanisme*, Paris, Seuil.

Françoise CHOAY, 1985, Production de la ville, esthétique urbaine et architecture, *in* Georges DUBY (éds), *Histoire de la France urbaine* 5, Paris, Seuil, p. 233-281.

Françoise CHOAY, 1992, *L'allégorie du patrimoine*, Paris, Seuil.

Françoise CHOAY (entretien avec), 2005, Les ressorts de l'urbanisme européen: d'Alberti et Thomas More à Giovannoni et Magnaghi, *Esprit* 10, p. 76-92.

Laurent CHOLLET, 2000, *L'insurrection situationniste*, Paris, Éditions Dagorno.

Paul-Henry CHOMBART DE LAUWE, 1967-1975, *Famille et habitation*, Paris, Ed. du CNRS, Coll. Travaux du Centre d'ethnologie sociale et de psychosociologie.

Jason COBURN, 2005, *Street Science: Community Knowledge and Environnemental Health Justice*, Cambridge (MA), MIT Press.

Jean-Pierre COMETTI, 2001, Art, modes d'emploi. Esquisses d'une philosophie de l'usage, *La Lettre volée*, Bruxelles, essais.

Michel CONAN, 2005, Les paysages de l'eau: pour une poétique de la présence, *Urbanisme* 343, p. 67-71.

Alain CORBIN, 2008, *Le miasme et la jonquille*, Paris, Champs Flammarion.

Philippe CORCUFF, Jacques ION, François de SINGLY, 2005, *Politiques de l'individualisme. Entre sociologie et philosophie*, Paris, Textuel.

CREDOC, 2001, Démocratie de proximité et participation des habitants à la politique de la ville. De la promiscuité des cages d'escalier à la reconnaissance du citoyen-usager, *Cahiers de la recherche* 156.

William DAB, Isabelle ROUSSEL, 2001, *L'air et la ville*, Paris, Hachette littératures.

Eric DARDEL, 1990, *L'homme et la terre. Nature de la réalité géographique*, Paris, CTHS.

Mike DAVIS, 2006, *Le pire des mondes possibles, de l'explosion urbaine au bidonville global*, Paris, La Découverte.

Philippe DESCOLA, 2005, *Par-delà nature et culture*, Paris, Gallimard.

Thierry de DUVE, 1989, *Au nom de l'art. Pour une archéologie de la modernité*, Paris, Minuit.

Tjeerd DEELSTRA, Oleg YANITSKY (eds), 1991, *Cities of Europe: the Public's Role in Shaping the Urban Environment*, Moscow, Mezhdunarodnye otnoshenia pub.

Pierre DEFFONTAINES, 1972, *L'homme et sa maison*, Paris, Gallimard.

Gilles DELEUZE et Felix GUATTARI, 1980, *Capitalisme et schizophrénie, Mille plateaux*, Paris, Minuit.

John DEWEY, 1980 (1st ed. 1934), *Art as Experience*, New York, Perigee Books.

John DEWEY, 2003, *Le public et ses problèmes*, Pau, Farrago/Leo Scheer.

Thomas DIETZ, Elinor OSTROM, Paul C. STERN, 2003, The Struggle to Govern the Commons, Tragedy of the Commons? *Science* vol. 302, p. 1907-1912.

Jean-Pierre DIGARD, 1999, *Les Français et leurs animaux*, Paris, Fayard.

Michelle DOBRÉ 2002, *L'écologie au quotidien, éléments pour une théorie sociologique de la résistance ordinaire*, Paris, L'Harmattan coll. Sociologie et environnement.

Andrew DOBSON, Derek BELL (eds), 2006, *Environmental Citizenship*, Cambridge, MIT Press.

Jean-Paul DOGUET, 2007, *L'art comme communication. Pour une re-définition de l'art*, Paris, Armand Colin.

Jacques DONZELOT, 2005, Une politique pour la ville, *Esprit,* 10, p. 135-156.

Jacques DONZELOT, 2005, Michel Foucault et l'intelligence du libéralisme, Des sociétés ingouvernables? *Esprit* 11, p. 60-82.

Jacques DONZELOT, Renaud EPSTEIN, 2006, Rénovation urbaine et implication des habitants: notes pour un état des lieux et propositions pour une méthode future, *Rapport pour le comité d'évaluation de l'Agence nationale de renouvellement urbain-ANRU.*

Mary DOUGLAS, 1992, *De la souillure, études sur la notion de pollution et de tabou*, Paris, La Découverte, textes à l'appui.

Mary DOUGLAS, 1993, À quelles conditions un ascétisme environnementaliste peut-il réussir? *La nature en politique ou l'enjeu philosophique de l'écologie*, Paris, L'Harmattan, p. 96-118.

Mary DOUGLAS, 1996, *The World of Goods, towards an Anthropology of Consumption*, London, Routledge.

Mary DOUGLAS, 2003, *Natural Symbols*, London, Routledge.

Mark DOWIE, 1995, *Losing Ground: American Environnementalism at the Close of the Twentieth Century*, Cambridge, MIT Press.

Jean-Marc DROUIN, 1997, Le sens de la nature: une notion équivoque mais indispensable, *Environnement: représentations et concepts de la nature*, Paris, L'Harmattan.

Jules DUCHÂTEL, Raphaël CANET, 2004, Du local au global. Citoyenneté et transformation des formes de la démocratie, *in* Bernard JOUVE, Philip BOOTH (éds), *Démocraties métropolitaines*, Québec, Presses de l'Université du Québec.

Denis DUCLOS, 1992, L'écologie ce matérialisme historique, *Actuel Marx* 12, deuxième semestre 1992, PUF.

Robert DUNLAP, William CATTON, 1994, Struggling with Human Exceptionalism : the Rise, Decline and Revitalization of Environmental Sociology, *The American Sociologist* 25, p. 5-30.

Jean-Pierre DUPUY, 2003, Appearances to the Contrary, Social thought (including Social Sciences) is One, *in* Groupe d'études et d'observation de la démocratie (GEODE) : *Une théorie sociologique générale est-elle possible (et souhaitable) à l'ère de la mondialisation ?* Paris, Actes du symposium, p. 220-231.

Paul DUVIGNEAUD, 1974, *La synthèse écologique. Populations, communautés, écosystèmes, biosphère, noosphère*, Paris, Doin.

Cyria EMELIANOFF, 2000, L'écologie urbaine entre science et urbanisme, *Quaderni*, 43, Paris,p. 85-99.

Cyria EMELIANOFF, Jacques THEYS, 2001, Les contradictions de la ville durable, *Le Débat* 113, p. 122-135.

Cyria EMELIANOFF, 2004, Les villes européennes face au développement durable : une floraison d'initiatives sur fond de désengagement politique, *Cahiers du PROSES* 8, Sciences Po.

Cyria EMELIANOFF, 2004, L'urbanisme durable en Europe : à quel prix ? *Écologie et politique* 29, p. 21-37.

Mark ETC, 2004, Perturber l'espace public, un enjeu artistique et citoyen, L'observatoire des politiques culturelles, *Ce que les artistes font à la ville* 26, p. 54-56.

Bob EVANS, Marko JOAS, Susan SUNDBACK, Kate THEOBALD, 2004, *Governing Sustainable Cities*, London, Earthscan.

William FAULKNER, 1972, *Le bruit et la fureur*, Paris, Folio, Gallimard.

Jean-Paul FERRIER, 1998, *Le contrat géographique ou l'habitation durable des territoires*, Lausanne, Payot, sciences humaines.

Luc FERRY, 1998, *Le sens du beau*, Paris, Cercle d'art.

Gustave Nicolas FISCHER, 1997, *Psychosociologie de l'environnement social*, Paris, Dunod.

Elisabeth DE FONTENAY, 1998, *Le silence des bêtes. La philosophie à l'épreuve de l'animalité*, Paris, Fayard.

Michel FOUCAULT, 2005, *Naissance de la biopolitique : cours au collège de France (1978-1979)*, Paris, Gallimard.

Jean-Michel FOURNIAU, 2003, Aide à la décision, démocratisation de la vie publique ou nouvelle scène d'action collective ? Les regards de la recherche sur le débat public, Concertation, décision et environnement. *Regards croisés* vol. II, Paris, La documentation française, p. 39-62.

François FOURQUET, Lion MURARD, 1973, *Les équipements du pouvoir ville, territoires et équipements collectifs*, Paris, 10/18 Union générale d'Éditions.

Georges FRIEDMANN, 1953, *Villes et campagnes*, Paris, Armand Colin.

Gabriel GALLOPIN *et al.*, 1997, Branch Points : Global Scenarios and Human Choice. A Resource Paper of the Global Scenario Group, Stockholm Environment Institute, *Polar star series report* n° 7.

Christian GARNIER, Phillippe MIRENOWICZ, 1990, *Les politiques municipales d'environnement urbain : bilan et perspectives rapport final*, Paris, ministère de l'Environnement/SRETIE, GERPA.

Jean-Pierre GAUDIN (éds), 1991, *Desseins de ville « Art urbain et urbanisme »*, Paris, L'Harmattan.

Jochen GERZ, 2004, Toward Public Authorship, Third text, Art and Collaboration, special issue, vol. 18, issue 6, Routledge, p. 649-656.

Cynthia GHORRA-GOBIN, 2002, *Los Angeles. Le mythe américain inachevé*, Paris, CNRS Éditions.

Anthony GIDDENS, 2005, *La constitution de la société*, Paris, Quadrige Grands textes, PUF.

Claire GILLIO, Jean-Paul BLAIS, Jacques ION (éds), 2001, *Dynamiques associatives, cadre de vie et environnement*, MELTT-PUCA.

Paul GINSBORG, 2005, *The Politics of Everyday Life. Making Choices, Changing Lives*, Yale University Press.

Emmanuel GIUSEPELLI, Philippe FLEURY, 2005, Le paysage à la croisée des choix de développement local : quelles connaissances pour quels enjeux, quels outils pour l'action ? *De la connaissance des paysages à l'action paysagère*, Bordeaux, colloque international, Cemagref/Ministère de l'Écologie et du Développement durable, 2-4 décembre 2004.

Paul GUILLAUME, 1979 (1re éd. 1937), *La psychologie de la forme*, Paris, Flammarion.

André GUILLERME, 1991, De l'humide au sec ou à la fin des saisons, *Les annales de la recherche urbaine*, n° 53, p. 40-45

Jurgen HABERMAS, 2006, *Idéalisation et communication. Agir communicationnel et usage de la raison*, Paris, Fayard.

Maurice HALBWACHS, 1938 rééd. 1970, *Morphologie sociale*, Paris, Armand Colin.

Nabeel HAMDI, 2004, *Small Change. About the Art of Practice and the Limits of Planning in Cities*, London, Earthscan.

Garret HARDIN, 1968, The Tragedy of Commons, *Science* 162, p. 1243-1248.

Nicole HAUMONT, 2001, *Les Pavillonnaires. Étude psychosociologique d'un mode d'habitat*, Paris, L'Harmattan, 3e éd.

Edith HEURGON, Josée LANDRIEU (éds), 2003, Des « nous » et des « je » qui inventent la cité, *Actes du quatrième colloque de Cerisy « Prospective d'un siècle à l'autre »*, 9 au 14 juin 2002, La Tour d'Aigues, Éd. de l'Aube.

Paul HIRST, Veit BADER (eds), 2001, *Associative Democracy, The Real Third Way*, New-York, Cass publishers.

Alan HOLLAND, John O'NEIL, 1996, The integrity of Nature Over Time, *The Thingmount Working Paper Series On The Philosophy Of Conservation* (TWP 96-08), Center for Philosophy, Lancaster University. Text online at the site : http://www.lancaster.ac.uk/depts/philosophy/awaymave/onlineresources/integrity %20of %20nature %20over %20time %20_holland, %20o'neil_.pdf

Axel HONNETH, 2007, *La réification. Petit traité de théorie critique*, Paris, NRF essais, Gallimard.

Gilbert HOTTOIS, 1986, *Le technocosme urbain. La ville comme thème de la philosophie de la technique*, texte ronéotypé, conférence donnée dans le cadre de la 17e école urbaine ARAU, mars, Bruxelles.

Marc JIMENEZ, 2004, *L'esthétique contemporaine, tendances et enjeux*, Paris, Klincksieck.

Hans JOAS, 1998, *La créativité de l'agir*, Paris, Cerf.

Denise JODELET (éds), 1991, *Les représentations sociales*, Paris, PUF.

Marcel JOLLIVET (éds), 1992, Sciences de la nature, sciences de la société. *Les passeurs de frontières*, Paris, CNRS.

Frédéric JOULIAN, 2000, *Techniques du corps et traditions chimpanzières*, « Les animaux pensent-ils », éd. du Patrimoine, Terrain 34.

Bernard JOUVE, 2004, Les métropoles au croisement de la globalisation et de la transformation du politique, *in* Bernard JOUVE, Philip BOOTH (éds), 2004, *Démocraties métropolitaines*, Québec, Presses de l'université du Québec, p. 1-19.

Bernard JOUVE, Philip BOOTH (éds), 2004, *Démocraties métropolitaines*, Québec, Presses de l'Université du Québec.

Bernard JOUVE, Alain-G. GAGNON (éds), 2006, *Les métropoles au défi de la diversité culturelle*, Grenoble, Presses universitaires de Grenoble.

Emmanuel KANT, 1995, *Critique de la faculté de juger*, Traduction, présentation, bibliographie et chronologie par Alain Renaut, Paris, Garnier-Flammarion.

Ann P. KINZIG, John M. GROVE, 2001, Urban-Suburban Ecology, *Encyclopedia of Biodiversity*, vol. 5, p. 733-745, Academic Press.

Miwon KWON, 2004, *One Place after Another, Site-Specific Art and Locational Identity*, Cambridge, MIT Press.

Philippe LACOUE-LABARTHE, Jean-Luc NANCY, 1978, *L'absolu littéraire. Théorie de la littérature du romantisme allemand*, Paris, Seuil, coll. Poétique.

William LAFFERTY (eds), 2001, *Sustainable Communities in Europe*, London, Earthscan.

Karim LAPP, 2005, La ville un avenir pour la biodiversité ? *Écologie et politique* 29, p. 41-54.

Catherine LARRERE, 1997, *Les philosophies de l'environnement*, Paris, PUF.

Catherine LARRERE, Raphael LARRERE, 1997, *Du bon usage de la nature. Pour une philosophie de l'environnement*, Paris, Alto/Aubier.

Pierre LASCOUMES, 1994, *L'éco-pouvoir. Environnements et politiques*, Paris, La Découverte.

Serge LATOUCHE, 2004, *La mégamachine, raison scientifique, raison économique et mythe du progrès*, Paris, La Découverte.

Bruno LATOUR, 1997, *Nous n'avons jamais été modernes. Essai d'anthropologie symétrique*, Paris, La Découverte/Poches.

Bruno LATOUR, 1999, *Politiques de la nature. Comment faire entrer les sciences en démocratie*, Paris, La Découverte, coll. Armillaire.

Bruno LATOUR, 2003, *Faktura de la notion de réseau à celle d'attachement.* Cet article est consultable en ligne sur le site suivant : http://bruno.latour.name/

Paul LECROART, 1992, La nature au coin de la rue, une trame verte pour l'agglomération centrale, *Cahiers de l'IAURIF* 102, p. 45–60.

Denise et Jean-Pierre LE DANTEC, 1987, *Le roman des jardins de France*, Paris, ed. Terre de France, Plon.

Henri LEFEBVRE, 1970, *La révolution urbaine*, Paris, Gallimard idées nrf.

Henri LEFEBVRE, 1968 et 1972, *Le droit à la ville* suivi de *Espace et politique*, Paris, Anthropos Seuil coll. points.

Gérard LENCLUD, 2000, *Et si un lion pouvait parler... Enquêtes sur l'esprit animal*, « Les animaux pensent-ils », éd. du Patrimoine, Terrain 34.

Dominique LESTEL, 1998, Des animaux machines aux machines animales, *in* Boris CYRULNIK (éds), *Si les lions pouvaient parler*, Paris, Quarto Gallimard.

Christian LEVÊQUE, 2001, *Écologie. De l'écosystème à la biosphère*, Paris, Dunod.

Emmanuel LEVINAS, 1990, *Totalité et Infini. Essai sur l'extériorité*, Paris, Le livre de poche, Biblio essais.

Jacques LEVY, 1997, *Le monde pour cité*, Paris, Hachette questions de politique.

Fabrice LEXTRAIT, 2001, Projets, aventures, friches, squats, fabriques : de nouveaux espaces publics en construction, *Mouvements* 17, p. 65-70.

Bernadette LIZET, Ann-Emily WOLF, John CELECIA (éds) 1997, Sauvages dans la ville. JATBA, *Revue d'ethnobiologie*, MNHN.

Andrew LIGHT, Holmes ROLSTON III (eds), 2003, *Environmental Ethics, an Anthology*, Oxford, Blackwell Publishing.

Jacques LOLIVE, 2004, Configurations, prises et propositions, *Annales de la Recherche Urbaine,* 95.

Jacques LOLIVE, 2006, « Des forums hybrides à l'esthétisation : controverses et transformations récentes des espaces publics en France », *Cahiers de Géographie du Québec,* vol. 50, n° 14, p. 151-171.

Yves LUGINBÜHL, 1990, *L'arbre élu,* ministère de l'Environnement/SRETIE.

Yves LUGINBÜHL, 2000, Paysages vernaculaires et paysages savants, *in* Michel RACINE (éds), *Créateurs de jardins et de paysages en France du XVIe au XXe siècle,* Actes Sud.

Yves LUGINBUHL, 2003, Jardins de tous les désirs d'Europe centrale, *Les Cahiers du paysage,* Actes sud/ENSP 9 & 10, p. 228-258.

Kevin LYNCH, 1982, *Voir et planifier, l'aménagement qualitatif de l'espace,* Paris, Dunod.

Jean-Paul LYOTARD, 1988, *L'inhumain,* Paris, Galilée.

Jean-Paul LYOTARD, 1993, *Moralités post-modernes,* Paris, Galilée.

John J. MAC DERMOTT, 1986, *Streams of Experience: Reflections on the History and Philosophy of American Culture,* University of Massachusetts Press.

Phil MACNAGHTEN, John URRY, 2003, *Contested Nature,* London, Sage.

Jessica MAKOWIAK, 2004, *Esthétique et droit,* Limoges, Lgdj.

Jacques MAQUET, 1993, *L'anthropologue et l'esthétique,* Paris, Métailié.

A. J. MCMICHAEL, C. D. BUTTLER, Carl FOLKE, 2003, New Visions for Adressing Sustainability, Tragedy of the Commons? *Science,* vol. 302, p. 1919-1920.

Mairie de Paris, 2004, *Charte régionale de la biodiversité et des milieux naturels,* Dossier de presse 18 mars 2004, Direction générale de l'information et de la communication, 11 p.

Man And Biosphère, 1984, International Experts Meeting on Ecological Approaches to Urban Planning, *Final report,* 57.

David MANGIN, 2004, *La ville franchisée, formes et structures de la ville contemporaine,* Paris, La Villette.

Juan MARTINEZ-ALLIER, 1991, Environmental Policy and Distributional Conflicts, *in* Robert COSTANZA (eds), *Ecological Economics. The Science and Management of Sustainability,* New-York, Columbia University Press.

Ministère de l'Écologie et du Développement durable MEDD, 2004, *Retour d'expériences et éléments de méthodes pour les agendas 21,* http :/www.ecologie.gouv.fr, rubrique développement durable

Nicole MATHIEU, Yves GUERMOND (éds), 2005, Introduction : la ville durable, un enjeu scientifique, *La ville durable, du politique au scientifique,* coéd. NSS/Cemagref, Cirad, Ifremer et Inra, p. 11-29.

Marcel MAUSS, *Sociologie et anthropologie,* Paris, Quadrige, PUF.

Guy MERCIER, 2002, La norme paysagère. Réflexion théorique et analyse du cas québécois, *Cahiers de géographie du Québec,* Vol. 46, n° 129, p. 357-392.

Maurice MERLEAU-PONTY, 1995, *La nature,* notes, cours du Collège de France, Paris, Seuil.

Pierre-Michel MENGER, 2003, *Portrait de l'artiste en travailleur. Métamorphoses du capitalisme,* Paris, Seuil.

Annie MOCH et Daniel HERMAND, 1992, Rôle de certains facteurs de personnalité en psychologie de l'environnement, *Médecine et Hygiène* 50, 1960, p. 3386-3389.

Abraham MOLES, Elisabeth ROHMER, 1998, *Psychosociologie de l'espace,* Paris, L'Harmattan.

Abraham MOLES, 1977, *La psychologie de l'espace,* Paris, Casterman.

Lorenza MONDADA, Jean-Bernard RAÇINE, 1995, Géographie et sémio-linguistique, *in* Antoine BAILLY, Robert FERRAS, Denise PUMAIN (éds), *Encyclopédie de géographie,* Paris, Économica, p. 239-252.

Gérard MONÉDIAIRE, 2005, « Les paysages du droit – Florence 2000 », contribution au colloque *Paysages et valeurs. De la représentation à la simulation,* organisé par les laboratoires CeReS GEOLAB, Limoges, 24 au 24 octobre.

Olivier MONGIN, 2005, *La condition urbaine. La ville à l'heure de la mondialisation*, Paris, Seuil.

Jacqueline MORAND-DEVILLER, 1994, Environnement et paysage, *L'actualité juridique, Droit administratif*, 20 septembre, p. 588-595.

Jacques MORET, 2004, La biodiversité à Paris, *in* Yves MICHAUD (éds), *Université de tous les savoirs*, Paris, Odile Jacob, p. 217-238.

Daniel MOTHÉ, 2006, La grande démocratie et la petite démocratie, *Esprit* 326, p. 35-54.

Gabriel MOSER, Karin WEISS (éds), 2003, *Espaces de vie. Aspects de la relation homme, environnement*, Paris, Armand Colin.

Lionel MURARD et Patrick ZYLBERMAN, 1985, L'ordre et la règle. L'hygiénisme en France dans l'entre deux-guerres, *Les cahiers de la recherche architecturale*, p. 15-17.

Robert MUSIL, 1957 (rééd. 1973), *L'homme sans qualités*, trad. Philippe Jaccottet, Paris, Seuil, coll. Folio.

Alain NADAÏ, 2004, Degré zero : portée et limites de la théorie de « l'artialisation » dans la perspective d'une politique du paysage, contribution au colloque du Cemagref, *De la connaissance des paysages à l'action paysagère*, Bordeaux, 2-4 décembre 2004.

Sylvie NAIL, 2005, L'idylle urbaine, le défi anglais, *in* Nicolas MICHELIN (éd) *« Nouveaux Paris », catalogue de l'exposition*, Pavillon de l'Arsenal, p. 90-93.

Emmanuel NÉGRIER, 2006, Politique, culture et diversité dans la France urbaine contemporaine, *in* Bernard JOUVE, Alain-G. GAGNON (éds), 2006, *Les métropoles au défi de la diversité culturelle*, Grenoble, Presses universitaires de Grenoble, p. 137-152.

Emmanuel NÉGRIER, 2007, L'art à l'épreuve de l'espace public, *in* Nathalie BLANC, Jacques LOLIVE (éds), *Esthétique et espace public*, Paris, Apogée/Cosmopolitiques, p. 135-149.

Ruwen OGIEN, 2007, *L'éthique aujourd'hui. Maximalistes et minimalistes*, Paris, Folio essais, Gallimard.

Paul OPDAM, Eveliene STEINGRÖVER, Sabine VAN ROOIJ, 2006, Ecological Networks : A Spatial Concept for Multi-Actor Planning of Sustainable Landscapes, *Landscapes and Urban Planning*, vol. 75, issues 3-4 (Landscapes and sustainability), p. 322-332.

Marie-Vic OZOUF-MARIGNIER, 1989, La formation des départements : la représentation du territoire français à la fin du XVIIIe siècle, Paris, éd. de l'EHESS.

Thierry PAQUOT, 1990, *Homo urbanus*, Paris, Le Félin.

Patricia PAPERMAN et Sandra LAUGIER (éds), 2005, *Le souci des autres, éthique et politique du Care*, Paris, Éditions de l'École des Hautes Études en Sciences Sociales (EHESS).

Françoise PAUL-LEVY et Marion SEGAUD, 1983, *Anthropologie de l'espace*, Paris, Centre de Création Industrielle, centre Georges Pompidou.

Pierre PEILLON, 1993, *Genèse et crise des grands ensembles*, CREPAH Paris.

Michel PERONI, Jacques ROUX (éds), 2006, *La sociologie dans le vif du monde*, La Tour d'Aigues, éd. de l'Aube.

Colette PÉTONNET, 1991, Le cercle de l'immondice, postface anthropologique, *Les annales de la recherche urbaine* 53, p. 108-109.

Fernando PESSOA, 1992, *Le livre de l'intranquillité II*, Paris, Christian Bourgois.

Philippe PINCHEMEL, 1984, L'histoire récente de la géographie française, *La recherche géographique française*, XXVe CIG, Paris, CNG, p. 11-24

Marion POTSCHIN, Roy HAINES-YOUNG, 2006, « Rio+10 », sustainability science and Landscape Ecology, *Landscapes and Urban Planning*, vol. 75, issues 3-4 (Landscapes and sustainability), p. 162-174.

Frédéric POUSIN (éds), 2000, Pouvoir des figures, *Cahiers de la recherche architecturale et urbaine*, 8.

Jules PRETTY, 2003, Social Capital and the Collective Management of Resources, Tragedy of the Commons? *Science*, vol. 302, p. 1912-1914.

Robert David PUTNAM, 2000, *Bowling alone: the Colapse and Revival of American Community*, New-York, Simon and Schuster.

Georges-Hubert de RADKOWSKI, 2002, *Anthropologie de l'habiter : vers le nomadisme*, Paris, PUF.

François RAMADE, 1993, *Dictionnaire encyclopédique de l'écologie et des sciences de l'environnement*, Paris, Ediscience international.

Bénedicte RAMADE, 2007, Mutation écologique, *in* Nathalie BLANC, Jacques LOLIVE (éds), *Esthétique et espace public*, Paris éditions Apogée/Cosmopolitiques, p. 29-41.

Jacques RANCIÈRE, 2001, *L'inconscient esthétique*, Paris, Galilée.

Jacques RANCIÈRE, 2000, *Le partage du sensible, Esthétique et politique*, Paris, La Fabrique.

Jacques RANCIÈRE, 2004, *Malaise dans l'esthétique*, Paris, Galilée.

Amos RAPOPORT, 1972, *Pour une anthropologie de la maison*, Paris, Dunod, coll. Aspects de l'urbanisme.

John READER, 2005, *Cities*, New-York, Atlantic Monthly Press.

Jacques REVEL (éds), 1998, *Jeux d'échelle*, Paris, Seuil.

Alain REY (éds), 1993, *Robert, dictionnaire historique de la langue française*, Paris, Robert.

Paul RICŒUR, 1975, *La métaphore vive*, Paris, Seuil.

Sylvie RIMBERT, 1973, *Les paysages urbains*, Paris, A. Colin.

Roland ROBERTSON, Kathleen WHITE, 2003, Globalization : an Overview, *Une théorie sociologique générale est-elle possible (et souhaitable) à l'ère de la mondialisation ?* Groupe d'études et d'observation de la démocratie (GEODE), Paris, Actes du symposium, p. 65-84.

Michel ROCHEFORT, 2005, *Métropoles, La menace de la « monstruopole »*, http://www.courrierdelaplanete.org/66/article1.html

Alain ROGER, 1989, Esthétique du paysage au siècle des Lumières, *in* Odile MARCEL (éds) *Composer le paysage*, Champ Vallon, coll. Milieux, p. 61-82.

Alain ROGER, 1997, *Court traité du paysage*, Paris, Gallimard.

Marcel RONCAYOLO, 1985, « Une société en mouvement et ses villes », *in* Georges DUBY (éds), *Histoire de la France urbaine* 5, Paris, Seuil, p. 233-281.

Isabelle ROUSSEL, William DAB, 2001, *L'air et la ville, les nouveaux visages de la pollution atmosphériques*, Paris, Hachette Littératures.

Michel ROUX, 2002, *Inventer un nouvel art d'habiter. Le ré-enchantement de l'espace*, Paris, L'Harmattan.

Christian RUBY, 2007, *Devenir contemporain ? La couleur du temps au prisme de l'art*, Paris, Éditions du Félin.

Jean Paul THIBAUD, Rachel THOMAS, 2004, L'ambiance comme expression de la vie urbaine, *in* Nathalie BLANC, Dominique BOULLIER, JACQUES Lolive (éds) *Cosmopolitiques « Aimons la ville »*, p. 102-114.

Keith THOMAS, 1985, *Dans le jardin de la nature*, Paris, Gallimard, Bibliothèque des histoires.

Gilles TIBERGHIEN, 2001, *Nature, Art, Paysage*, Actes Sud, École nationale supérieure du paysage, Centre du paysage.

Gilles TIBERGHIEN, 2005, *La nature dans l'art*, Actes sud, coll. Photo poche.

François TREMBLAY et Philippe POULLAOUEC-GONIDEC, 2002, Contre le tout paysage : pour des émergences et… des oublis, *Cahiers de géographie du Québec*, vol. 46, n° 129, p. 357-392.

Blandine SAINT GIRONS, 2005, *Le sublime de l'Antiquité à nos jours*, Paris, Desjonquières.

Pierre SANSOT, 1984, *Poétique de la ville*, Paris, Klincksieck.

Jean-Paul SARTRE, 1948, *Qu'est-ce que la littérature?* Paris, Gallimard.

André SAUVAGE, 1992, *Les habitants. De nouveaux acteurs sociaux*, Paris, L'Harmattan, coll. Villes et entreprises.

André SAUVAGE, Philippe CLERGEAU, 2005, Pratiquer l'interdisciplinarité pour gérer l'animal en ville, *in* Nicole MATHIEU, Yves GUERMOND (éds), *La ville durable, du politique au scientifique*, Cemagref/INRA, p. 221-237.

Marc SAUVEZ, 2001, La ville et l'enjeu du « développement durable », *Rapport au ministre de l'aménagement du territoire et de l'environnement*, Paris, Documentation française.

Jean-Marie SCHAEFFER, 2000, Adieu à l'esthétique, Paris, *Les essais du Collège international de philosophie*, PUF.

Jean-Marie SCHAEFFER, 2002, *Théorie spéculative de l'art*, Paris, Institut d'art contemporain.

Jean-Marie SCHAEFFER, 2003, Les conduites esthétiques dans l'espace public, *Les nouveaux arts urbains, Prétentaine*, p. 249-256.

Jean-Marie SCHAEFFER, 2004, Originalité et expression de soi : éléments pour une généalogie de la figure moderne de l'artiste, *in* Nathalie HEINICH, Jean-Marie SCHAEFFER (éds), *Art, création, fiction. Entre sociologie et philosophie*, Paris, éditions J. Chambon, p. 71-98.

Richard SHUSTERMAN, 1999, *La fin de l'expérience esthétique*, trad. Jean-Pierre Cometti, Fabienne Gaspari, Anne Combarnous, Publications de l'Université de Pau.

Georges SIMMEL, 1988, *Philosophie de la modernité 1 : la femme, la ville, l'individualisme*, Paris, Payot ; 1990, *Philosophie de la modernité 2 : esthétique et modernité, conflit et modernité, testament philosophique*, Paris, Payot.

Carmen SIRIANNI, Lewis FRIEDLAND, 2001, *Civic Innovation in America*, London, California Press.

Peter SLOTERDIJK, 2000, *La mobilisation infinie. Vers une critique de la cinétique politique*, Paris, Christian Bourgois.

Peter SLOTERDIJK, 2001, *Essai d'intoxication volontaire suivi du crime et le temps de l'œuvre d'art*, Paris, Hachette Pluriel.

Sue SPAID, 2003, A Political Life. Arendtian Aesthetics End Open Systems, *Ethics and the Environment*, 8 (1).

Sue SPAID, 2005, *Ecovention, Current Art to Transform Ecologies*, Contemporary Arts Center, Cincinnati (Ohio).

Caroline STEFULESCO, 1993, *L'urbanisme végétal*, Paris, IDF.

Isabelle STENGERS, 2003, *Cosmopolitiques 1 et 2*, Paris, La Découverte.

Heike STRELOW, 2004, *Ecological Aesthetics. Art in Environmental Design: Theory and Practice*, Berlin, Birhauser.

Bronislaw SZERSZYNSKI, 2006, Local Landscape and Global Belonging, *in* Andrew DOBSON, Derek BELL (eds), 2006, *Environmental citizenship*, Cambridge, MIT Press, p. 75-100.

Jakob von UEXKÜLL, 1956, *Mondes animaux et mondes humains*, Paris, Denoël.

Ariane VENNIN, Frederic ECOLIVET, 2000, *La qualité de l'air. Normes et procédures*, préf. de Corinne Lepage, Paris, Imprimerie nationale éditions et Éditions locales de France.

Franck-Dominique VIVIEN, 2005, *Le développement soutenable*, Paris, La Découverte.

Paul YONNET, 1990, Dérive zoophilique ou l'Eden animal, *Esprit*, 3-4.

Paul YONNET, 1985, *Jeux modes et masses. La société française et le moderne 1945-1995*, Paris, Bibliothèque des sciences humaines, Gallimard.

Robert WALSER, 1960, *L'institut Benjamenta (Jakob von Gunten)*, Paris, La Galerie, Grasset.

Michael WALZER, 1997, *Sphères de justice. Une défense du pluralisme et de l'égalité*, Paris, Seuil.

Michael WALZER, 1999, *Raison et passion. Pour une critique du libéralisme*, Paris, Circé.

Fabienne WATTEAU, 2003, « Ceux qui avaient le plus ont le moins et ceux qui avaient le moins ont le plus. Barrage et qualité de vie au Portugal », *Revue de l'économie méridionale*, vol. 51, p. 201-202, Montpellier, p. 269-275.

Jennifer WOLCH, John EMEL (eds), 1998, *Animal Geographies*, London/New-York, Verso.

Rapports

Commission des communautés européennes, Livre vert sur l'environnement urbain, communication de la commission au conseil et au parlement, Luxembourg, Office des publications officielles des communautés européennes, 1990.

Revues

Chassez le naturel, écologisme, naturalisme et constructivisme, *revue du MAUSS* 17, 2001.

L'Alter-économie. Quelle « autre mondialisation » (fin), *Revue du MAUSS* 21, 2003,

Quelle « autre mondialisation » (fin), *Revue du MAUSS* 20, 2003,

Jardins, *Urbanisme* 343, 2005.

Sites

Charte d'Aalborg : www.sustainable-cities.org

Impression d'après documents fournis
bialec, nancy (France)
Dépôt légal n° 70425 - novembre 2008